美丽中国

新中国70年70人论生态文明建设

**Beautiful China 70 Years since 1949 and
70 People's Views on Eco-civilization Construction**

（上册）

主　　编　潘家华　高世楫　李庆瑞
　　　　　王金南　武德凯
执行主编　黄承梁

1949—20

中国环境出版集团·北京

图书在版编目（CIP）数据

美丽中国:新中国 70 年 70 人论生态文明建设/潘家华
等主编. —北京：中国环境出版集团，2019.10
ISBN 978-7-5111-4112-5

Ⅰ. ①美… Ⅱ. ①潘… Ⅲ. ①生态环境建设—研
究—中国 Ⅳ. ①X321.2

中国版本图书馆 CIP 数据核字（2019）第 219826 号

出 版 人　武德凯
策划编辑　徐于红
责任编辑　赵　艳
责任校对　任　丽
封面设计　彭　杉

出版发行　**中国环境出版集团**
　　　　　（100062　北京市东城区广渠门内大街 16 号）
　　　　　网　　　址：http://www.cesp.com.cn
　　　　　电子邮箱：bjgl@cesp.com.cn
　　　　　联系电话：010-67112765（编辑管理部）
　　　　　　　　　　010-67162011（第四分社）
　　　　　发行热线：010-67125803，010-67113405（传真）
印　　刷　北京中科印刷有限公司
经　　销　各地新华书店
版　　次　2019 年 10 月第 1 版
印　　次　2019 年 10 月第 1 次印刷
开　　本　787×960　1/16
印　　张　49
字　　数　735 千字
定　　价　188.00 元（全二册）

中国环境出版集团郑重承诺：

中国环境出版集团合作的印刷单位、材料单位均具有中国环境标志产品认证；

中国环境出版集团所有图书"禁塑"。

序言一

不断推动形成人与自然和谐发展的
现代化建设新格局

十 一 届 全 国 政 协 副 主 席
中国生态文明研究与促进会会长   陈宗兴

今年是新中国成立 70 周年。在此重要的时间节点，中国社会科学院生态文明研究智库、国务院发展研究中心资源与环境政策研究所、中国生态文明研究与促进会、生态环境部环境规划院和中国环境出版集团等单位共同发起主办和完成《美丽中国：新中国 70 年 70 人论生态文明建设》文献暨理论著作编著工作，是一项值得做、也很有意义的事情。

中国共产党第十八次全国代表大会以来，以习近平同志为核心的中共中央高度重视生态文明建设。习近平同志着眼新时代我国社会主要矛盾变化，着眼新时代人民群众日益增长的美好生态环境要求，坚持以人民为中心的发展思想，坚持统筹人与自然和谐，坚持建设人与自然和谐的现代化，坚持生态文明建设人类命运共同体，以坚决打赢环境污染防治攻坚战、全面建成小康社会，建设富强民主文明和谐美丽的社会主义现代化强国为历史使命，就生态文明建设作出了一系列重要论述和相关批示，提出了许多重要科学论断，形成了习近平生态文明思想，

推动我国生态文明建设发生历史性、转折性和全局性转变。回顾新中国 70 年来我国生态环境保护和生态文明建设的基本历程和基本经验，对于在新的历史起点上全面贯彻落实习近平生态文明思想，不断推动形成人与自然和谐发展的现代化生态文明建设新格局，实现中华民族伟大复兴美丽中国梦，意义十分重大。

新中国成立初期，百废待兴。1950 年夏，安徽、河南遭受特大洪涝灾害后，毛泽东同志提出："一定要把淮河修好"，并由此有计划、有步骤地开启新中国初期防洪、灌溉、疏浚河流、兴修运河等水利事业。毛泽东同志从"须考虑根治办法"入手，把除水害、兴水利作为治国安邦的大事，高度重视水利建设、防汛抗旱和水土保持工程，着力推进长江荆江分洪工程，要求"把黄河的事情办好""一定要根治海河"，体现了系统思维、远见卓识和为人民服务的情怀。1956 年，毛泽东同志发出了"绿化祖国""实现祖国园林化"的号召。同时指出实现绿化不是一蹴而就的事，要久久为功，"用二百年绿化了，就是马克思主义"。1972 年 6 月，联合国第一次环境会议在斯德哥尔摩召开，我国政府派出了代表团参加，令世界瞩目。1973 年，国务院召开第一次全国环境保护会议，审议通过了《关于保护和改善环境的若干规定（试行草案）》，将环境保护工作纳入各级政府的职能范围，成为我国环境保护事业的第一个里程碑。

改革开放以后，我国生态环境保护进入立法期，法制化进程明显加快。邓小平同志明确强调必须加强社会主义法治建设，要求集中力量制定一批重要法律，这其中包括《森林法》《草原法》《环境保护法》等林业、绿化和生态环境保护的法律。1979 年 2 月，五届全国人大常委会六次会议原则通过了《中华人民共和国森林法（试行）》，并将每年的 3 月 12 日确定为国家的植树节；9 月，五届全国人大常委会十一次会议通过了我国第一部关于环境保护的基本法——《中华人民共和国环境保护法（试行）》。1981 年 12 月，五届全国人大四次会议通过《关于开展全民义务植树运动的决议》，在法律上规定植树造林是我国公民应尽的义务。1983 年，我国召开第二次全国环境保护会议，环境保护正式确立为我国的一项基本国策。此后，《水污染防治法》《大气污染防治法》《水法》等环保单项法律法规相继制定颁布。1989 年 12 月，《环境保护法》正式实施，成为我国环境保护的基本法律。至 20 世纪 90 年代初期，我国已经形成了比较完善的环境保护法律体系。

20 世纪 90 年代以来，全球可持续发展理念潮流涌动，我国的环境保护政策也进入新的历史时期。1992 年 6 月，联合国在里约热内卢召开"环境与发展大会"，通过《里约环境与发展宣言》和《21 世纪议程》等文件，中国也在会上向世界承诺走可持续发展道路。1994 年 3 月，我国向全世界率先发布了《中国 21 世纪议程——中国 21 世纪人口、环境与发展白皮书》，明确中国"转变发展战略，走可持续发展道路，是加速我国经济发展，解决环境问题的正确选择"。1997 年召开的中国共产党第十五次全国代表大会，可持续发展作为战略思想首次写入大会报告。在此时期，以江泽民同志为核心的中共中央着眼维护生态安全，提出"退耕还林、封山绿化"战略，向全国人民发出了"再造秀美山川"的号召。

新世纪新阶段，我国社会发展呈现出一系列新的阶段性特征。以胡锦涛同志为总书记的中共中央，树立和落实全面发展、协调发展、可持续发展的科学发展观，强调在开发利用自然中实现人与自然的和谐相处，把"人与自然和谐相处"作为社会主义和谐社会的基本特征之一；要求正确处理增长数量和质量、速度和效益的关系，在推进发展中充分考虑资源和环境的承受力，统筹考虑当前发展和未来发展；必须把建设资源节约型、环境友好型社会放在工业化、现代化发展战略的突出位置。2007 年召开的中国共产党第十七次全国代表大会，首次明确提出"建设生态文明"。这标志着社会主义生态文明理念的正式确立，是中国共产党执政兴国理念的新发展，体现出人类文明发展理念、道路和模式的重大进步。

中国特色社会主义事业进入新时代，以习近平同志为核心的中共中央，紧扣新时代我国社会主要矛盾变化，把生态文明建设纳入中国特色社会主义"五位一体"总体布局和"四个全面"战略布局，坚持生态文明建设是关系中华民族永续发展的千年大计、根本大计的历史地位，从理论上不断丰富和发展马克思主义人与自然关系学说，从实践上坚定贯彻新发展理念，不断深化生态文明体制改革，推进生态文明建设的决心之大、力度之大、成效之大前所未有，开创了生态文明建设和环境保护新局面。大气、水、土壤污染防治等一大批关系民生的环境保护工作取得历史性成效，自然生态系统质量持续改善，生态退化范围减小、程度降低，生态服务功能有所提升，生态保护和恢复成效明显，生态状况总体呈改善趋

势。人民群众感同身受，城乡环境更宜居、人民生活更美好。中国生态文明建设进入快车道。

我国是一个近 14 亿人口的大国，引导形成绿色生产生活方式，加快构筑尊崇自然、绿色发展的生态体系，让资源节约、环境友好成为主流的生产生活方式，尤为重要。当前，我们要以更高的道德关怀和更强的人性力量，在认识人与自然关系的同时，将人与自然的和谐共生内化为人与人之间的相互依存和互为热爱，将人与人之间的平等、公正、友爱、和谐，内化为人与自然之间的和谐友爱。事实上，人损害自然、破坏环境，既对生态环境造成损害，又必然对他人的生存环境、他人的生命健康造成损害。习近平同志指出：生态文明建设同每个人息息相关，每个人都是生态环境的保护者、建设者、受益者，每个人都不是旁观者、局外人、批评家。需要形成全社会共同参与的良好风尚，需要全社会共同建设、共同保护、共同治理。希望该著作的出版，有助于进一步凝聚社会各界共识，强化全社会共同建设生态文明的意志，推动生态文明建设在新的历史征程中迈上新台阶。

是为序。

序言二

以习近平生态文明思想为指导，积极构建生态文明哲学社会科学学术体系和话语体系

中国社会科学院院长、党组书记　谢伏瞻

2016 年 5 月 17 日，习近平总书记在哲学社会科学工作座谈会上的重要讲话中，首次明确提出了"加快构建中国特色哲学社会科学"的重大论断和战略任务，强调着力构建中国特色哲学社会科学，在指导思想、学科体系、学术体系、话语体系等方面充分体现中国特色、中国风格、中国气派。习近平总书记还深刻阐明了加快构建中国特色哲学社会科学的三项原则：体现继承性、民族性；体现原创性、时代性；体现系统性、专业性。"5·17"重要讲话科学地阐明了我国哲学社会科学面临的一系列重大理论和实践问题，是闪耀着马克思主义真理光芒、指导新时代哲学社会科学事业长远发展的纲领性文献。

生态文明是哲学社会科学研究的重大课题。当今中国，正处在实现中华民族伟大复兴的历史性时刻，生态文明建设战略地位空前高涨、前所未有。生态文明建设既是党的十九大确定的千年大计，又是习近平总书记在全国生态环境保护大会上确定的根本大计，是浩浩荡荡的时代潮流。党的十八大以来，以习近平同志为核心的党中央，就生态文明建设发表了一系列的重要讲话、论述和指示，形成

了系统完整科学的习近平生态文明思想。生态文明哲学社会科学理论工作者，要以习近平生态文明思想为根本遵循，更加关注当代中国生态文明建设中的现实问题，落实好以人民为中心的发展思想，不断丰富和拓展马克思主义人与自然关系学说，不断推动生态文明建设迈上新的历史台阶。

一、生态研究是中国特色哲学社会科学体系不可或缺的重要组成部分

"生态"是博大精深的马克思主义理论体系和知识体系的组成部分。习近平总书记在哲学社会科学工作座谈会上的讲话中指出，"生态"是博大精深的马克思主义理论体系和知识体系的组成部分；是"马克思主义中国化的成果及其文化形态"，是"中国特色哲学社会科学的主体内容"；中国特色哲学社会科学应该涵盖"生态"领域。马克思主义哲学从来把人与自然的关系作为其着力解决的问题。人与自然是冲突的还是和谐的，是矛盾的还是共生的，这个问题既是人类需要回答的重要问题，又是区分马克思主义和其他非马克思主义的重要衡量标准之一。马克思主义认为，第一，自然界是人类赖以生存的基础。马克思指出："自然界，就它自身不是人的身体而言，是人的无机的身体。人靠自然界生活。这就是说，自然界是人为了不致死亡而必须与之处于持续不断的交互作用过程的、人的身体。"第二，自然是生命之母，人与自然是生命共同体。人类善待自然，自然也会馈赠人类。马克思认为，自然界可以分为"自在自然"和"人化自然"，社会生产实践是人与自然联系的中介，既不断推动"自在自然"向"人化自然"转变，又是实现人与自然关系协调统一的有效形式。第三，人不可胜天，现代科学技术不可为所欲为。工业文明强调人类对自然的征服，以人类中心主义的姿态对地球立法、为世界定规则，认可人定胜天。现实的问题在于，自然科学与技术在改变人们生产方式和生活方式的同时，也带来了潜在的、不可控的风险。在某种程度上，现代生态系统脆弱性的提升，恰恰源于人们对科技创新的急于求成和对潜在、长远的不利影响的忽视。恩格斯指出："到目前为止的一切生产方式，都仅仅以取得劳动的最近的、最直接的效益为目的。那些只是在晚些时候才显现出来的、通过逐渐的重复和积累才产生效应的较远的结果，则完全被忽视了。"第四，蔑

视辩证法是不能不受惩罚的。人类必须尊重自然、顺应自然、保护自然。马克思说:"不以伟大的自然规律为依据的人类计划,只会带来灾难"。人类只有遵循自然规律才能有效防止在开发利用自然上走弯路,人类对大自然的伤害最终会伤及人类自身,这是无法抗拒的规律。

"生态"是中国特色哲学社会科学建设和发展的继承性和民族性的体现,必须以文化的软实力构筑生态文明建设的硬实力。习近平总书记在哲学社会科学工作座谈会上的讲话中同样指出,"生态"是中国特色哲学社会科学建设和发展的继承性和民族性的体现。从老祖宗的生态智慧和文化基因看,可以说,五千年中国传统文化的主流,是儒释道三家。在它们的共同作用下,中华民族形成了自己独特的文化体系,那就是"中、和、容",即"中庸之中、和谐之和、包容之容"。它们包含的崇尚自然的精神风骨、海纳百川的广阔胸怀,显示出中国人特有的宇宙观和中国人独特的价值追求。没有高度的文化自信,没有文化的繁荣兴盛,就没有中华民族伟大复兴。习近平总书记指出:中国优秀传统文化的丰富哲学思想、伦理价值、人文精神、社会教化、道德风尚等,可以为人们认识和改造世界提供有益启迪,可以为治国理政提供有益启示,也可以为道德建设提供有益启发。天人合一、与天地参、道法自然等丰富生态智慧,在今天仍然启示我们,每一个生命个体都可以通过自身德性修养、践履而上契天道,进而实现"上下与天地合流"或"与天地合其德";人类群体都要实现与自然和谐共处,人类要顺天、应天、法天、效天,最终参天。我们需要对中国传统文化生态智慧能够重构当代生态文明理论和实践范式给予充分的历史敬重和时代自信。

必须促进和实现人类生态转型。国内外的哲学社会科学体系中没有涵盖生态研究。西方的哲学社会科学体系中的"生态"要素散见于生态伦理、可持续发展、生态经济、绿色低碳等领域,被肢解、碎片化,没有形成独立的成体系的哲学社会科学的主体内容。我国的生态研究,以环境、资源和生态保护的自然科学范畴理解较多,往往忽略其独立的哲学社会科学的学科地位。即使有一些哲学社会科学的生态研究,也是西方人文社会科学的碎片化格局。在我国高等教育和科学研究的学科目录中,在自然科学体系中包括"生态学",但在哲学社会科学体系中没有纳入人文社会科学领域的"生态"研究。伦理道德是社会的一种伟大力量,

所有社会都需要并重视道德的力量。环境伦理道德要求对生命和自然界本身的关心，确认生命和自然界的实体和过程，它关心自然、关心后代、关心整个生命世界。它的产生是人类道德境界提升、道德进步、道德完善和道德成熟的表现。习近平总书记指出：要像保护眼睛一样保护生态环境，像对待生命一样对待生态环境。这促使我们感到这个世界就是"与我们的天然感受性相符的"生态家园。建设生态文明，需要从文化的视角，持续深化和升华我们对大自然真挚的爱、持续的热情和真挚深沉的感情。

二、习近平生态文明思想是习近平新时代中国特色社会主义思想重要组成部分，体现出国家战略和民族使命

习近平总书记对生态环境工作历来高度重视。人与自然的情怀，是习近平总书记的不懈追求和特殊情怀。在正定、厦门、宁德、福建、浙江、上海等地工作期间，习近平总书记始终把这项工作作为一项重大工作来抓，尽管在当时，经济建设热潮澎湃，压倒一切。可以说，习近平总书记就生态文明建设所做的重要论述、相关批示，发表的重要文献，提出的科学论断，其数量之多、信息量之大、理论之深邃、体系之系统、视野之开阔、思想之辩证、感情之真挚，在中华民族五千年发展史上，也是历史的和空前的，无不令人博学之、审问之、慎思之、明辨之、笃行之。恰如恩格斯在《自然辩证法·导言》中所指出："这是一次人类从来没有经历过的最伟大的、进步的变革，是一个需要巨人而且产生了巨人——在思维能力、热情和性格方面，在多才多艺和学识渊博方面的巨人的时代。"习近平生态文明思想体现出习近平总书记一以贯之、万法归宗，却又气贯长虹、力透纸背的渊博生态学说和持续创作热情，体现出习近平总书记与生俱来的对大自然持续深沉的爱和关于人与自然和谐的哲学思考与思辨。

党的十八大以来我国卓有成效的生态文明建设，动力之源在于习近平生态文明思想。党的十八大以来，以习近平同志为核心的党中央，带领全党全国各族人民，充分发挥党的领导和我国社会主义制度能够集中力量办大事的政治优势，充分利用改革开放以来不断积累的坚实物质基础，加大力度推进生态文明建设、解决生态环境问题，坚决打好污染防治攻坚战，开展了一系列根本性、开创性、长

远性工作，生态环境保护发生历史性、转折性、全局性变化，我国生态文明建设迈上新台阶，进入新时代。这是最具中国特色、东方智慧的中国原创、中国表达，具有鲜明的时代特征。关于生态文明与中国梦，习近平总书记指出："走向生态文明新时代，建设美丽中国，是实现中华民族伟大复兴的中国梦的重要内容。"关于生态文明与"五位一体"和"四个全面"，习近平总书记指出："生态文明建设是'五位一体'总体布局和'四个全面'战略布局的重要内容。"可以说，"生态文明与中国梦"范畴论，凸显了生态文明建设的战略使命、为什么建设生态文明的问题，即建设富强民主文明和谐美丽的社会主义现代化强国；"生态文明与五位一体"总体布局论凸显了生态文明建设的战略地位、如何认识什么是社会主义、全面发展作为社会主义内在属性的问题；"生态文明与四个全面"战略布局论凸显了怎样建设生态文明、生态文明建设的战略举措、方法论和实践论的问题。必须看到，把生态文明确立为一个执政党的行动纲领，是中国共产党执政方式的鲜明特色。

三、习近平生态文明思想以人类命运共同体为其全球语境

"命运共同体"已经成为习近平总书记以全球视野、全球眼光、人类胸怀积极推动治国理政更高视野、更广时空的全球性理念。习近平生态文明思想也正是这样，它立足国内、放眼世界、胸怀全球、关怀人类，正以自己独特的"中国智慧"和"中国方案"，在世界上高高举起了社会主义生态文明建设的伟大旗帜，构建起广泛的人类命运和利益共同体。中国越来越成为全球生态文明建设的重要参与者、贡献者和引领者。

中国是全球生态文明建设的重要参与者。党的十八大以来，中国生态文明建设越来越成为人类命运共同体的重要推动力。中国积极承担应尽国际义务，为应对气候变化作出了重要贡献；生态文明领域国际交流合作积极开展，推动成果分享，在携手应对能源资源安全和重大自然灾害等方面令全球瞩目。单位国内生产总值能耗和二氧化碳排放显著下降；中国宣布建立规模为 200 亿元人民币的气候变化南南合作基金，用以支持其他发展中国家；清洁能源、防灾减灾、生态保护、气候适应型农业、低碳智慧型城市建设等领域的国际合作继续推进；加强野生动

物栖息地保护和拯救繁育工作，严厉打击野生动物及象牙等动物产品非法贸易取得显著成效；高度重视荒漠化防治工作，取得了显著成就，为国际社会治理生态环境提供了中国经验。从习近平总书记出席气候变化巴黎大会签署《巴黎协定》到波兰卡托维兹全球气候变化大会，从联合国《2030 年可持续发展议程》到 G20 杭州峰会，在推进《巴黎协定》进程、支持发展中国家应对气候变化、实现全球2030 年可持续发展目标方面，中国一直是忠实履行者和重要的参与者。

中国是全球生态文明建设的重要贡献者。人类进入 21 世纪，生态环境问题从未能像今天这样，集中体现为我们生于斯、长于斯的一个村子（地球村）的问题。中国人坐在家里看世界，世界之"小"，令人惊讶。近 14 亿人口的大国，占世界人口的五分之一，占亚洲陆地面积的四分之一。中国解决自己的环境质量和生态问题，本身就是对世界的直接或间接的最大贡献。例如，习近平总书记反复强调要"保护好三江源，保护好'中华水塔'"，就是保护了澜沧江——这条世界第七长河、亚洲第三长河、东南亚第一长河，在越南胡志明市流入中国南海怀抱的母亲河。作为世界第一大执政党的中国共产党，从来没有像今天这样为全球生态问题、为发展中国家探索经济发展和环境保护双赢道路提供发展范式。

中国是全球生态文明建设的重要引领者。生态文明建设是世界潮流，人心所向，大势所趋，处在复兴时代的中华民族走在前列、垂范世界，就是引领。放眼全球，进入 21 世纪，人类社会已经逐步迈向一个新的文明时代，即生态文明新时代。这是不以人的意志为转移的客观存在。恰如习近平总书记所指出：人类经历了原始文明、农业文明、工业文明，生态文明是工业文明发展到一定阶段的产物，是实现人与自然和谐发展的新要求。生态文明是相较于工业文明更高级别的社会文明形态，符合人类文明演进的客观规律。遵循人类文明演进规律，人类越来越深切地意识到，不论是发达的工业化国家，还是尚未完成工业化的发展中国家，都需要摒弃——或用生态文明加以改造和提升——工业文明下的伦理价值认知、生产方式、消费方式，以及与之相适应的体制机制。从现实看，西方发达国家意识形态域有较强的戴着有色眼镜看问题的传统。中华民族的伟大复兴，一个显著的标志，是要形成具有普遍适用性、最大包容性的价值体系和国际话语体系，从而为世界所接受、所认同，引领人类命运共同体建设。生态文明无疑具有这个良好属性。由中国明确倡导并大力实践的生态文明理念及其发展道路，在本质上是对传统工业文明的扬弃，为世界工业文明向生态文明发展转型探索了方向和路径。

四、以习近平生态文明思想为根本遵循，努力推动、促进和实现人类文明范式转型

应当看到，不论从国内看，还是从国际看，我们都缺乏一套完整科学的生态文明理论体系，特别是为世界所广泛认同并自觉采用的话语体系来有效应对新时代前进道路上可以预见和难以预见的各种困难、风险和考验。着力消除数十年长期积累和遗留下来的历史环境问题，坚决打好污染防治攻坚战，积极探索建设面向未来、面向人类命运共同体的人类新文明的绿色生态技术、产业基础、绿色制度体系和生态文化体系，使中国的生态文明建设，成为与中华民族伟大复兴美丽中国梦相连、与建设富强民主文明和谐美丽的社会主义现代化强国相连、与人类命运共同体相连的中国标志、中国方案，在全球范围高扬习近平生态文明思想旗帜。要从理论高度和战略高度重视新时代生态文明学术体系和话语体系建设。

一是要同学科体系、学术体系建设相联系。构建哲学社会科学体系的学科、理论和概念，着力打造反映中国特色社会主义伟大实践和理论创新、易于为国际社会所理解和接受的新概念、新范畴、新表述，做到中国话语、世界表达。要聚焦国际社会关注的问题，积极参与国际规则、标准、法律的动议和制定，提升我国的国际话语权和规则制定权。当今时代，尽管率先实现工业化的西欧、北美以及日本等生态环境整体改善，但现在中国无比深刻地体会到构建人类命运共同体任务的紧迫性。应当看到，在可预见的未来，工业文明仍处于鼎盛和繁荣时期，我们始终要面临西方发达国家在生态技术、生态产业和环境保护、可持续发展领域的强势地位。在构建人类命运共同体的总体目标背景下，如何构建中国特色的生态文明话语体系，如何推动中国生态文明理念和模式的传播，这是生态文明研究智库的学术使命和历史责任。要加强生态文明建设学术体系、话语体系以及方法技术体系、产业体系、环境治理体系的研究。

二是要强化战略性、前瞻性、现实性和对策性的研究。我们现在面临几个重

要的时间节点。如 2020 年要全面建成小康社会，着眼实现全面建设小康社会，生态文明建设应该是什么样，可能到什么样的程度，挑战有哪些，机遇在何处？又如，接下来的时间节点，就是国民经济和社会发展的"十四五"。在这个新五年中，生态文明建设面临哪些现实的问题和挑战？应该看到，我们取得的成绩越多，挑战的类型和强度也在变多。更远来说，党的十九大确定了两个重要时间节点，一个是 2035 年基本实现现代化，另一个是 2050 年实现中华民族伟大复兴的第二个百年目标，建设富强民主文明美丽和谐的社会主义现代化强国。要提前预谋生态文明建设在这两个时间节点的挑战、战略策略以及可测度的建设目标。要围绕 2020 年、2035 年、2050 年等重大战略时间点，为国家绿色发展的机遇与挑战开展一些有前瞻性和战略性的研究，提出一些战略对策。

三是拓展全球视野，共谋全球生态文明建设之路。习近平总书记多次指出，中国要做全球生态文明建设的重要参与者、贡献者和引领者。可以说我们有参与生态文明国际对话、引领国际话语的学术和人才优势，但是也必须看到就生态文明建设、国际话语体系建设本身而言，我国在国际上的声音还很小，做得还不够。生态文明研究智库应以宽广的视野和胸怀，着眼于《巴黎协定》目标和《2030年人类可持续发展议程》，主动走向世界，构建学术平台，不断加强协同创新，拿出好成果，发出好声音，敢于和善于讲好中国生态文明建设的故事，为推动全球发展的绿色转型发挥重要作用。

今年是新中国成立 70 周年。回望历史，尽管我们在 20 世纪 50 年代、60 年代没有用生态文明这样一个名词，但新中国成立 70 年来所开展的一系列工作，就是生态文明建设的探索和大力实践，是生态文明理念的不断演进和发展。这一历史进程中，固然有经验教训，甚至代价也很大，但也都留下了弥足珍贵的历史财富。如新中国成立初期，毛泽东同志就向全国发出了"一定要把淮河修好""要把黄河的事情办好""绿化祖国""用二百年绿化了，就是马克思主义"等影响了一代又一代中国人民的伟大号召。新中国 70 年我国生态环境保护和生态文明建设的伟大实践充分证明，中国人民有信心、有能力建设好自己的美丽国家，也有信心、有能力为生态文明建设人类命运共同体贡献中国方案和中国智慧。

我们将从历史与实践的经验中不断汲取智慧，不断为新时代生态文明建设提供新中国 70 年来最可宝贵的精神财富和历史启示。这次中国社会科学院生态文明研究智库，主动会同国务院发展研究中心资源与环境政策研究所、中国生态文明研究与促进会、生态环境部环境规划院和中国环境出版集团等单位协同创新、共同推出《美丽中国：新中国 70 年 70 人论生态文明建设》一书，对于更好地学习领会习近平生态文明思想，更加深刻地体会习近平生态文明思想的伟大意义，广泛形成社会各界关于生态文明建设的共识，更加自觉地坚持走生产发展、生态良好、生活幸福的文明发展之路，都具有十分重大的意义。我谨代表中国社会科学院，向各兄弟单位参与主办、积极支持表示感谢。特作此文，是为序。

序言三

守护良好生态环境这个最普惠的民生福祉

——庆祝新中国成立 70 周年

生态环境部部长、党组书记　李干杰

　　纵观人类文明发展史，生态兴则文明兴，生态衰则文明衰。新中国成立 70 年来，我们党始终秉持为中国人民谋幸福、为中华民族谋复兴的初心和使命，推动生态环境保护事业蓬勃发展。进入新时代，以习近平同志为核心的党中央大力推进生态文明建设、美丽中国建设，着力守护良好生态环境这个最普惠的民生福祉，人民群众源自生态环境的获得感、幸福感、安全感显著增强。

开创生态惠民、生态利民、生态为民伟大实践

　　70 年来，我们党坚持生态惠民、生态利民、生态为民，将生态环境保护作为重大民心工程和民生工程，不断深化对生态环境保护的认识，持续推进生态文明建设。

　　战略地位不断提升。1973 年第一次全国环境保护会议召开，环境保护被提上国家重要议事日程。20 世纪 80 年代，保护环境被确立为基本国策；90 年代，可持续发展战略被确定为国家战略。进入新世纪，我国大力推进资源节约型、环

境友好型社会建设。进入新时代，生态文明建设被纳入中国特色社会主义"五位一体"总体布局，建设美丽中国成为我们党的奋斗目标，我国生态文明建设驶入快车道。

治理力度持续加大。随着生态文明建设不断推进，环境污染治理力度持续加大。20 世纪 70 年代，官厅水库污染治理拉开了我国水污染治理的序幕；80 年代，结合技术改造对工业污染进行综合防治；90 年代，实施"33211"工程，大规模开展重点城市、流域、区域、海域环境综合整治。进入新时代，我国发布实施大气、水、土壤污染防治三大行动计划，全面展开蓝天、碧水、净土保卫战，生态环境质量持续改善，人民群众满意度不断提升。

生态保护稳步推进。1956 年我国建立第一个国家级自然保护区，1978 年决定实施"三北"防护林体系建设工程，1981 年开启全民义务植树活动，之后逐步实施保护天然林、退耕还林还草等一系列生态保护重大工程，不断筑牢祖国生态安全屏障。进入新时代，我国坚持保护优先、自然恢复为主，实施山水林田湖草生态保护和修复工程，开展国土绿化行动，划定生态保护红线，加强生物多样性保护。目前，全国已建立国家级自然保护区 474 个，各类陆域自然保护地面积已达 170 多万平方公里，中国人民生于斯、长于斯的家园日益美丽动人。

法律法规日益完善。1978 年"国家保护环境和自然资源，防治污染和其他公害"被写入《宪法》，1979 年五届全国人大常委会第十一次会议原则通过《中华人民共和国环境保护法（试行）》，1989 年七届全国人大常委会第十一次会议通过《中华人民共和国环境保护法》，我国环境保护工作逐步走上法治化轨道。进入新时代，我国制定和修改环境保护法、环境保护税法以及大气、水、土壤污染防治法和核安全法等法律，全国人大常委会、最高人民法院、最高人民检察院对环境污染和生态破坏界定入罪标准，立法力度之大、执法尺度之严、成效之显著前所未有。

公众参与日益广泛。我国坚持发动全社会保护生态环境，人民群众的节约意识、环保意识、生态意识不断增强，参与生态文明建设日益广泛。1985 年第一次在全国范围开展"6·5"环境日宣传活动，1990 年首次公布《中国环境状况公报》，2007 年第一次实时发布环境质量监测数据。进入新时代，我国积极倡导简约适度、绿色低碳的生活方式,拒绝奢华和浪费,形成文明健康的生活风尚;构建全社会共同参与的环境治理体系,让生态环保思想成为社会生活中的主流文化;倡导尊重自然、爱护自然的绿色价值观念,推动形成深刻的人文情怀。

把良好生态环境作为最普惠的民生福祉

70 年来,我们党坚持在保护生态环境中增进民生福祉。特别是党的十八大以来,习近平同志围绕生态文明建设提出一系列新理念、新思想、新战略,形成习近平生态文明思想,推动我国生态环境保护发生历史性、转折性、全局性变化。

把保护生态环境作为践行党的使命宗旨的政治责任。生态环境是关系党的使命宗旨的重大政治问题,也是关系民生的重大社会问题。70 年来,特别是党的十八大以来,我国生态环境保护之所以能发生历史性、转折性、全局性变化,最根本的就在于不断加强党对生态文明建设的领导。实践证明,建设生态文明,保护生态环境,必须增强"四个意识",坚决维护党中央权威和集中统一领导,坚决担负起生态文明建设的政治责任。要全面贯彻党中央决策部署,严格落实"党政同责、一岗双责",努力建设一支政治强、本领高、作风硬、敢担当,特别能吃苦、特别能战斗、特别能奉献的生态环境保护铁军。

把解决突出生态环境问题作为民生优先领域。70 年来,人民群众从"盼温饱"到"盼环保",从"求生存"到"求生态",生态环境在人民群众生活幸福指数中的地位不断凸显。不断满足人民日益增长的优美生态环境需要,必须坚持以人民为中心的发展思想,把解决突出生态环境问题作为民生优先领域。当前,不同程度存在的重污染天气、黑臭水体、垃圾围城、农村环境问题依然是民心之痛、民生之患。要从解决突出生态环境问题做起,为人民群众创造良好生产生活环境。

走生产发展、生活富裕、生态良好的文明发展道路。70 年实践经验表明,发展是解决我国一切问题的基础和关键,生态环境问题也必须通过发展来解决。发展经济不能对资源和生态环境竭泽而渔,保护生态环境也不是要舍弃经济发展。绿水青山就是金山银山,改善生态环境就是发展生产力。良好生态本身蕴含着无穷的经济价值,能源源不断创造综合效益,实现经济社会可持续发展。从根本上解决生态环境问题,必须贯彻落实新发展理念,加快形成节约资源和保护环

境的空间格局、产业结构、生产方式、生活方式，把经济活动、人的行为限制在自然资源和生态环境能够承受的限度内，给自然生态留下休养生息的时间和空间。

把建设美丽中国转化为全体人民的自觉行动。生态环境是最公平的公共产品，生态文明是人民群众共同参与、共同建设、共同享有的事业，每个人都是生态环境的保护者、建设者、受益者，没有哪个人是旁观者、局外人、批评家，谁也不能只说不做、置身事外。让建设美丽中国成为全体人民的自觉行动，需要不断增强全民节约意识、环保意识、生态意识，培育生态道德和行为准则，构建全社会共同参与的环境治理体系，动员全社会以实际行动减少能源资源消耗和污染排放，为生态环境保护作出贡献，在点滴之间汇聚起生态环境保护的磅礴力量。

不断满足人民日益增长的优美生态环境需要

党的十九大报告提出，既要创造更多物质财富和精神财富以满足人民日益增长的美好生活需要，也要提供更多优质生态产品以满足人民日益增长的优美生态环境需要。当前，我国生态环境质量持续好转，出现了稳中向好趋势，但成效并不稳固，稍有松懈就有可能出现反复。

必须看到，我国环境容量有限，生态系统脆弱，污染重、损失大、风险高的生态环境状况尚未根本扭转，加之独特的地理环境加剧了地区间的不平衡。这具体表现为：北方秋冬季重污染天气时有发生；一些河流、湖泊、海域污染问题依然存在；土壤环境风险管控压力仍然较大，固体废物及危险废物非法转移、倾倒问题突出；局部区域生态退化问题比较严重，生物多样性下降的总趋势没有得到有效遏制，生物多样性保护与开发建设活动之间的矛盾依然存在。究其原因，主要有两个方面：一方面，与我国国情和发展阶段密切相关。我国工业化、城镇化、农业现代化的任务还没有完成，产业结构偏重、能源结构偏煤、交通运输以公路为主，污染物新增量仍处于高位，生态环境压力巨大。另一方面，与工作落实不够到位有关。一些地方在绿色发展方面认识不深、能力不强、行动不实，重发展轻保护的现象依然存在。

有效解决这些问题，必须坚持以习近平新时代中国特色社会主义思想为指导，深入贯彻习近平生态文明思想，全面加强生态环境保护，以生态环境质量改善的实际成效取信于民、造福于民。要贯彻落实新发展理念，走以生态优先、绿色发展为导向的高质量发展新路子；做到稳中求进、统筹兼顾、综合施策、两手发力、点面结合、求真务实，坚决打好污染防治攻坚战；遵循规律，科学规划，因地制宜，打造多元共生的生态系统；着力推动中央生态环境保护督察向纵深发展，对重点区域强化监督，既督促又帮扶，重视企业合理诉求，推动解决群众关切的突出生态环境问题，真正为人民群众办实事、解难题。

为庆祝新中国成立 70 周年，总结新中国 70 年来特别是党的十八大以来我国生态环境保护和生态文明建设的生动实践、伟大成就和宝贵经验，在新的历史起点上大力实践习近平生态文明思想，中国社会科学院生态文明研究智库、国务院发展研究中心资源与环境政策研究所、中国生态文明研究与促进会、生态环境部环境规划院和中国环境出版集团共同编著《美丽中国：新中国 70 年 70 人论生态文明建设》一书，很有意义。我谨代表生态环境部，向长期以来理解、关心、支持、参与生态环境保护和生态文明建设事业的社会各界人士表示崇高敬意和衷心感谢，并以《守护良好生态环境这个最普惠的民生福祉》一文，为序。

序言四

筑牢生态文明之基，走好绿色发展之路

国务院发展研究中心党组书记　马建堂

　　党的十八大以来，以习近平同志为核心的党中央，深刻总结人类文明发展规律，牢牢把握大局观、长远观、整体观，推动我国生态文明体制改革和生态文明建设取得显著成就。六年多来，"绿水青山就是金山银山"理念深入人心，生态文明顶层设计和"四梁八柱"制度体系加速形成，污染治理和生态保护、修复强力推进，绿色发展成效明显，生态环境质量持续改善。

　　特别是 2018 年全国生态环境保护大会上习近平生态文明思想的确立，是我党具有标志性、创新性、战略性的重大理论成果，是对党的十八大以来习近平总书记就生态文明建设和生态环境保护提出的一系列新理念、新思想、新战略的理论升华，是新时代推进生态文明建设、实现人与自然和谐共生的现代化的根本遵循，是习近平新时代中国特色社会主义思想的重要组成部分。习近平生态文明思想为建设美丽中国、推动生态文明建设提供了方向指引和根本遵循。学习宣传贯彻落实习近平生态文明思想，就是要在习近平生态文明思想指引下，加快生态文明体制改革，积极推进生态文明建设，加快形成绿色生产方式和生活方式，走出一条生产发展、生活富裕、生态良好的绿色发展道路。

走绿色发展现代化道路，必须要深刻领会并自觉践行习近平生态文明思想，始终坚持"八大原则"，即坚持生态兴则文明兴的文明史观；坚持人与自然和谐共生的基本方针；坚持绿水青山就是金山银山的发展理念；坚持良好生态环境是最普惠的民生福祉的宗旨精神；坚持山水林田湖草是生命共同体的系统思想；坚持用最严格制度、最严密法治保护生态环境的坚定决心；坚持建设美丽中国全民行动的人民立场；坚持共谋全球生态文明建设的大国担当。

走绿色发展之路，就是要从坚决打好污染防治攻坚战入手，把生态文明建设和生态文明体制改革重大部署和重要任务落到实处，全面推进绿色发展走向新高度。

一要牢牢坚持生态优先、绿色发展。要以习近平生态文明思想为遵循，正确处理好经济发展同生态环境保护的关系，牢固树立保护生态环境就是保护生产力、改善生态环境就是发展生产力的理念。将绿色发展和生态文明建设作为一项久久为功的事业，树立环境就是民生、青山就是美丽、蓝天也是幸福的政绩观。牢牢坚持生态优先、高瞻远瞩、长远谋划，为子孙万代谋幸福。还要加大绿色发展和生态文明知识的宣传力度，提高全民素质与素养，牢固树立绿色意识，营造倡导绿色文化，切实提高全社会的绿色责任和担当。

二要将绿色发展贯穿经济社会全过程。要从源头抓起，将绿色发展理念贯穿于经济社会发展的全过程中，形成节约资源和保护环境的空间格局、产业结构、生产方式、生活方式，破解我国资源环境约束瓶颈，推动高质量发展，确保中华民族的永续发展。在发展全过程中，尤其在产品、服务乃至产业的发展中，都要融入生态、低碳、节能减排等绿色发展理念和方法，突出绿色创意、绿色创新与设计、绿色制造与生产、绿色采购与物流、绿色服务与销售、绿色消费与回收循环等，进而推动整个经济产业系统绿色化，最终实现全社会可持续发展。

三要加快构筑绿色现代产业体系。探索生态优先绿色发展之路，要在"生态产业化、产业生态化"的基础上构筑绿色产业体系，以绿色产业体系助力生态优先绿色发展。当前的重点是围绕优化经济结构和能源结构，推进资源全面节约和循环利用，培育壮大节能环保产业、清洁生产产业、清洁能源产业；通过强化生态环境监管倒逼企业提升管理水平和加快创新，倒逼产业转型，促进高质量发展，实现经济增长与资源环境负荷的脱钩。要瞄准产业"生态优先、绿色发展"的关键点，加快科技发展和创新，重点发展高附加值、高技术含量、竞争力强及产业价值链可延长的战略性新兴产业，大力培育新动能、新业态、新经济，以改革创新推动经济绿色可持续发展。

四要持续完善生态文明制度和政策体系。推进生态文明建设，仅拥有人才、科技、资本是远远不够的，还需要完善的配套政策制度。政策制度既是宏观的、原则性的规定，也是刚性的硬约束。探索生态优先绿色发展之路，必须要坚持以最严格的制度、最严密的法治来保障。这就需要从生态文明理念与绿色发展的角度出发，制定并实施有利于现代化经济体系建设的政策制度与法律，要做到全覆盖、全流程，还要强化惩戒追责力度、扩大普及范围，进而为促进生态文明建设营造良好的政策制度与法治环境。

五要深化绿色发展和生态文明建设的政策和理论研究。作为世界第一人口大国、世界第二大经济体，中国推进绿色发展实现现代化的伟大事业，在人类现代发展史上前无古人，面临的问题和困难也史无前例，亟须在充分总结和借鉴人类文明发展成果的基础上，找到创新性的解决办法，形成符合中国国情、彰显中国特色、基于中国经验的绿色发展理论体系。我们不但要创造良好的氛围，围绕绿色发展的要求，从自然科学、工程技术科学、经济科学、社会科学、法学等方面寻找解决方案，而且还需要深化绿色发展和生态文明建设的政策和理论研究，研究推动绿色发展和生态文明建设的制度和政策，深化相关理论分析。中国在绿色发展和生态文明领域的理论创新和成功实践，将为广大发展中国家走绿色现代化道路、为全世界的生态文明建设和可持续发展做出巨大贡献。

生态文明建设和绿色发展永远在路上。新中国成立70年来，伟大的中华民族在建设富强民主文明和谐美丽的现代化强国征途上筚路蓝缕，攻坚克难，今天终于站在了历史的新起点，进入了发展的新时代。回首70年生态文明建设光辉历程和伟大成就，感悟新时代绿色发展新使命，唯有更加深入学习和深刻领会习近平生态文明思想，进一步凝聚全社会共识，加快推动生态文明建设和绿色发展，才能迎来人与自然和谐发展的现代化建设新局面，推动美丽中国建设跃上新台阶！

是为序！

前言

  为总结新中国成立 70 年来我国生态环境保护和生态文明建设的光辉历程、伟大成就和宝贵经验，以优秀理论创作献礼新中国 70 华诞，在新的历史征程上更好践行习近平生态文明思想，推动我国生态文明建设迈上新台阶，中国社会科学院生态文明研究智库、国务院发展研究中心资源与环境政策研究所、中国生态文明研究与促进会、生态环境部环境规划院、中国环境出版集团等单位共同主办《美丽中国：新中国 70 年 70 人论生态文明建设》文献、理论著作编著活动。

  截至付梓时，该著作在前期提名、推荐作者和初选文章中，共选出长期致力于生态文明政策制定和生态文明基础理论研究 75 人 75 篇稿件。其中，副部级以上党政领导干部稿件共 15 篇，专家学者稿件共 60 篇。专家学者中既有司局级学者型官员，也有"两院"院士、学部委员、高校校长和长江学者，还有"80 后"青年学者。内容涵盖习近平生态文明思想、生态文化、产业经济、法律制度、生态安全等多个方面。该著作主编团队也据此对稿件内容进行了分类。综观全部文稿，体现了作者们适应国家、社会和党的生态文明理论持续创新发展的要求，以马克思列宁主义、毛泽东思想、邓小平理论、"三个代表"重要思想、科学发展观、习近平新时代中国特色社会主义思想为指导，以习近平生态文明思想和全国生态环境保护大会精神为引领，以新中国成立 70 年来我国生态文明建设的重大文献为基础，对新中国 70 年来我国生态文明建设基本历程、历史脉络、规律探索、经验教训和内在逻辑的理论总结和理念创新，特别是对习近平生态文明思想的根本遵循、学习研究和贯彻落实；反映了社会各界人士对生态明理论与实践的持续不懈探索精神，对一代又一代中国共产党人一脉相承探索经济发展与环境保护新道路、迈向人与自然和谐新时代的衷心拥护，以及对美丽中国梦的憧憬、强烈的使命意识和行动自觉。

该著作并相关活动，得到了主办单位上一级主管单位并其主要负责同志的大力支持，寄予了很高的期望。十一届全国政协副主席、中国生态文明研究与促进会会长陈宗兴，中国社会科学院院长、党组书记谢伏瞻，生态环境部部长、党组书记李干杰和国务院发展研究中心党组书记马建堂分别为该著作作序。主编团队在此表示感谢。

习近平同志指出，"重要的时间节点，是我们工作的坐标"。抓住时间节点、打开历史视野、树立工作坐标，主办单位协同创新推动新中国 70 年 70 人论生态文明建设活动，正如陈宗兴同志序言指出的，是一项应该做、值得做且必须做好的事情。回望新中国 70 年来，从 1973 年在北京组织召开新中国第一次环境保护会议、审议通过环境保护工作 "32 字方针" 和新中国第一个环境保护文件到新时代习近平同志提出 "绿水青山就是金山银山" 的著名科学论断，中国共产党带领全国人民不断探索经济发展和生态环境保护、人与自然和谐共生之道，不断地深化着对生态文明建设规律性的认识。这一历史进程，固然有经验教训和代价，但取得了巨大的成就。党的十八大以来，习近平同志站在坚持和发展中国特色社会主义，实现中华民族伟大复兴 "中国梦" 的战略高度，深刻、系统回答了为什么建设生态文明、建设什么样的生态文明，以及怎样建设生态文明等重大理论和实践问题，形成了习近平生态文明思想，有力地指导着我国生态文明建设的伟大实践，推动我国生态文明建设发生历史性、转折性和全局性转变。在回望历史中持续深入学习、领会和大力实践习近平生态文明思想，我们就能够更加深刻地体会习近平生态文明思想的伟大意义，更加自觉地坚持生态兴则文明兴，坚持人与自然的和谐共生。期望该著作的出版，有助于我们实现上述目标。倘如此，主编团队将十分欣慰。但是，限于主编团队、入选作者水平，该著作尚有很大的完善和提升空间，疏漏和错误之处，敬请读者一并批评指正。

目录

第三篇　绿色发展与生态产业体系

下 册

第四篇　生态文明基础理论与生态文化体系

第五篇　深化生态文明体制改革与生态文明制度体系

第六篇　全球生态文明建设与生态安全体系

中华人民共和国成立70周年
The 70th Anniversary of the Founding of
The People's Republic of China

新中国生态文明建设
70年基本历程

中国改革开放 40 年生态环境保护的历史变革

◉ 解振华

（中国气候变化事务特别代表）

改革开放 40 年，是中国波澜壮阔的四十年，拥有近 14 亿人口的中国从一个贫穷落后的国家成长为世界第二大经济体。中国的生态环境保护事业也与时俱进，正从过去单纯的"三废"治理走向生态文明建设，中国逐步成为全球可持续发展的参与者、贡献者、引领者。回顾我国生态环境保护的历程，我们发现生态环境保护与社会经济发展是紧密相连的，不同阶段我们面临着不同的突出环境问题，相应的经济发展阶段与社会需求决定了我国的生态环境管理体制和架构；与此同时，生态环境治理体系与治理模式又在改革与发展进程中不断完善，与时俱进。面向未来，中国特色社会主义现代化建设步入新时代，我国需全面提高生态文明水平，实现美丽中国目标，共建清洁美丽世界，为全球可持续发展提供中国智慧，做出中国贡献。

一、回顾过去 40 年，改革开放和社会经济进步推动了国家生态环境保护管理体制的变革；反过来，"十年一跃"的环境管理体制改革，也为社会经济与生态环境协调发展提供了体制保障

我国的生态环境保护正式始于 1972 年，迄今为止已有整整 47 个年头。期间，大概每 10 年左右，我国生态环境保护管理体制就有一次大的提升和"跨跃"，从

最初的临时性机构——国务院环境保护领导小组及其办公室,逐步发展成今天的生态环境部。从整个生态环境保护事业发展来看,这实质是逐步适应改革开放和经济社会不断发展变化的进程;也是伴随新的生态环境问题不断涌现的局面,我国生态环境保护管理体系及治理模式不断进行改革而产生的结果。

第一阶段,1972—1988 年,这是"第一次跃升",从国务院环境保护领导小组到独立的国家环境保护局(国务院直属局),标志着我国生态环境保护在国家宏观管理体制中占据了一席之地。

1972 年之前,尽管不少地方已经出现了环境污染,但我国在观念上一直认为社会主义国家不存在环境污染,工业污染是资本主义社会的产物。1972 年 6 月,我国政府派出代表团参加在瑞典举行的联合国人类环境会议,上述观念开始发生转变。1973 年 8 月,国务院召开第一次全国环境保护会议,审议通过了"全面规划、合理布局、综合利用、化害为利、依靠群众、大家动手、保护环境、造福人民"的环境保护工作 32 字方针和我国第一个环境保护文件《关于保护和改善环境的若干规定(试行草案)》。至此,我国生态环境保护事业开始正式起步。1974 年 10 月,国务院环境保护领导小组正式成立。

1978 年 12 月,党的十一届三中全会召开,作出了改革开放的伟大决定,中心议题是将党的工作重心转移到经济建设上来。此后,从农村的家庭联产承包责任制开始,我国加速推进改革开放,极大地促进了生产力解放。1980 年 8 月,我国设立了深圳经济特区,1984 年又设立了首批 14 个沿海开放城市,沿海地区开始全面对外开放,大量接受日本、韩国、港台地区的劳动密集型产业的转移,各级政府、各部门、乡村集体、社会团体都以招商引资、办企业搞经营为重点,不少地方是"村村点火、户户冒烟",成为当时经济社会发展的真实写照。与之相对应,我国的生态环境保护工作也是从改革开放才开始走上正轨。

经济发展和产业转移也带来了日益严峻的环境问题,引起了国家的关注。1979 年,《环境保护法(试行)》的制定,首开我国生态环境保护法律制度的先河。随即,环境保护相关专项立法开始起步,1982 年 8 月,全国人大常委会审议通过了《海洋环境保护法》;紧接着,1984 年 5 月和 1987 年 9 月,分别通过了《水污染防治法》和《大气污染防治法》。同时,我国开始加强环境管理工作及机构建设。1982 年 5 月，第五届全国人大常委会第 23 次会议决定，将国家建委、国家城建总局、建工总局、国家测绘局、国务院环境保护领导小组办公室合并，组建城乡建设环境保护部，部内设环境保护局。1983 年年底召开第二次全国环境保护会议，时任国务院副总理李鹏在会议上宣布保护环境是我国必须长期坚持的一项基本国策。1984 年 5 月成立国务院环境保护委员会，由时任国务院副总理李鹏兼任委员会主任，办事机构设在城乡建设环境保护部（由环境保护局代行）。1984 年 12 月，城乡建设环境保护部环境保护局改为国家环境保护局，仍隶属于城乡建设环境保护部领导，是部属局，同时也是国务院环境保护委员会的办事机构。

1988 年城乡建设环境保护部撤销，改为建设部。国家环境保护局成为国务院直属机构（副部级），明确为国务院综合管理环境保护的职能部门，人、财、物全部独立运行。同年，党中央、国务院在国家环保局率先开展公务员改革试点，根据环保工作需要设置职位，并从全国公开招考一大批环保干部。这次改革为国家环境保护的专业化管理奠定了基础。

第二阶段，1989—1998 年，这是"第二次跃升"，期间生态环境保护压力继续加大，开展"33211"和"一控双达标"环境治理工程，1998 年国家环境保护局升格为国家环境保护总局。

经历了 1989 年政治风波、东欧剧变、苏联解体之后，1992 年邓小平同志发表南方谈话，推动我国经济发展和改革开放掀起新一轮热潮。以浦东新区建设为龙头，长三角地区迅猛发展，城市建设和工业园区蓬勃增长，全国各地挂牌建设的经济开发区、工业开发区最多时近万个。但经济的快速发展同时也带来严重的耕地占用、生态破坏和环境污染问题。当时的民谣是"五十年代淘米洗菜、六十年代浇地灌溉、七十年代水质变坏、八十年代鱼虾绝代、九十年代难刷马桶盖"，淮河等流域的严重环境污染引起了全社会的关注。同时，生态破坏、水土流失、荒漠化问题也日益突出，北京地区沙尘暴愈演愈烈，黄河断流、长江洪水等特大生态灾害频发。

为了解决这些问题，全国人大常委会加快了生态环境保护立法进程。1989 年 12 月，《环境保护法》经修改正式出台，20 世纪 90 年代又修改了《大气污染

防治法》《水污染防治法》，制定出台《固体废物污染环境防治法》《环境噪声污染防治法》等，初步形成了我国生态环境保护的法律体系。同时，国家启动了"33211"重大污染治理工程，这是我国历史上首个大规模污染治理行动。其中，"33"是三河（淮河、海河、辽河）、三湖（滇池、太湖、巢湖）；"2"是两控区，即二氧化硫和酸雨控制区，"11"是一市（北京市）、一海（渤海）。"33211"工程首先从治理淮河污染开始，根据国务院部署，1997年12月31日零点之前要实现淮河流域所有重点工业企业废水基本达标排放，否则将对这些企业实施关停并转。1995年，时任国务院副总理邹家华、国务委员宋健代表国务院听取环保工作汇报，明确要求，到2000年，全国污染物排放总量冻结在1995年水平，环境功能区达标，工业污染源实现达标排放，这就是所谓"一控双达标"。这一时期，污染物排放总量控制的基本做法是严格控制新上项目新增污染，所有新上项目增加的排放量，必须由同一地区其他污染源等比例消减来消化。与此同时，全国开始实施退耕还林等六大生态建设重点工程。

这一阶段另一个重大事件是1992年在巴西召开了联合国环境与发展大会，提出了可持续发展的理念，通过了《21世纪议程》。中国作为发展中国家参加了大会，并于1994年组织编制了《中国21世纪议程——中国21世纪人口、环境与发展白皮书》，制定了自己的可持续发展目标。1998年，国家将原副部级的国家环境保护局提升为正部级的国家环境保护总局，原国务院环境保护委员会的职能、分散在电力工业部等各工业行业主管部门的污染防治职能并入国家环境保护总局。

第三阶段，1999—2008年，这是"第三次跃升"，主要特征是遏制主要污染物排放总量快速增长势头，实施总量控制，推进发展循环经济和"两型"社会建设，组建环境保护部。

2001年12月我国加入WTO，随后社会经济迅猛增长，能源、钢铁、化工等重化工业比重不断提高，产能产量跃居世界前列，资源能源消耗快速增长，主要污染物排放总量也大幅增加。国家"十五"计划的主要目标中，二氧化硫排放总量控制目标不降反升，警醒了我国政府实施更大力度的节能减排和总量控制。"十一五"期间，我国把主要污染物排放总量和单位GDP能源消耗下降比例作为约束性指标，纳入国家"十一五"规划纲要，并分解到各省（自治区、直辖市）。

"十一五"期间，全国环境基础设施、电厂脱硫设施建设规模超过了中华人民共和国成立以来到"十一五"之前的总和。这中间，两项政策发挥了核心作用，一是严格的节能减排约束性指标考核，带动了地方环境治理重大工程的建设；二是以脱硫电价为代表的环境经济政策，推动了电力行业的脱硫工程建设，迄今为止中国建成了全球最大规模的清洁煤电系统。

在生态环境保护立法和执法上，也取得新的进展。为进一步改善生态环境，再次修改了《大气污染防治法》《水污染防治法》《固体废物污染环境防治法》《海洋环境保护法》，制定《放射性污染防治法》《环境影响评价法》《清洁生产促进法》《循环经济促进法》等。在环境管理机构上，为了解决环保执法难、地方行政干预的问题，2006年国家环境保护总局设立了东北、华北、西北、西南、华东、华南等六大督查中心，作为其派出机构。2008年7月，国家环境保护总局升格为环境保护部（正部级），并成为国务院组成部门。

第四阶段，2009—2018年，这是"第四次跃升"，生态文明建设被纳入"五位一体"总体布局，坚持以改善生态环境质量为中心，推动绿色发展，坚决向污染宣战，组建生态环境部。

党的十八大以来，以习近平同志为核心的党中央高度重视生态文明建设和生态环境保护工作，将生态文明建设纳入"五位一体"总体布局，把坚持人与自然和谐共生作为新时代坚持和发展中国特色社会主义基本方略之一，把绿色发展作为一大新发展理念，坚决向污染宣战，出台实施了大气、水、土壤三个"十条"，出台了《生态文明体制改革总体方案》，建立了中央环保督察等一系列重大制度。根据生态文明建设的新要求，对《环境保护法》《大气污染防治法》《水污染防治法》《固体废物污染环境防治法》《海洋环境保护法》等一系列法律进行了重大修改；特别是2014年修订的《环境保护法》，被称为是"长出牙齿"的法律，大大提高了质量和威慑力；随着2018年全国人大通过了《土壤污染防治法》，我国基本形成了较为完整的生态环境保护法律体系。中国开始成为世界生态文明建设的引领者。

2017年10月，党的十九大胜利召开，会议提出中国特色社会主义进入新时

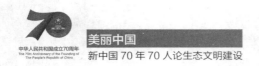
代,社会主要矛盾已经转化为人民日益增长的美好生活需要和不平衡不充分发展之间的矛盾。随着我国进入社会主义新时代,对生态环境保护管理体制的需求也发生了显著变化:一是特定发展阶段下形成的体制安排及其治理理念,要从"增长优先"转向"保护优先",这意味着资源和生态环境保护相关主管部门必须发挥更加重要的作用。二是生态环境保护职能需要从以往分散的资源环境要素管理逐步走向生态系统的完整性、原真性与生态环境综合管理。三是从所有者和监管者职责不清、运动员和裁判员集于一身,走向执行与监管相互分离和制衡的方向转变。四是从中央地方事权不清、财权匹配不合理,向责权清晰、不断优化事权财权配置转变,建立相对独立的监测评估和监管体制。

2018 年 3 月,十三届全国人大一次会议通过了国务院机构改革方案,组建生态环境部,整合了相关要素部门污染防治职能,增加了应对气候变化、海洋环境保护等职能,统一生态与城乡污染排放监管职责。这次机构改革,取得了如下效果:一是按照大部制改革的思路,基本上实现了污染防治、生态保护、核与辐射防护三大领域统一监管的大部制安排,为解决制度碎片化问题奠定了良好的体制基础。这也是本次改革最大的亮点和特征。二是分离了自然资源所有者的建设及管理职责和监管者的监督及执法职责,在一定程度上实现了制度设计对执行与监管的分离要求。三是生态环境保护的统一性、权威性大大增长,统一行使生态保护和城乡各类污染排放监管与行政执法职责,切实履行监管责任。当然,充分发挥生态环境管理体制改革效能仍有一系列问题需要解决,但生态环境保护事业及生态环境管理体制改革,已经站在了新的历史方位和起点,面向全面建成小康社会、建设美丽中国的目标,大步前进。

以上的回顾表明,中国改革开放四十年也是生态环境保护管理体制不断改革和飞跃的四十年。

二、总结改革开放四十年,我们围绕着解决不同发展阶段突出环境问题的需要,不断改革、创新和发展生态环境保护治理体系与模式

我国在不同时期针对当时面临的突出环境问题,建立了与之相对应的管理体

制，采取有针对性的治理方式，取得了较好的成效。有很多值得总结的经验教训，主要表现为以下三个方面。

第一，坚持在发展中解决环境问题，在理论和实践相互促进下构建与发展阶段相适应的生态环境保护体系。

环境问题的本质是发展问题，在发展中产生，也需要在发展中解决，既需要分步骤解决问题，也需要创新发展理念。改革开放以来，我国不断发展和提出协调经济和环境矛盾的理念，作为开展生态环境保护工作的指引。第一阶段，提出"三同步""三统一"的要求，在认识上要求全社会在经济建设、城乡建设的同时重视环境保护；第二阶段，在重点流域重点区域环境治理过程中，大力推进经济结构调整，坚决关闭小造纸等"十五小"企业，在行动上促进经济健康发展和环保目标的实现；第三阶段，严格执行污染物排放总量控制制度，在宏观上把握环境与经济的协调关系；第四阶段，大力推进生态文明，倡导"绿水青山就是金山银山"，从根本上融合了经济发展与环境保护的关系。21世纪以来分别提出循环经济（2003年）、两型社会建设（2004年）、低碳发展（2009年）等新理念，党的十八大报告提出包括生态文明建设在内的"五位一体"总体布局（2012年），这些都是我国对环境与发展关系认识的不断深化。每个阶段的理念，既是对当时我国社会主要矛盾和国情的客观研判，也是对已有理念的继承和发展。环境问题与社会经济发展驱动了理念的创新，理念的发展又为开展生态环境保护实践工作提供了指引，从而构建了符合不同发展阶段特征的生态环境保护管理体系。

我国早在20世纪80年代初期就将环境保护确立为基本国策，提出了"三同步"和"三统一"的环境与发展的战略方针，并一直在着力构建独立权威的环境保护部门。但受制于特定的阶段，我国最初在理论上未能很好地区分环境管理和环境建设，在战略上实行"发展是第一要务"。社会主义初级阶段决定了我国要以经济建设为中心，有些地方片面强调"发展是硬道理"，因此在政府职能与管理体制中，经济发展的职能非常强大，相应的生态环境保护的职能就相对弱小，权威性不足。这是经济发展阶段所决定的。但随着形势变化，生态环境保护的政府管理理念稳步发展，我国逐步明确了政府环境管理和企业环境治理的区别，明

确了环境管理和环境建设的区别，组建了直属于国务院的国家环保局，不再由以建设和发展为主要职责的城乡建设环境保护部管理，从而在体制安排上体现了发展与环境的相对独立。

21 世纪以来，在一系列发展理念指导下，我国生态环境管理体系明显扩展了综合管理和规划、政策协调等方面的职能。其背景是在我国增长优先的快速社会经济发展进程中，巨大的生态环境代价也不断凸显。2003 年前后，国家环保总局组织完成了《国家环境安全战略报告》，指出我国经济发展付出的环境代价，在很多地方已经抵消了经济增长的收益，并从"安全"的角度去理解生态环境保护在国家发展中的重要性，这在当时既是深刻的，又是超前的。越来越多的人意识到，环境问题就是经济问题，生态环境保护需要经济发展方式转型与综合决策。这一理念认知影响了国家环境管理机构的改革走向，不仅仅体现在国家环境保护总局升格为国务院正部级组成部门、具有议事权的环境保护部，综合经济部门也加大介入生态环境保护的力度，在节能减排、循环经济、低碳发展等方面发挥了突出作用。

在循环经济上，2002 年时任国家主席江泽民同志出席全球环境基金第二届成员国大会，指出只有走以最有效利用资源和保护环境为基础的循环经济之路，可持续发展目标才能得到实现。在借鉴德国、日本等国家经验和总结地方试点的基础上，2008 年，我国出台了《循环经济促进法》，实施减量化、再利用、资源化的循环经济方针，实现"从摇篮到摇篮"的全过程循环经济发展，并把能耗强度、碳排放强度、资源产出率等指标纳入"十二五"规划纲要。当前，我国正围绕解决城市垃圾问题，进一步提倡建设"城市矿山"，设计循环经济发展专项资金，开展"无废城市"试点，培育资源循环再生利用产业。

在低碳发展方面，国际上将碳排放控制作为重大环境问题，在我国一直作为发展转型中的重大问题，并且决定了我国低碳转型是实现可持续发展的内在要求和走向生态文明的基本路径。过去几年，通过将提高能效、降低二氧化碳排放强度、发展非化石能源和增加森林蓄积量作为约束性指标，促进发展方式的转变和产业结构、能源结构的调整，节能减排与应对气候变化工作取得了显著成效。2017 年我国单位国内生产总值（GDP）二氧化碳排放比

2005 年下降了 46%，相当于减少二氧化碳排放 41 亿吨，已经超过对外承诺的到 2020 年碳排放强度下降 40%～45% 的上限目标。2018 年机构改革将应对气候变化从综合经济部门调整到生态环境部，代表着党中央对这一问题的认识提升到新的高度。

党的十八大以来，我国将生态文明建设上升为执政党的理念，"增长优先"逐步向"保护优先"转型，大大促进了生态环境保护的自觉性，也为生态环境保护管理体系改革注入新的动力。2015 年，党中央、国务院印发了《关于加快推进生态文明建设的意见》。这是 40 多年来生态环境保护经验的总结和政策制度的集成创新，把生态环境保护放在政治、经济、社会、文化、生态文明"五位一体"的总体布局中进行统筹，而国际上通行的可持续发展理念主要考虑的是经济、社会和环境三个维度的可持续性。从 2018 年国务院机构改革方案看，按照一个事由一个部门管、所有者与监管者相分离的原则，组建了生态环境部，大大提升了该部门的权威性，并开始构建源头严防、过程严管、损害严惩、责任追究的制度体系，让生态环境保护渗透到生产、流通、消费等各个环节，形成生态环境保护优化经济发展的激励与约束并重的长效机制。

第二，以改善生态环境质量为核心，采取综合措施，不断增强人民群众对生态环境的获得感。

"十三五"以来，根据以环境质量为核心的目标要求，实施环境管理的转型，实质上是针对"十一五""十二五"以总量控制为核心抓手的管理转型。放在更长的历史阶段，我国一直都要强调坚持环境就是民生，以环境质量改善为核心，综合运用激励、约束并举的政策措施实现环境质量达标。

在早期开展"33211"环境污染治理工程的时候，我国就推行以区域、流域和城市为重点，以环境功能区划为基础的"一控双达标"制度。所谓环境功能区划，是指依据区域的社会环境、社会功能、自然环境条件及环境自净能力等确定和划分不同等级的环境质量标准。企业要做到达标排放，地方政府要按照环境功能区划实现环境质量达标，在企业做到了达标排放还实现不了区域环境质量达标的情况下，就实行排放总量控制。这体现了环境质量改善目标和采取的手段之间的有机联系。

由于特定的发展阶段，我国在 20 世纪 90 年代中期开展的污染治理工程，起到了遏制污染恶化趋势的作用，一些重点流域区域环境质量明显改善。"十一五""十二五"期间我国实行了以总量控制为核心的节能减排战略，其基本逻辑是当时主要污染物排放量已经超过了环境容量，环境质量在不断下降，因此决心通过减少污染物排放总量来遏制环境质量不断下滑的趋势，为此建立了一整套总量减排的管理体系，包括当时的环境保护主管部门成立"污染物排放总量控制司"。迄今为止，总量控制取得显著进展，一些研究以美国 NASA 卫星和气象飞行器观测数据为基础，认为 2005—2016 年中国二氧化硫排放下降超过了 70%。

"十三五"以来，我国实行以生态环境质量改善为核心的环境治理模式，深入推进气、水、土三大行动计划。大气质量、水环境质量改善等与民生密切相关的指标，首次被纳入"十三五"规划纲要中，成为约束性指标。为了强化环境质量改善工作，环境保护部于 2017 年新成立了气、土、水三司，替代原来的污染防治司和总量司，将这三个有明确质量要求的环境介质管理作为核心业务司职责。2018 年出台了《中共中央　国务院关于全面加强生态环境保护坚决打好污染防治攻坚战的意见》，确立了总体目标，即到 2020 年，生态环境质量总体改善，主要污染物排放总量大幅减少，环境风险得到有效管控，生态文明建设水平同全面建成小康社会目标相适应。

第三，坚持建立完善党委领导、政府主导、市场推动、企业实施、公众参与的生态环境治理体系，落实好 "党政同责、一岗双责"，推动齐抓共管、全民动员发挥最大效能。

从四十多年的环保历程看，2012 年以前，我国注重强化生态环境保护政府主导、企业治理、统一监管，但对企业应该承担的主体责任要求不足。尽管强调以政府管制、行政管理为主，但市场驱动机制不完善，公众参与生态环境保护缺乏有效引导，参与不足和过度参与的问题并存。因此，未来需要进一步发挥市场在资源配置中的作用，加强经济激励机制的建设，逐步形成政府、企业、社会公众相互配合、相互监督的"协同治理"的格局。

在这个格局中，发挥核心作用的是高度重视综合协调、推动各部门分工负责、齐抓共管的工作机制。国家生态环境管理机构从组建时开始，主要职责就是协调各部门各委办局落实生态环境保护工作的战略与任务。"党政同责""一岗双责"，尤其是"一岗双责"具有历史渊源，从国务院环境保护工作领导小组办公室开始，就是实施的各部门齐抓共管、"一岗双责"的管理模式。1984—1998 年，国务院设立环境保护委员会，委员会主任由主管副总理兼任，这期间国务院每个季度召集各部门研究环境保护工作，国家环境保护局负责协调各部门落实环境保护工作任务与要求，各部门都承担相应的保护环境责任，而且需要定期在环境保护委员会的会议上汇报过堂，这也是目前积极争取的"一岗双责"的雏形。

1998 年，在组建国家环境保护总局的同时，国务院环境保护委员会撤销，国家环境保护主管部门本身的地位在提升，但综合协调能力受到一定影响。为了凸显中央对环境保护的重视，国家决定以党中央、国务院的名义每年召开一次高规格的"中央人口资源环境工作座谈会"，由中共中央总书记主持，各部长和地方省委书记、省长参加，在一定时期内起到了很好的效果。

坚持约束与激励并举的管理制度调动地方积极性。在约束方面，"十一五"以来，我国主要是通过节能减排约束性指标推动各地区落实环保职责。党的十八大以后，国家提出了生态环境保护"党政同责"的要求，并通过中央环保督察制度，推动这一要求的落实。在激励鼓励方面，典型的是国家环保模范城市创建和生态省市县建设。国家环保模范城市，是"九五"期间提出的。1997 年授牌张家港、大连等 6 个城市为第一批环保模范城市；而后陆续有近百个城市申请创建环保模范城市。通过创建环保模范城市，极大地提高了城市开展环境保护、提升环境保护能力和管理水平的积极性，花钱少、效果好、地方积极性高、可持续。在环保模范城市的基础上，我国又推进了生态省市县的建设工作。

第四，逐步建立形成完整的生态环境保护法律体系，明确政府、企业和公众保护生态环境的法律责任，确立了比较符合我国生态环境保护实际的管理制度体系。

改革开放 40 年来，中国先后修改和制定了《宪法》《民法通则》《物权法》

《侵权责任法》《刑法》等基本法律，在这些基本法律中构建了一系列有关资源利用和生态环境保护的法律规范，如《民法通则》和《物权法》对自然资源的所有权和各种用益物权作出了比较全面的规范，《侵权责任法》设专章对环境污染损害的侵权责任作出了规定，《刑法》设专章规定了"破坏环境资源保护罪"。

同时，先后制定了《清洁生产促进法》《循环经济促进法》《城乡规划法》等有关推进产业、能源转型和国土空间规划的法律，为推进经济绿色转型与合理的国土空间规划奠定了一定的法律基础；先后制定了《环境保护法》《海洋环境保护法》《水污染防治法》《大气污染防治法》《固体废物污染环境防治法》《环境噪声污染防治法》《土壤污染防治法》《放射性污染防治法》《环境影响评价法》《野生动物保护法》《水土保持法》《防沙治沙法》《海岛保护法》等 10 多部生态环境保护与污染防治方面的法律，形成了比较完整的生态环境保护法律和制度体系。在生态环境保护和污染防治的各个主要环节，逐步建立形成了相应的行政管理制度和技术规范；在项目准入方面，建立了环境影响评价和"三同时"等制度；在监管督查方面，形成了排污许可、总量控制、现场检查、事故应急、限期治理、强制淘汰和行政强制措施等制度；在环境污染和破坏责任追究上，形成了行政、民事和刑事方面的法律责任制度。同时，逐步扩展环境经济手段的应用，排污收费征收范围扩大，标准提高，环境保险和排污权交易制度开始在各地试行；社会管理的制度开始进入生态环境保护管理的视野，环境信息公开和公众参与也逐步制度化和程序化。

三、集聚改革开放成果，建设生态文明和美丽中国，共建清洁美丽世界，为世界生态文明与可持续发展提供中国智慧，做出中国贡献

党的十九大确立了建设美丽中国的战略目标，也确立了共建清洁美丽世界的美好愿景：到 2035 年生态环境根本好转、美丽中国目标基本实现，到 21 世纪中叶建成富强民主文明和谐美丽的社会主义现代化强国。这一目标的实现，不仅中国将建成一个现代化的工业强国、经济强国、生态文明强国，对世界的贡献和影响也是绝无仅有的。中国理念、中国智慧和中国方案，将给广大发展中国家走出一条绿色发展、经济社会繁荣的现代化之路提供更多有益的借鉴。

第一，深入推进新时代生态环境管理体制改革，建成适应美丽中国建设要求的生态环境管理体系新格局。

我国生态环境管理体制改革不会一蹴而就，也不可能一劳永逸，需要进一步围绕转变职能、提高效能、强化机制创新和能力建设，全面深化改革。一是加快推进职能转变、明确职责，完善面向治理体系和治理能力现代化的生态环境保护管理体制。进一步理顺政府部门间的职责关系，重点在于生态保护监管、气候变化应对、自然保护地体系监管、区域流域机构建设、中央地方事权财力匹配等方面亟待解决完善。二是加快推进部门内相关职能的整合转变。以不断改善生态环境质量为目标，进一步明确各项制度的内涵和相互关系，突出核心制度定位。建立防治常规污染与应对气候变化的协同机制，重视转隶后地方应对机构变化工作的职责巩固和能力提高。加快构建以国家公园为主体的自然保护地体系，推进国家公园体制改革。三是强化机制建设和创新，实现生态文明建设职能的有机统一，增强体制运行效能。生态环境大部制可以解决环境内部各要素的协调，但在处理生态环境与自然资源管理、经济发展之间的关系上还需要进一步理顺机制。建议适时成立中央生态文明建设指导委员会，制定中国绿色转型的战略及其路线图、时间表和优先次序。四是加快构建现代生态环境治理体系。逐步形成政府、企业、社会、公众相互配合、相互监督的"协同治理"的格局，使政府的自然资源保护统一管理和生态环境保护的独立监管真正发挥效能。进一步健全生态环境保护的市场体系，激发企业活力。进一步完善社会组织与动员公众参与生态环境保护的管理和监督的机制。五是全面加强自然资源和生态环境部门的能力建设。不断完善自然资源和生态环境部门的调查、监测、统计、考核体系，特别是加强对地方政府部门的指导及其能力的提高，以完成日益繁重的管理任务。

第二，瞄准建设美丽中国的战略目标，做好顶层设计，谋划战略路线图、时间表和实施路径。

40多年来的经验表明，生态环境保护涉及面广，情况复杂多变，全国各地情况千差万别，如果不能统筹在一个明确的战略目标下，生态环境保护工作就会

限于零散，形不成合力。过去，我们通过七次全国环保大会和全国生态环境保护大会、五年环保规划以及一系列行动计划，明确各个阶段的环境战略目标和方向，并落实到具体的工作步骤，在此基础上，抓住关键问题，改革体制机制，完善政策制度，推动生态环境保护工作水平不断提升。现在来看，这也应该是推进生态环境领域治理体系与治理能力现代化的基本思路。

面向 2035 年和 21 世纪中叶美丽中国的建设目标，要立足于新时代社会主要矛盾的变化，以习近平生态文明思想为指导，坚持"节约优先、保护优先、自然恢复为主"的基本方针，处理好高质量发展与高水平保护协调统一的问题，坚持生态优先、绿色发展，不断增强优质生态产品的供给能力，满足人民日益增长的美好生态环境需要。

要着眼长远，系统谋划我国的生态保护、环境治理、资源能源安全、应对气候变化等主要目标和重点任务，做好协同控制、协同保护、协同治理。坚持攻坚战与持久战相结合，明确"十四五"、"十五五"、2035 年以及 21 世纪中叶等中长期目标和重要阶段任务，做到积极稳妥、步步为营、久久为功，实现 2035 年生态环境质量根本好转和 2050 年生态文明全面提升。

第三，立足中国、放眼世界，坚持绿色发展，积极应对气候变化，贡献中国智慧，共建清洁美丽世界。

中国生态文明建设和生态环境保护，是对全球生态环境保护的巨大贡献，四十多年来尤其是十八大以来生态环境保护取得的成就表明，我国有能力、有条件走出一条全新的、人与自然和谐共生的绿色发展道路。

中国积极参与气候变化谈判，推动达成《巴黎协定》，积极引导推进《巴黎协定》后续谈判进程，推动建立公平合理、合作共赢的全球气候治理体系，推动构建人类命运共同体。中国还将团结其他国家，加强南南合作和绿色"一带一路"建设，并与国际组织、多边金融机构等加强合作，凝聚共识、落实行动、合作共赢，为应对全球气候变化贡献"中国方案"。

中国将坚定不移地履行承诺，为全球的绿色低碳发展做出更大贡献。要把气候账、环境账和经济账算清楚，把减少碳排放、减少环境污染放在经济社会发展的大局中考虑，把全社会动员起来，实现 2030 年的碳排放峰值目标和 2035 年生态环境根本好转的美丽中国目标，给世界贡献中国思想、中国智慧和中国方案，共建清洁美丽世界。

　　改革开放四十年，中国取得前所未有的经济成绩，但也面临一系列突出的深层次问题，当前生态文明建设和生态环境保护进入关键期、攻坚期、窗口期，党中央确立了建设美丽中国的战略目标，使命光荣、挑战巨大、任务艰巨，有待于全国上下尤其是环保工作者的持续奋斗。我们期待着通过几代人的共同努力，美丽中国最终实现，并迎接全球生态文明时代的到来。

环境法治 70 年：历程与轨迹

⊙ 吕忠梅

（全国政协社会和法制委员会驻会副主任、中国法学会副会长）

2019 年，是中华人民共和国成立 70 年。70 年来，中国的环境法治从无到有，从局部单项立法到全面法治建设，从紧跟世界环境法前行的步伐探索中国特色的环境法治道路，到积极参与世界环境治理并引领世界环境法治建设的发展方向。回顾 70 年的环境法治历程、分析 70 年的环境法治脉络，对于我们在新时代坚定环境法治信心、保持环境法治定力、健全环境法治体系、加快环境法治建设，实现建设"美丽中国"的目标，具有重大的现实意义和深远的历史意义。

一、70 年风雨兼程：走到世界前列

1949 年，中华人民共和国宣告成立，与社会主义建设的步伐相伴随，环境问题渐次显现，运用法律手段保护环境开始起步。在全球范围内，20 世纪 40 年代开始，陆续出现因环境污染导致人群健康受害的严重事件，引发世界各国对环境保护的高度重视，现代意义上的环境立法开始出现。[1]1972 年，中国派出恢复

---

[1] 从世界范围看，许多国家自古代开始都有一些涉及自然和环境的法律。比如中国，最早可以追溯到"殷之法，刑弃灰于道者"。但这些法律虽然从客观上有保护环境的效果，却并不具有主观上的环境保护意愿，因此，法学理论上并不认为其是环境保护意义上的法律制度。学界的共识是，现代意义上的环境保护概念，由《斯德哥尔摩宣言》提出；现代意义上的环境法是人类在重新认识人与自然关系的基础上所制定的以保护环境为目标的法律，其标志是美国1969年制定的《联邦环境政策法》（亦译为《国家环境政策法》）。

联合国合法席位后的首个代表团,参加斯德哥尔摩人类环境会议。1973 年制定中国第一部环境保护行政法规,与世界同步开启专门环境保护立法之门。此后,中国一方面积极参与联合国环境事务,主动提出全球环境治理的"中国方案",另一方面积极探索中国特色环境法治道路,大力推进环境立法执法司法和社会公众参与,实现了从并跑到领跑的历史性飞跃。

（一）环境法治在艰难时期起步（1949—1979 年）

新中国成立后,百废待兴,国家开始了有计划的经济建设。这一时期,虽然经济建设经历了多次波折,但中国的环境法治与世界同时起步。[①]一是确立自然国家所有权并颁行相关法律法规。1954 年《宪法》规定,"矿藏、水流,由法律规定为国有的森林、荒地和其他资源,都属于全民所有"。此外,1951—1959 年,先后颁布了《中华人民共和国矿业暂行条例》《国家建设征用土地办法》《矿产资源保护试行条例》《工厂安全卫生规程》《中华人民共和国水土保持暂行纲要》《生活饮用水卫生规程》等法规、规章。二是发布专门的环境保护行政法规。1973年 8 月,第一次全国环境保护会议讨论通过并由国务院发布《关于保护和改善环境的若干规定（试行草案）》,同时制定《关于加强全国环境监测工作意见》和《自然保护区暂行条例》。三是环境保护入宪。1978 年 3 月 5 日,五届全国人大一次会议通过新修订的《中华人民共和国宪法》第 11 条第三款规定:"国家保护环境和自然资源,防治污染和其他公害。"四是制定综合性环境保护法律。1979 年 9月,五届全国人大十一次会议原则通过《中华人民共和国环境保护法（试行）》,明确了环境保护的对象、任务、方针和适用范围,确立了"谁污染、谁治理"等原则,规定了环境影响评价、"三同时"、排污收费、限期治理等制度。这表明,中国的环境法治从一开始,就吸取了西方发达国家"先污染后治理"的惨痛教训,

---

[①] 1972年6月11日,《人民日报》第5版刊登了一则消息,题目是《我国代表团团长在联合国人类环境会议上发言阐述我国对维护和改善人类环境问题的主张》,这是我国首次出现有关环境保护问题的报道。1972年6月16日,《人民日报》第2版刊登方辛的署名文章——《经济发展和环境保护》,明确提出了经济发展应该与环境保护并重的认识。正是因为有了这些认识,我国的环境保护立法从控制工业"三废"开始起步。

高度重视从经济发展与环境保护并重的角度建立法律规则体系①。

（二）环境法治在改革开放中健康发展（1979—2013 年）

以《环境保护法（试行）》为起始点，中国开始进入环境立法"快车道"，环境保护的基本国策地位在《宪法》中确立，环境保护立法体系基本形成，环境管理体制机制初步建立。其重要节点或事件有：一是以宪法形式确认环境保护的国家战略地位并在立法机关设立专门委员会。1982 年修订的《宪法》第 9 条规定"国家保障自然资源的合理利用，保护珍贵的动物和植物。禁止任何组织或者个人用任何手段侵占或者破坏自然资源。"第 26 条规定："国家保护和改善生活环境和生态环境，防治污染和其他公害。"1993 年 3 月，八届全国人大一次会议决定设立环境保护委员会，次年更名为全国人民代表大会环境与资源保护委员会，以有效推进立法进程。二是以《环境保护法》为龙头、污染防治法和自然资源与自然保护法为主干、相关法律部门中的环境保护规范为补充的环境立法体系初步形成。据统计，到 2013 年，中国已制定了环境保护综合类法律 4 部，环境污染防治类法律 6 部，自然资源与自然（生态）保护类法律 13 部，促进清洁生产与循环经济类法律 2 部，合理开发利用能源利用类法律 2 部；此外，还有 10 部左右的民事、刑事、行政和经济立法中明确规定了环境保护的相关内容，国务院制定了 60 余部环境行政法规，国务院主管部门制定了 600 余部环境行政规章，颁布国家环境标准 1200 余部。三是环境管理体制和机制逐步清晰。1982 年，五届人大第二十三次常委会决定在城乡建设环境保护部内设环境保护局，在国家三次机构改革中，完成了从国家环境保护局—国家环境保护总局—环境保护部的不断升格；在这个过程中，也逐步形成了环境管理的"八项制度"（建设项目环境影响评价、"三同时"、排污收费、环境保护目标责任制、城市环境综合整治定量考核制、排放污染物许可、污染物集中控制、限期治理），并确立了坚持预防为主、谁污染谁治理、强化环境管理三项政策。四是专门环境司法从地方开始起步。2007 年，贵州省高级人民法院批准设立贵阳市清镇环保法庭，这是中国第一个对环境

---

① 1978 年 12 月，中共中央以中发〔1978〕79 号文件转发国务院环境保护领导小组《环境保护工作汇报要点》，明确指出"消除污染，保护环境，是进行社会主义建设、实现四个现代化的一个重要组成部分……我们绝不能走先污染、后治理的弯路。"

资源案件进行集中管辖的专门法庭，开启了中国环境司法专门化之路。截至 2013 年年底，全国各级地方法院建立环保法庭、审判庭、合议庭等各种专门审判机构 170 多个，在具体案件中开始探索环境资源案件的事实认定与法律适用的专门规则。五是积极参与国际环保事务。1992 年，中国代表团出席联合国环境与发展会议并签署了《气候变化框架公约》和《保护生物多样性公约》。大会召开前，中国邀请 41 个发展中国家的环境部长在北京举行磋商，发表了《北京宣言》，阐明了发展中国家的共同立场和主张。1994 年，国务院批准发布世界上第一部发展中国家的可持续发展议程——《中国 21 世纪议程——中国 21 世纪人口、环境与发展白皮书》，首次将可持续发展纳入经济社会发展长远规划。中国积极参与气候变化的谈判和国际会议，签署并核准《京都议定书》。据统计，到 2013 年，中国参加国际环境保护多边条约 37 个，还与日本、美国、蒙古、朝鲜、加拿大、印度、韩国、俄罗斯等多个国家签署了环境保护合作协定。

从世界范围看，各国环境法治建设的高潮与联合国不断发展的环境保护理念密切相关。其中最为重要的有三：一是 1972 年斯德哥尔摩人类环境会议前后，联合国通过专门决议，号召全世界就环境保护的法律问题展开讨论，西方各发达国家纷纷制定环境保护基本法并在宪法中规定环境保护的内容。二是 1992 年里约热内卢人类环境与发展大会前后，联合国提出可持续发展理念，世界各国按照可持续发展理念重新审视原有环境立法或者制定新的环境法，不少国家开始制定或者编纂环境法典。三是 2002 年约翰内斯堡首脑会议前后，联合国大力推动实现可持续发展的相关行动，世界各国根据联合国千年发展目标，细化和完善国内环境立法。从全国人大常委会的环境资源专门立法进程中，可以明显地看出中国与世界的一致步伐。自 1979 年开始，中国环境法发展有三个密集期：第一是改革开放初期（1982—1990 年）。全国人大常委会相继制定了《海洋环境保护法》（1982 年）、《水污染防治法》（1984 年）、《大气污染防治法》（1987 年）等十部法律。第二是中国进入建立社会主义市场经济体制阶段（1993—2003 年）。全国人大常委会相继制定、修改了《大气污染防治法》（1995 年）、《固体废物污染环境防治法》（1995 年）、《水污染防治法》（1996 年修正）等 14 部法律。第三是中国进入科学发展时期（2003—2013 年）。全国人大常委会制定和修改了《放射性

污染防治法》（2003 年）、《固体废物污染环境防治法》（2004 年再次修改）、《可再生能源法》（2005 年）等 11 部法律。与世界同步的环境立法进程表明，中国的环境法治发展迅速，在全球环境治理中的地位与作用也逐步凸显。

（三）环境法治迎来新时代（2013 年至今）

党的十八大以来，在习近平生态文明思想的指引下，生态文明建设提升到治国理政的战略高度，并在国际社会大力倡导建立人类命运共同体，中国的环境法治进入新时代。一是生态文明入宪。2018 年 3 月，十三届全国人大一次会议通过《宪法修正案》，将"推动生态文明协调发展"作为国家的根本任务写入序言，并在第 89 条将"引导和管理生态文明建设"明确作为国务院的职权之一。二是环境立法确认新理念。2014 年，十二届全国人大第八次常委会审议通过《环境保护法修订案》，首次明确了环境保护法的综合法地位和"保护优先"原则，建立了多元共治体制；2018 年 8 月，十三届全国人大第五次常委会审议通过《土壤污染防治法》，首次在法律中确认"风险预防"理念，并将保护人群健康宗旨制度化。三是生态文明体制改革迅速推进。2014 年以来，国家相继出台《关于加快推进生态文明建设的意见》《生态文明体制改革总体方案》等 40 多项涉及生态文明建设的改革方案，从总体目标、基本理念、主要原则、重点任务、制度保障等方面对生态文明建设进行全面系统部署安排。组建生态环境部、自然资源部，进一步理顺相关管理体制机制。四是环境资源司法专门化成效显著。2014 年 7 月，最高人民法院设立环境资源审判庭，从国家层面大力推进环境资源审判专门化。截至 2018 年 12 月，全国已建立专门环境资源司法审判机构 1272 个，积极探索环境私益诉讼、环境公益诉讼、生态环境损害赔偿诉讼制度，逐渐形成具有中国特色的传统诉讼和新类型诉讼并行、普通化与专业化交织的"3+2"诉讼模式。最高人民检察院积极推进检察机关提起环境公益诉讼工作，2018 年，最高人民检察院公益诉讼检察厅成立，各级检察机关也设置了相应机构，积极推进检察机关提起环境公益诉讼工作。四是成为全球生态文明建设的重要参与者、贡献者、引领者。2015 年，习近平出席巴黎气候大会并发表演讲，提出了通过确立"人类命运共同体"理念，以实现"环境正义"为价值诉求，以走科技创新为主导的包容、共享和可持续的绿色发展道路为主要内容的全球环境治理的"中国方案"。近年来，中国在全球气候变化谈判中如期正式向联合国提交首份"国家自主决定贡献"清单，始终积极主动推进谈判进程，为《巴黎协定》的签署贡献力量。在联合国气候变化大会上，积极推动《巴黎协定》实施细则谈判；中国加入"迈向《世界环境公约》"工作组，出席相关会议并建设性的参与各项工作，明确提出中方观点；参加联合国环境大会，建设性参与议题讨论和决议磋商，积极宣介中国生态文明建设理念和实践，加强与各方对话交流，展现积极推进全球生态文明建设、构建人类命运共同体的负责任大国形象。

二、70 年砥砺前行：走出中国道路

以新中国成立为起点，在 70 年的发展历程中，中国环境法治留下了辉煌的历史轨迹，显现出中国特色社会主义环境法治道路的鲜明特征和规律。2016 年 5 月，联合国环境大会（UNEA）发布了《绿水青山就是金山银山：中国生态文明战略与行动》，指出以"绿水青山就是金山银山"为导向的中国生态文明战略为世界可持续发展理念的提升提供了"中国方案"和"中国版本"。

（一）环境立法凸显中国特色

1973 年，中国第一次环境保护会议筹备小组办公室主持制订了《工业"三废"排放试行标准》，其后颁布《关于保护和改善环境的若干规定（试行草案）》（以下简称《规定》），1979 年 9 月，五届全国人大第 11 次会议原则通过《中华人民共和国环境保护法（试行）》（以下简称《试行法》）。表明我国的环境保护从控制工业"三废"开始起步，但即便是在那个"以阶级斗争为纲"的年代，《规定》和《试行法》所确立的原则和制度，都体现出根据中国自己的国情，建立环境保护制度，"不走先污染后治理弯路"的信心与决心。在多年的立法过程中，无论是制定新法还是修改旧法，始终坚持结合中国实际、解决中国问题、提出中国对策的思路，实现了三个飞跃。一是立法理念从"工业三废控制"到生态文明建设的飞跃。经由 1978 年宪法修正案、2018 年宪法修正案，《环境保护法（试

行）》（1979）和《环境保护法（修订案）》（2014），中国环境立法的价值取向，随着"消除污染、保护环境""环境保护与经济建设协调发展""科学发展观""绿色发展"的国家战略不断进步，实现了从发展优先到保护优先的价值取向根本转变。二是立法范围从"污染防治"到"生态安全"的飞跃。在以《环境保护法》为基本法，统摄自然资源保护和污染防治两大领域的"一体两翼"型环境法律体系已经基本形成的基础上，加快了生态安全的立法进程，更加注重环境立法的系统性，将生态安全作为国家总体安全体系重要组成部分纳入《国家安全法》，在《民法总则》中写入"绿色原则"并在各分编中增加相关内容等。①三是立法对象从"城市企业"到可持续发展的飞跃。针对中国的环境污染从城市到农村蔓延、生态环境破坏问题日益严重的现实，环境立法从开始的主要是为城市污染立法、为企业立法发展到为可持续发展立法、为落实政府环境责任立法，2014 年修订的《环境保护法》中，明确将"推进生态文明建设，促进经济社会可持续发展"作为立法宗旨，并建立了政府环境质量监管制度体系，为各单行法的制定和修改奠定了基础。

（二）环境执法适应中国国情

我国自 1973 年设立国务院环境保护领导小组开始，从城乡建设部环境保护局到生态环境部、自然资源部，环境保护执法体制经历了国家机构改革的多次变革，但不变的是国家环境执法机关的地位越来高、职能越来越强、执法方式越来越法治化、执法手段越来越丰富，走出了一条适合中国国情的环境保护执法道路。一是执法体制从行政管制到多元共治。从《环境保护法》到 30 多部专门立法的系统建设，基本改变了过去主要依靠政府和部门行政命令、区域执法、事后监管的传统方式，明确了政府、企业、个人在环境保护中的权利与义务，建立了多元共治、跨区域执法、社会参与的现代环境治理体制，一方面授予各级政府、环保部门许多监管执法权力，另一方面也规定了人大对地方政府的监督权、规定了将环境保护考核情况向社会公开并纳入官员政绩考核、规定了对环保部门的严厉行

---

① 2017 年 3 月，十二届全国人大五次会议通过的《民法总则》第一章第九条规定"民事主体从事民事活动，应当有利于节约资源、保护生态环境"，被称为"绿色原则"，这一规定对于规范自然资源开发利用活动、保障生态安全具有重要意义。

政问责制度。二是从单纯督企到督企督政并重，根据环境立法规制对象从企业到政府、从城市到农村的不断拓展，环境执法对象逐步扩大，生态环境部配合《环境保护法（修订案）》的实施，出台50多部配套规章、标准、操作指南，明确执法机关职责权限和相对人权利义务、完善执法程序、建立执法机制等举措，让法律的实施"看得见"；同时，国家出台绿色经济核算和生态环境审计、党政同责和终身追责改革方案，开展生态环境督察，通过约谈、限批、问责等多种手段，推动落实政府、企业的环境保护义务和责任。三是从单打独斗到协同联动。法律在授权生态环境部门、自然资源部门对生态环境和自然资源实施统一监督管理的同时，还规定了相关部门的职权，要求各部门在法定职权范围内既明确分工，又建立交流、合作、协调机制，解决执法中的"部门分割""各自为政"问题，目前，生态环境部、自然资源部与相关部门建立移送环境违法案件、共同发布技术指南等协同机制，与司法机关的公益诉讼前置通报、生态环境损害赔偿行政磋商与诉讼等衔接机制，推动了环境法的有效执行。

（三）环境司法彰显中国智慧

从2007年第一个专门环保法庭设立到2014年最高人民法院成立环境资源审判庭，启动了中国环境司法专门化的"快捷键"。近年来，最高人民法院坚持以习近平生态文明思想为指导，发布相关司法政策，强调要坚持以习近平生态文明思想指导环境资源审判工作，坚持人与自然和谐共生、尊重资源环境承载力，坚持绿水青山就是金山银山、尊重自然生态价值，坚持服务保障经济高质量发展、保障人民基本权利，形成了遵循自然规律、坚持保护优先、促进绿色发展等"绿色司法"理念，走出了一条中国特色的"绿色司法"之路。一是环境专门司法从地方试验到全国推行。以地方法院成立环保法庭为标志，2007年环境专门司法开始了个别地方探索阶段，以中级人民法院和基层法院为主，且因当地发生重大环境污染事件和地方领导人的重视成为鲜明特征。2010年以后，最高人民法院相继以出台相关司法文件、设立环境资源审判庭方式，推动中国的环境资源审判专门化迅速发展。二是环境资源审判从个案探索到形成规则。环境资源案件归口审理和集中管辖继续推进，逐步实现环境资源民事案件和部分行政案件"二合一"

归口审理；最高人民法院配合长江经济带建设、雄安新区建设和京津冀协同发展国家战略，着力推进长江流域、京津冀、三江源等流域、区域的环境资源案件管辖制度改革；最高人民法院根据司法实践和生态文明制度改革的需要，出台司法解释，进一步细化和完善审判程序和审判规则，不断探索环境公益诉讼、审理矿业权纠纷案件、海洋自然资源与生态环境损害赔偿纠纷案件、生态环境损害赔偿诉讼审理规则。三是环境审判运行机制从专门化向专业化推进。逐渐形成了传统诉讼和新类型诉讼并行、普通化与专业化交织的"3+2"诉讼模式，环境刑事案件体现"严格保护"理念，环境民事案件细化裁判规则注重保护生态利益，环境行政案件更加注重生态环境保护实质审查，呈现出在环境资源司法专门化迅速推进的同时，传统案件在其架构内积极进行"环境保护"专业化调整、新类型环境资源案件审理专业化水平不断提高的良好态势。

（四）环境法治社会探索中国路径

随着环境法治建设的推进，环境法治宣传教育不断加强，全社会的环境保护意识日益提升，近千家环境保护社会团体和数以万计的环保志愿者积极参与污染防治、生态保护，提起环境公益诉讼，督促和协助政府依法行政。"绿色消费""低碳生活""环境知情、参与、表达、监督"逐渐融入公众的生活。公众参与环境法治建设和环境法治教育事业健康发展。一是公众参与从无到有。国家出台并修订《环境保护公众参与办法》，根据我国环境保护公众参与的现状，明确公民、法人和其他组织获取环境信息、参与和监督环境保护的权利；强调依法、有序、自愿、便利的公众参与原则；明确公众参与的程序性规则，积极鼓励社会公众参与生态环境保护。最高人民法院、生态环境部、民政部联合发布文件，鼓励和保护社会组织提起环境公益诉讼，已有 700 多家组织经民政部审核获得提起环境公益诉讼的主体资格；各类环境公益基金会、自然和环境保护公益组织、环境保护志愿者在迅速发展，以各种方式参与生态环境保护决策、生态环境执法、生态环境保护行动。二是环境法治教育从弱到强。面对环境法治起步时期对专业人才的迫切需求。国务院于 1981 年发布《关于在国民经济调整时期加强环境保护工作的决定》，明确提出"要把培养环境保护人才纳入国家教育规划。中、小学要普及环境科学知识。大学和中等专业学校的理、工、农、医、经济、法律等专业,要设置环境保护课程。有条件的院校,应设置环境保护专业。"自此,全国各高等院校开始设置环境与资源保护法学专业,迄今已有16个博士学位授权点和100个硕士学位授权点;与此同时,环境法治教育也进入普法规划、司法考试和公务员培训课程,进入非法律专业本科生的法律课程,形成了专业人才培养与普及教育相结合的良好格局。三是环境法治宣传从点到面。《环境保护法》第6条规定:"公民应当增强环境保护意识,采取低碳、节俭的生活方式,自觉履行环境保护义务。"各方面为增强公民环境保护意识开展了多种形式、丰富多彩的宣传教育工作,从社区举办的各种培训班,到国家宪法日评选环境法治建设"年度人物";从生态环境保护志愿者夏令营,到人大代表、政协委员参加人民法院"开放日"活动;从环境保护社会组织发布污染地图和城市环境信息公开指数,到国家召开新闻发布会定期公布环境质量状况,环境法治宣传方式方法不断创新、直抵人心。

三、结语

新中国成立70年以来,特别是改革开放以来,在中国特色社会主义生态文明思想的指引下,我国环境法治建设迈出重大步伐。科学立法保证良法善治,严格执法维护法治权威,公正司法确保公平正义,全民守法提振社会文明。生态环境保护与生态文明法治建设相互促进,环境法治体系日益完善,治理体系和治理能力现代化水平逐步提高。但是,中国的生态环境问题依然多发、环境保护形势依然严峻,在经历了"高投入、高消耗、高污染"的经济快速发展以后,要实现从不可持续发展方式向"绿色发展"的转变,实现生产方式和生活方式向低碳、环保的转型,绝不是轻轻松松、敲锣打鼓就能实现的,必须驰而不息、久久为功。

党的十八大以来,习近平总书记围绕生态文明建设提出了一系列新理念、新思想、新战略,明确了新时代推进生态文明建设的六大基本原则:"坚持人与自然和谐共生""绿水青山就是金山银山""良好生态环境是最普惠的民生福祉""山水林田湖草是生命共同体""用最严格制度最严密法治保护生态环境""共谋全球生态文明建设"。提出要加快构建生态文明的"五大体系",即生态文化

体系、生态经济体系、目标责任体系、生态文明制度体系、生态安全体系，为新时代中国环境法治健康发展提供了重要理论指导，指明了前进方向。已有的成就只是新时代环境法治的新起点，实现建设美丽中国目标的任务依然任重道远，环境法治建设永远在路上。

参考文献

[1] 金瑞林. 环境法概论[M]. 北京：当代世界出版社，2002：11.

[2] 环境保护部. 开创中国特色环境保护事业的探索与实践——记中国环境保护事业 30 年[J]. 环境保护，2008（15）：24.

[3] 曲格平. 努力开拓有中国特色的环境保护道路——曲格平在第三次全国环境保护会议上的工作报告（摘要）[J]. 世界环境，1989（3）：13-14.

[4] 刘超. 反思环保法庭的制度逻辑——以贵阳市环保审判庭和清镇环保法庭为考察对象[J]. 法学评论，2010（1）.

[5] 吕忠梅，等. 环境司法专门化：现状调查与制度重构[M]. 北京：法律出版社，2017.

[6] 霍桃，等. 亲历者讲述 1992 年联合国环境与发展大会[N]. 中国环境报，2012-06-12.

[7] 生态环境部环境与经济政策研究中心. 从参与者贡献者到引领者——我国环保事业发展回顾[J]. 紫光阁，2018（11）：49.

[8] 中国政府已核准《京都议定书》[J]. 中国人口·资源与环境，2002（4）.

[9] 吕忠梅. 《环境保护法》的前世今生[J]. 政法论丛，2014（5）.

[10] 专家吕忠梅解读《土壤污染防治法》：用法治解除污染的心头之患[EB/OL]. 澎湃新闻，2018-01-09.

[11] 吕忠梅，刘长兴. 环境司法专门化与专业化的两年观察[J]. 中国应用法学，2019（2）.

[12] 专访最高人民检察院第八检察厅厅长胡卫列：把握规律，更好履行检察公益诉讼职责[N]. 检察日报，2019-02-28.

[13] 杨俊. 《巴黎协定》背后的中国智慧和力量[EB/OL]. 新华网，[2019-06-20].http：//www.xinhuanet.com/world/bldh/index.htm.

[14] 刘霁. 联合国气候变化大会闭幕 中国代表团就巴黎协定贡献中国方案[EB/OL]. 澎湃新

闻，2018-12-16.

[15] 外交部条法司. 中国声音："迈向《世界环境公约》"的法律观点. 中国国际法前沿，2019-01-23.

[16] 外交部条法司. 国际社会热议环境治理：第四届联合国环境大会述评. 中国国际法前沿，2019-04-11.

[17] 徐宏. 人类命运共同体与国际法[J]. 国际法研究，2018，（5）.

[18] 联合国环境规划署发布《绿水青山就是金山银山》报告——中国生态文明理念走向世界[N]. 人民日报. 2016-05-28.

[19] 李爱年，周圣佑. 我国环境保护法的发展：改革开放40年回顾与展望[J]. 环境保护，2018（20）：28.

[20] 吕忠梅. 论生态文明建设综合决策法律机制[J]. 中国法学，2014（3）.

[21] 蒲晓磊. 《新环保法》实施一年，"长出牙齿"[N]. 法制日报， 2016-02-23.

[22] 吕忠梅. 生态法治建设的"绿色"脚印[N]. 人民政协报，2017-10-19.

[23] 吕忠梅，张忠民. 环境司法专门化与环境案件类型化的现状[J]. 中国应用法学，2017（6）.

[24] 吕忠梅. 建立实体性与程序性统一的公众参与制度[N]. 中国环境报，2015-10-08.

[25] 教育部. 学位授予与人才培养学科目录（2018年4月更新)[EB/OL]. http://www.moe.gov.cn/s78/ A22/xwb_left/moe_833/201804/t20180419_333655.html.

新中国 70 年生态环境保护宏图

⊙ 王金南[①]

（中国工程院院士、生态环境部环境规划院院长）

中华人民共和国成立 70 年，是中国波澜壮阔的 70 年，是当今这个世界最伟大的跨世纪壮举。中华人民共和国成立 70 年，十三多亿人口的中国，从一个贫穷落后的国家成长为世界上第二大经济体。中国的生态环境保护事业与时俱进，从"人定胜天"走向"三废"治理，迈向生态文明，走到现代化建设的中心，提出建设美丽中国的宏伟蓝图，逐步走向全球环境治理的中心，与世界携手构建人类命运共同体，携手共建清洁美丽世界，在人类发展历史上，这是举世瞩目的、前所未有的伟大壮举。特别是十八大以来取得的生态环境保护和生态文明建设成就，得到了全国人民和国际社会的高度赞同和认可。

一、中国生态环境保护发展历程

中国生态环境保护事业自新中国成立以来，虽然历经坎坷、十分不易，但不断取得新思想、新进展、新突破，经历了从无到有、从小到大、不断探索、逐步发展的过程，从"三废"治理到开启建设生态文明和美丽中国的新时代，生态环境保护事业被提到了前所未有的高度，其历程大体可以分为五个阶段。

---

① 秦昌波对本文亦有贡献。

　　第一阶段（1949—1978 年）：环境保护从萌芽到起步阶段

　　新中国成立初期，国家百废待兴，亟欲摆脱贫穷，我们把"烟囱林立""围湖（海）造田""开山伐木"视为发展的必需，生态环境在国家尺度上没有成为一个需要认真对待和解决的问题。甚至对人与自然的认识产生很大的误区，出现了"人定胜天"和"与自然斗其乐无穷"的偏颇之见。在 1972 年之前，普遍认为环境污染是资本主义社会才会出现的问题，我们不存在环境污染。但实际上，20 世纪 70 年代初我国不少地方环境污染已经很严重了。由于缺乏经济建设经验，城市基础设施落后，粗放型、资源型工业规模不断扩大，受技术水平限制生产粗放，造成资源能源大量消耗和过度浪费，使我国的环境污染和生态破坏矛盾凸显。在老一代国家领导人周恩来总理关注下，要求将工业"三废"治理和综合利用要求纳入国民经济的计划体系。这一时期的污染治理仅限于对有污染排放的项目设置以人工树林为屏障的隔离带和简易的污水处理与消烟除尘设施，可以说环保工作基本处于空白阶段。

　　1972 年 6 月，我国政府派出代表团，参加在瑞典举行的联合国人类环境会议；1973 年 8 月，国务院召开第一次全国环境保护会议，审议通过了"全面规划、合理布局、综合利用、化害为利、依靠群众、大家动手、保护环境、造福人民"的环境保护工作 32 字方针和我国第一个环境保护文件《关于保护和改善环境的若干规定》。至此，我国环境保护事业开始正式起步，并对环境保护规划给予了高度重视。

　　1973 年全国环境保护会议之后，各省、自治区、直辖市和国务院有关部门也陆续建立起环境管理机构和环保科研、监测机构，在全国逐步开展了以"三废"治理和综合利用为主要内容的污染防治工作。同时，对污染严重的地区开展了重点治理，如官厅水库、富春江、白洋淀、武汉鸭儿湖等河湖的水污染以及北京、天津、淄博、沈阳、太原、兰州等城市大气污染治理，为今后的江河和城市污染治理摸索出一些经验。

　　第二阶段（1978—1992 年）：环境保护上升为基本国策阶段

　　1978 年 12 月，党的十一届三中全会召开，中心议题就是将党的工作重点转移到经济建设上来，做出了改革开放的伟大决定。这一时期，我国从农村到城市

的改革开放全面推进，沿海地区开始大量接受日本、韩国、港台地区的劳动密集型产业也包括重污染行业的转移，产业转移带来了全面的环境污染问题，不少地方出现村村点火、户户冒烟、污水遍地流，成为当时社会经济发展带来的负面问题。

1983 年第二次全国环境保护会议上，保护环境被确立为我国必须长期坚持的一项基本国策，并制定了中国环境保护的总方针、总政策，即"经济建设、城乡建设、环境建设，同步规划、同步实施、同步发展，实现经济效益、社会效益和环境效益相统一"。国策地位的确立，使环境保护从经济建设的边缘地位转移到中心位置，摒弃了"先污染后治理"的老路，为环保工作的开展打下了一个坚实基础。这与国际上 20 世纪 80 年代后期提出的可持续发展战略是遥相呼应的，并更加切合中国的实际。

环境保护的制度政策体系、法律法规体系和管理体制开始形成。1979 年，具有"环境基本法"之称的《环境保护法（试行）》正式颁布实施。国际上关于制定"环境基本法"的时间，日本是 1967 年，瑞典是 1969 年，美国是 1970 年，英国是 1974 年，法国是 1976 年。这一时期中国初步建立了环境污染控制管理制度体系，提出推行环境保护目标责任、城市环境综合整治定量考核、排放污染物许可证、污染集中控制、限期治理、环境影响评价、"三同时"制度、排污收费等 8 项环境管理制度。环境管理机构正式由临时状态转入国家编制序列。1982 年国家设立"城乡建设环境保护部"，内设环境保护局，从而结束了"国环办" 10 年的临时状态。1988 年，环境保护局从城乡建设环境保护部分离出来，成立直属国务院的副部级"国家环境保护局"，成为国家的一个独立工作部门。这次改革奠定了国家环境保护专业化管理的基础，以后的国家环境保护总局、环境保护部、生态环境部是在这个基础上的延伸和发展。

第三阶段（1992—2002 年）：可持续发展战略初步确立阶段

自 1992 年开始，中国城市建设和工业园区进一步蓬勃发展，带来严重的耕地占用、环境污染问题，淮河等地区集中爆发了严重的环境污染问题，北京地区沙尘暴愈演愈烈，1998 年黄河首次出现断流。当时的民谣也反映了这一时期环境污染状况："五十年代淘米洗菜、六十年代浇地灌溉、七十年代水质变坏、八十年代鱼虾绝代、九十年代难刷马桶盖"。

这一时期，我国提出推进"一控双达标"，即控制主要污染物排放总量、工业污染源达标和重点城市的环境质量按功能区达标，环境质量管理目标责任制初步完善。为了解决污染问题，国家决定启动"33211"重大治理工程，开展"三河"（淮河、海河、辽河）、"三湖"（太湖、滇池、巢湖）水污染防治，"两控区"（酸雨污染控制区和二氧化硫污染控制区）大气污染防治、一市（北京市）、"一海"（渤海）（简称"33211"工程）的污染防治，最终实现重点流域区域的环境质量改善。全国实施一批重点工程，对主要污染物实施总量控制，实施退耕还林等六大生态建设重点工程，开始通过重点工程投入治理环境污染与生态破坏，实施淮河、太湖治污"零点行动"。

初步确立可持续发展战略。1992 年联合国在巴西召开环境与发展大会，通过了《21 世纪议程》，提出可持续发展的理念。中国作为发展中国家参加了大会，组织编制了《中国 21 世纪议程——中国 21 世纪人口、环境与发展白皮书》，制定了自己的可持续发展目标。到 1998 年，将原副部级的国家环境保护局提升为正部级的国家环境保护总局，生态环境保护的地位进一步提升。

第四阶段（2002—2012 年）：科学发展观深入贯彻阶段

这一时期，经济发展强调又好又快，环境问题被纳入科学发展观的重点考虑因素，强调经济增长方式转变的重要性，将"可持续发展能力不断增强，生态环境得到改善，资源利用效率显著提高，促进人与自然的和谐，推动整个社会走上生产发展、生活富裕、生态良好的文明发展道路"作为主要内容之一。

这一阶段，污染物排放总量控制成为核心环境管理手段。随着我国加入WTO，我国社会经济迅猛增长，能源、钢铁、化工等重化工业产能产量跃居世界首位，资源能源消耗快速增长，主要污染物排放总量也大幅增加。因此"十一五"期间，我国政府实施了更大力度的节能减排和总量控制，将主要污染物排放总量和单位 GDP 的能源消耗强度下降比例作为约束性指标，纳入国家"十一五"规划纲要，分解到各省（自治区、直辖市），通过"三大"污染减排措施和强化目标责任考核，树立了环境保护在地方政府中的地位，同时通过污染减排遏制了环境质量恶化的趋势。

环境保护越来越需要宏观调控与综合决策,这一形势决定了国家环境管理政策和机构改革的走向。环境问题就是经济问题,好的经济政策就是好的环境政策。环境经济政策发挥了重大作用,特别是脱硫脱硝电价的实施,推动我国建成了全球最大规模的清洁煤电系统。城镇污水处理收费政策全面实施,为建设和运行国际上规模最大的城镇污水处理系统提供了资金保障。大工程带动大治理,"十一五"期间全国环境基础设施、电厂脱硫设施建设规模超过了中华人民共和国成立以来到"十一五"之前的总和。2008 年 7 月,国家环境保护总局升格为环境保护部,成为国务院正部级组成部门。而且随着区域性、流域性环境问题得到重视,2006 年,设立了东北、华北、西北、西南、华东、华南等六大督查中心,作为国家环境保护总局的区域环境监督管理派出机构。

第五阶段(2012 年至今):生态文明和美丽中国建设全面深化推进阶段

随着重化工业规模的进一步发展,中国的资源能源消耗和污染物排放始终处于高位,大气环境质量持续恶化,以京津冀及周边地区为代表的重点区域爆发严重污染天气事件,严重影响了群众生产生活,使生态环境不仅仅是经济发展发展问题,也日益成为人民关注的社会问题。党的十八大以来,以习近平同志为核心的党中央高度重视生态文明建设和生态环境保护,将生态文明建设提到突出的战略地位,纳入"五位一体"总体布局和"四个全面"的战略布局,强调贯彻新发展理念,全面推进形成绿色发展方式和生活方式,坚决向污染宣战,出台实施了大气、水、土壤"三个十条"和《"十三五"生态环境保护规划》,开展中央环保督察,加强污染防治,实现了生态环境质量持续改善。

尤其是 2017 年 10 月党的十九大胜利召开,提出中国特色社会主义进入新时代,习近平总书记站在"中华民族永续发展的千年大计"的高度,再一次强调了生态文明建设的重要性。加强生态文明建设、用最严格的制度保护生态环境等纳入《中国共产党章程(修正案)》,十三届全国人民代表大会第一次会议通过,生态文明正式写入宪法。2018 年 5 月,习近平总书记在全国生态环境保护大会上发表重要讲话,系统阐述了"习近平生态文明思想",深刻回答了为什么建设生态文明、建设什么样的生态文明,以及怎样建设生态文明的重大理论和实践问题。这对我国生态文明建设与生态环境保护具有划时代的里程碑意义。

二、生态环境保护与建设取得辉煌成就

新中国 70 年的社会经济发展、改革开放历程和生态环境保护取得了辉煌成就，特别是在习近平生态文明思想的指引下，各地区各部门认识高度、推进力度、实践深度前所未有，我国生态环境保护和生态文明建设从认识到实践正在发生历史性、根本性、全局性变化。

一是确立了系统完整的习近平生态文明思想，形成了我国生态文明建设和生态环境保护的根本遵循。党的十九大明确了坚持人与自然和谐共生作为基本方略之一，将建设生态文明定位于中华民族永续发展的千年大计，明确了加快生态文明体制改革，建设美丽中国的任务目标。全国生态环境保护大会确立了系统完整的习近平生态文明思想，集中体现在生态文明建设的历史定位、基本理念、本质关系、政治要求、目标指向、实践方法、根本保障、国际视野等 8 个方面，提出"生态兴则文明兴"的深邃历史观、"人与自然和谐共生"的科学自然观、"绿水青山就是金山银山"的绿色发展观、"良好生态环境是最普惠的民生福祉"的基本民生观、"山水林田湖草是生命共同体"的整体系统观、"实行最严格生态环境保护制度"的严密法治观、"共同建设美丽中国"的全面行动观、"共谋全球生态文明建设之路"的共赢全球观。

二是污染防治攻坚战进展顺利，解决了一批突出生态环境问题。2018 年全国 338 个地级及以上城市优良天数比例为 79.3%，细颗粒物（$PM_{2.5}$）未达标地级及以上城市浓度为 43 微克/米^3，与 2015 年相比下降 24.6%，36%的城市实现了空气质量达标。在水环境方面，达到或好于Ⅲ类水体比例达到 71.0%，已达到"十三五"规划目标；劣Ⅴ类水体比例为 6.7%。全国化学需氧量、氨氮、二氧化硫、氮氧化物排放量累计分别下降 8.5%、8.9%、18.9%、13.1%，单位国内生产总值二氧化碳排放累计降低 14.2%。强化生态保护与污染防治的协调联动，全面提升各类生态系统稳定性和生态服务功能。加强农业面源污染治理和农村环境综合整治，开展大规模国土绿化行动，加快水土流失和荒漠化石漠化综合治理。实施新一轮退耕还林还草，开展耕地轮作休耕试点，探索建立国家公园，构建生态

廊道和生物多样性保护网络。

三是生态环境保护促进供给侧结构性改革加快推进，有效促进了高质量发展。加快淘汰化解落后过剩产能，截至 2018 年，全国钢铁、煤炭分别化解落后过剩产能 1.55 亿吨、8.1 亿吨。依法关停违法排污严重的企业，全面整治"散乱污"企业及集群，促进解决"劣币驱逐良币"问题，工业市场环境更加健康规范，主要行业产能利用率明显提升。推动能源和交通运输结构优化调整，截至 2018 年，全国实现超低排放的煤电机组约 8.1 亿千瓦，占煤电总装机容量的 80%，建成了世界最大的清洁煤电体系。全国清洁能源占能源消费的比重达到 22.1%，煤炭消费占比下降至 59%。2018 年全国铁路货运量相比 2015 年增长 19.9%，占全国货运量的比重上升至 8.0%，京津冀地区煤炭运输和铁矿石集疏港实现"公转铁"。老旧机动车报废更新持续推进，新能源汽车产销量、保有量稳定提升。

四是生态文明建设体制改革顶层设计基本完成，为新时期生态环境保护奠定了良好基础。《关于加快推进生态文明建设的意见》《生态文明体制改革总体方案》《生态文明建设目标评价考核办法》《党政领导干部生态环境损害责任追究办法（试行）》等文件出台，建成了生态文明建设体制的顶层框架和发展目标。生态环境部组建，生态环境保护参与国家综合决策能力进一步提升。全面实施统一的排污许可制度，截至 2019 年 9 月，我国已核发火电、造纸等 24 个重点行业超过 7 万张排污许可证。生态文明建设体制改革逐步落实，法律、监管、治理、执法等体系和能力不断强化完善。

五是全社会生态环境保护意识显著提升，绿色生活、绿色消费全面起步。全社会生态环境和绿色发展意识提升，对经济发展与环境保护关系的认识发生深刻变化，绿水青山就是金山银山的发展理念深入人心。环境信息公开渠道多元化、覆盖全面化，环境空气质量信息公开已经实现时间尺度上从小时到全年，空间尺度上从区县到全市的全方位覆盖。环保公益诉讼和社会监督机制渐趋完善，公众绿色消费、绿色生活方式明显提升。

六是各地区积极探索生态文明建设和生态环境保护典型模式，形成一批典范。"十三五"以来，生态环境部命名了 95 个国家生态文明建设示范市县（区）、29 个"绿水青山就是金山银山"实践创新基地建设。2018 年，生态环境部筛选确定了深圳等 11 个城市和 5 个特区作为"无废城市"建设。福建、江西、贵州生态文明试验区各项改革创新措施密集出台，16 个省份开展生态省建设，1000多个市县正在建设生态市县。江苏"263"专项行动、广东绿色发展示范区建设等取得显著成效，浙江"千万工程"、塞罕坝林场先后获得联合国"地球卫士奖"。浙江以美丽乡村建设为载体，探索形成生态文明建设的"安吉模式""一根翠竹，催生了一个产业，撑起了一方经济，富裕了一方百姓"。

七是我国生态文明思想与建设成效，为世界贡献了中国智慧、中国理念和中国方案。2016 年联合国环境规划署发布的《绿水青山就是金山银山：中国生态文明战略与行动》报告，指出中国的生态文明建设是对可持续发展理念的有益探索和具体实践，为其他国家应对类似的经济、环境和社会挑战提供了经验借鉴。2019 年联合国环境规划署、人居署发布《北京二十年大气污染治理历程与展望》《加强河流污染治理，实现城市可持续发展：中国和其他发展中国家的经验》，指出北京市大气污染治理、中国污染河道治理的成功经验为其他国家和城市提供了经验。与世界各国携手推进《巴黎协定》，积极履行各类国际公约，推进绿色"一带一路"建设。

三、展望美丽中国建设宏伟蓝图

党的十九大确立了建设美丽中国的战略目标，也确立了共建清洁美丽世界的美好愿景。面向 2035 年生态环境根本好转、美丽中国目标基本实现，到 21 世纪中叶建成富强民主文明和谐美丽的社会主义现代化强国。70 年来的历程表明，生态环境保护涉及的面多，情况复杂多变，全国各地情况千差万别，如果不能统一在一个明确的战略目标下，生态环境保护工作就会限于零散，形不成合力。面向 2035 年和本世纪中叶美丽中国的建设目标，必须立足于新时代社会主要矛盾的变化，以习近平生态文明思想为指导，坚持"节约优先、保护优先、自然恢复为主"的基本方针，坚持生态优先、绿色发展，不断增强优质生态产品的供给能力，满足人民日益增长的美好生态环境需要。着眼长远，系统谋划我们的生态保护、环境治理、风险防范和应对气候变化等重点任务和主要目标，协同推进经济

高质量发展与生态环境高水平保护。坚持攻坚战与持久战相结合，做到积极稳妥、步步为营，明确"十四五""十五五"、2035 年和中华人民共和国成立一百年的主要目标和重要阶段任务，做好顶层设计，谋划战略路线图、时间表和实施路径。

根据我国经济社会发展进程和生态环境问题解决进程，分析当前至 21 世纪中叶的美丽中国建设战略路线图为：

到 2025 年，在全面建成小康社会基础上，巩固污染防治攻坚战治理成果，四大结构调整全面推进，生态环境质量持续稳定改善，全国空气质量稳固提升，水环境质量基本消除劣 V 类，土壤污染风险得到有效管控，主要污染物排放总量大幅减少，生态状况有所提升，生态环境治理能力稳步提升，美丽中国建设取得明显成效。

到 2030 年，生态环境质量实现全面改善，水、大气环境质量基本实现达标，全国水环境质量达功能区要求，水生态系统功能初步恢复，全国土壤环境质量稳中向好，污染物排放总量得到大幅削减，解决传统环境问题，环境风险、人体健康得到保障，部分区域美丽中国的建设成效显现，逐步开始进入良性循环。

到 2035 年，生态环境根本好转，美丽中国目标基本实现。一是节约资源和保护环境的空间格局、产业结构、生产方式、生活方式总体形成，绿色低碳循环水平显著提升，绿色发展方式和生活方式蔚然成风。二是资源环境承载能力大幅提升，全国环境质量达到标准，空气质量根本改善，水环境质量全面改善，土壤环境质量稳中向好，环境风险得到全面管控，山水林田湖草生态系统服务功能稳定恢复，蓝天白云绿水青山成为常态，基本满足人民对优美生态环境的需要。三是国家生态环境治理体系和治理能力现代化基本实现。

到 21 世纪中叶，建成富强民主文明和谐美丽的社会主义现代化强国，绿色发展方式和生活方式全面建立，生态环境质量优良，与人民群众日益增长的物质生活水平相适应，与现代化社会主义强国相适应，生态系统良性循环，还自然以宁静、和谐、美丽，人与自然和谐共生，生态文明全面提升，实现国家生态环境治理体系和治理能力现代化，美丽中国目标全面实现。

集聚新中国 70 年的成果，贯彻习近平生态文明思想，实现美丽中国建设目标。这一目标的实现，不仅使中国建成一个现代化的工业强国、经济强国、生态文明强国，也使中国逐步走向世界生态环境保护中心，成为世界生态环境保护的重要参与者、贡献者、引领者，为世界生态文明贡献中国理念、中国智慧和中国方案，与世界携手构建人类命运共同体，共建清洁美丽世界。

参考文献

[1] 曲格平.中国环境保护四十年回顾及思考——在香港中文大学"中国环境保护四十年"学术论坛上的演讲[J].中国环境管理干部学院学报，2013，23（4）：1-6.

[2] 解振华. 中国改革开放 40 年生态环境保护的历史变革——从"三废"治理走向生态文明建设[J]. 中国环境管理，2019，11（4）.

[3] 李干杰.加强生态环境保护 建设美丽中国[J].环境，2017（12）：14-16.

[4] 王金南，万军，王倩，等.改革开放 40 年与中国生态环境规划发展[J].中国环境管理，2018，10（6）：5-18.

[5] 王金南，刘年磊，蒋洪强. 新《环境保护法》下的环境规划制度创新[J]. 环境保护，2014，42（13）：10-13.

[6] 刘培哲.可持续发展理论与《中国 21 世纪议程》[J].地学前缘，1996（1）：1-9.

[7] 万军.再看环保五年规划[J].世界环境，2010（6）：16-17.

[8] 秦昌波，苏洁琼，王倩，等."绿水青山就是金山银山"理论实践政策机制研究[J].环境科学研究，2018，31（6）：985-990.

[9] 秦昌波，万军，王倩. 制定战略路线图 推动美丽中国目标实现[N]. 中国环境报，2018-09-18.

中国自然保护 70 年发展历程与功效

◉ 高吉喜①
（生态环境部卫星环境应用中心主任、研究员）

新中国成立以来 70 年来，我国自然保护地经历了从无到有、从小到大、从单一类型到多种类型、从以建设保护地为主转移到构建区域生态安全格局的巨大变化。自然保护力度不断加强，成效日益显著。1956 年，我国建立了第一个自然保护地——鼎湖山自然保护区，此后历经 60 余年的实践和发展，自然保护地体系逐步完善，逐步形成了由自然保护区、风景名胜区、森林公园、地质公园、自然文化遗产、湿地公园、水产种质资源保护区、海洋特别保护区、特别保护海岛等组成的保护地体系。在此基础上，我国又相继提出了重要生态功能区（2008 年）、生态脆弱区（2008 年）、重点生态功能区（2011 年）等生态保护关键区域，进一步完善了国家生态安全屏障体系。2011 年，我国首次提出了"划定生态保护红线"这一国家生态保护战略，2015 年以来，我国启动国家公园体制改革试点建设，并以此为基础积极推进形成以国家公园为主体的自然保护地体系。这两大举措进一步丰富了中国自然保护体系，显著推进了国家生态安全格局的构建进程。

因此，我国自然保护历程和取得的成效大致可分成 3 大方面，一是保护地体系建设逐步完善；二是生态保护红线体系构建完成；三是国家公园体制改革取得阶段性进展。

---

① 邹长新和徐梦佳对本文亦有贡献。

一、建立保护地体系，有效保护了我国重要自然资源和自然景观

据统计，目前我国已建立了十余类自然保护地，主要包括：自然保护区、风景名胜区、森林公园、世界文化和自然遗产、地质公园、湿地公园、饮用水水源地、水利风景名胜区、沙化土地封禁区、海洋特别保护区（含海洋公园）、种质资源保护区、国家公园（试点）等。截至 2018 年，各类自然保护地总数 10000多处，其中国家级 3766 处。各类陆域自然保护地总面积约占陆地国土面积的18%，已超过世界平均水平。其中自然保护区面积约占陆地国土面积的 14.8%，占所有自然保护地总面积的 80%以上，风景名胜区和森林公园约占自然保护地总面积的 3.8%，其他类型的自然保护地面积所占比例则相对较小。起初，各类自然保护地主要是按行业和生态要素分别建立的，由生态环境、林草、农业农村、自然资源、住建、水利、海洋、科学院等部门和单位业务指导，2018 年机构改革完成后，各类保护地兼由自然资源部统一管理，但自然保护地的管理仍以属地管理为主，即地方政府负责自然保护地的"人、财、物"管理。

多年来，自然保护地在保护生物多样性、自然景观及自然遗迹，维护国家和区域生态安全，保障我国经济社会可持续发展等方面发挥了重要的作用。

1. 自然保护区

自然保护区是指对具有代表性的自然生态区域、珍稀濒危野生动植物物种的天然集中分布区、有特殊意义的自然遗迹等保护对象所在的陆地、陆地水体或者海域，依法划出一定面积予以法定保护和管理的区域。随着全球生物多样性保护运动的兴起以及人类环境保护意识的提高，自然保护区建设普遍得到世界各国的高度重视，并已成为一个国家文明和进步的标志之一。

1956 年，广东鼎湖山自然保护区的建立，是中国现代自然保护区事业的起点。60 多年来，党中央、国务院和地方各级政府及有关部门十分重视自然环境的保护和自然资源的持续利用，抢救性划建了一大批自然保护区。我国自然保护区经历了从无到有、从小到大、从单一到综合的变化，逐步形成了布局基本合理、类型较为齐全、功能渐趋完善的体系。

截至 2016 年底，全国（不含香港、澳门特别行政区和台湾地区，下同）共

建立各种类型、不同级别的自然保护区 2750 个，保护区总面积 14733 万公顷（其中自然保护区陆地面积约 14288 万公顷），陆域自然保护区面积占陆地国土面积的 14.88%。

自然保护区的保护对象涉及自然生态系统、野生生物和自然遗迹 3 个类别。全国超过 90% 的陆地自然生态系统都建有代表性的自然保护区，89% 的国家重点保护野生动植物种类以及大多数重要自然遗迹在自然保护区内得到保护，部分珍稀濒危物种野外种群逐步恢复。大熊猫野外种群数量达到 1800 多只，受威胁等级由濒危降为易危；东北虎、东北豹、亚洲象、朱鹮等物种数量明显增加；麋鹿曾经野外灭绝，通过建立自然保护区重新引入，种群数量稳步上升，成为国际生物多样性保护成功典范。

自然保护区分为国家级和地方级两大类。国家级自然保护区 446 个，面积 9695 万公顷，数量仅占全国自然保护区总数的 16.2%，但面积占全国保护区总面积的 65.8%，陆地国土面积的 9.97%。地方级自然保护区总数达 2304 个，面积 5039 万公顷。其中，省级自然保护区 870 个，面积 3756 万公顷，分别占全国自然保护区总数和总面积的 31.6% 和 25.5%；市级自然保护区 414 个，面积 496 万公顷，分别占全国自然保护区总数和总面积的 15.1% 和 3.4%；县级自然保护区 1020 个，面积 786 万公顷，分别占全国自然保护区总数和总面积的 37.1% 和 5.3%。

自 1956 年第一处自然保护区建立以来，我国已基本形成类型比较齐全、布局基本合理、功能相对完善的自然保护区体系，建立了比较完善的自然保护区政策、法规和标准体系，构建了比较完整的自然保护区管理体系和科研监测支撑体系，有效发挥了资源保护、科研监测和宣传教育的作用。

近年来，随着我国自然保护区对外交流活动的广泛开展，加入相关国际保护网络的自然保护区呈逐年增加趋势。截至 2016 年底，列入联合国教科文组织"人与生物圈保护区网络"的有内蒙古锡林郭勒、辽宁蛇岛老铁山等 33 处自然保护区。列入《湿地公约》"国际重要湿地名录"的有辽宁双台河口、吉林向海等 46 处自然保护区。作为世界自然遗产组成部分的有福建武夷山、湖南张家界等 37 处自然保护区。列入世界地质公园网络的有黑龙江五大连池、江西庐山等 40 处自然保护区。

2．其他保护地

为更好地保护国家的自然资源、生物多样性和生态环境，除自然保护区和国家公园外，我国还相继建立了一大批风景名胜区、森林公园、地质公园、湿地公园等不同类型的自然保护地。

（1）风景名胜区。风景名胜区是指具有观赏、文化或者科学价值，自然景观、人文景观比较集中，环境优美，可供人们游览或者进行科学、文化活动的区域，是国家依法设立的自然和文化遗产保护区域，具有生态保护、文化传承、审美启智、科学研究、旅游休闲、区域促进等综合功能及生态、科学、文化、美学等综合价值。我国的风景名胜区有着鲜明的中国特色，既凝结了大自然亿万年的神奇造化，又承载着华夏文明五千年的丰厚积淀，被誉为自然史和文化史的天然博物馆，是人与自然和谐发展的典范之区，是中华民族薪火相传的共同财富。

1982 年，我国正式建立风景名胜区制度，分为国家级和省级两个层级。截至 2017 年底，国务院先后批准设立国家级风景名胜区 9 批共 244 处，面积约 10 万平方公里；各省级人民政府批准设立省级风景名胜区 700 多处，面积约 9 万平方公里，两者总面积约 19 万平方公里。其中，有 32 处国家级风景名胜区和 8 处省级风景名胜区，已被列为世界遗产地。

（2）森林公园。森林公园是指以大面积森林为基础，生物资源丰富，自然景观、人文景观相对集中的具有一定规模的生态郊野公园。它是以保护为前提，利用森林的多种功能为人们提供各种形式的旅游服务并可进行科学文化活动的经营管理区域。森林公园分为国家级、省级和市、县级三级。1982 年 9 月，我国正式批建第一处森林公园——湖南张家界国家森林公园。截至 2017 年底，国家级森林公园总数达 881 处，总规划面积 1278.62 万公顷，占全国国土面积的 1.3%。

目前，我国森林公园已初步形成了以森林景观为主体，地文景观、水体景观、天象景观、人文景观等资源有机结合的多样化的森林风景资源的保护管理和开发建设体系。这一体系的建立与发展，不仅使我国林区一大批珍贵的自然文化遗产资源得到有效保护，而且有力地促进了国家生态建设和自然保护事业的发展，在有效保护森林风景资源、弘扬传播生态文化、满足公众美好生活需求、助力精准扶贫等方面发挥了重要作用。

（3）地质公园。地质公园概念的提出可以追溯到 20 世纪 80 年代，1999 年 2 月联合国教科文组织提出了地质公园计划，同时诞生了地质公园（geopark）这一新名称。遵循"在保护中开发，在开发中保护"的原则，地质公园在地质遗迹与生态环境保护、地球科学知识普及、增加就业机会、倡导科学旅游、提高公众科学素养等方面发挥了巨大的促进作用，综合效益显著，得到了地方政府和社会各界的普遍认可。地质公园已经成为一种可持续利用自然资源的最佳方式。

我国是世界上地质遗迹资源丰富、分布地域广阔、种类齐全的少数国家之一。我国的地质公园分为世界地质公园、国家地质公园、省级地质公园和县市级地质公园。截至 2017 年，我国已建立 239 处国家地质公园，建立省级地质公园 100 余处，其中 35 处已被联合国教科文组织收录为世界地质公园。我国台湾还建立了村级地质公园，一个地质门类齐全、管理等级有序、分布宽广的中国地质公园体系已初步建立。

（4）湿地公园。湿地公园是指拥有一定规模和范围，以湿地景观为主体，以湿地生态系统保护为核心，兼顾湿地生态系统服务功能展示、科普宣教和湿地合理利用示范，蕴含一定文化或美学价值，可供人们进行科学研究和生态旅游，予以特殊保护和管理的湿地区域。湿地公园适应于城市的自然生态系统，是兼具多种功能的社会公益性公园，与此同时，也是保障城市生态平衡和可持续发展的重要开放体系，其功能主要包括科普教育功能、资源合理利用功能以及景观、休闲设施营造功能。

自 1992 年加入国际《湿地公约》以来，我国把加强保护湿地，发挥湿地综合效益，实现湿地资源永续利用、造福当代、惠及子孙确定为湿地保护与合理利用的总目标。2003 年国务院批准了《全国湿地保护工程规划》，从此我国湿地公园建设进入实质性发展阶段。自 2005 年西溪湿地公园正式成为国家林业局国家湿地公园试点建设以来，截至 2017 年，我国自然湿地保护面积达 2185 万公顷，全国共批准国家湿地公园试点 706 处，其中通过验收并正式授予国家湿地公园正式称号的达 98 处，国际重要湿地 49 处。

（5）饮用水水源地。我国是一个水资源既丰富又短缺的国家，水资源丰富是指我国水资源总量丰富，我国淡水资源总量约为 2.8 万亿立方米，占全球水资源的 6%，居世界第四位。但是我国又是水资源短缺的国家，我国人均水资源占有量只有 2200 立方米，仅为世界平均水平的 1/4，在世界上名列第 121 位，是联合国认定的"水资源紧缺"国家。经济的快速发展和城市化的迅速扩张更加剧了经济发展与城市用水之间的矛盾，使得城市用水问题尤为凸显。因此，水源地的保护工作显得尤为重要。

饮用水水源保护区分为地表水饮用水水源保护区和地下水饮用水水源保护区。据不完全统计，约有 3/4 的饮用水水源地为地表水水源地，1/4 为地下水水源地。2016 年调查表明，全国共设立地表水型水源地超过 2400 个，其中有 618 个饮用水水源地被纳入《全国重要饮用水水源地名录（2016 年）》管理。

（6）海洋特别保护区（含海洋公园）。海洋特别保护区是指具有特殊地理条件、生态系统、生物与非生物资源及海洋开发利用特殊要求，需要采取有效的保护措施和科学的开发方式进行特殊管理的区域。海洋特别保护区按照"科学规划、统一管理、保护优先、适度利用"的原则，在有效保护海洋生态和恢复资源同时，允许并鼓励科学合理的开发利用活动，从而促进海洋生态环境保护与资源利用的协调统一。

自 2005 年中国建立第一个国家级海洋特别保护区以来，海洋特别保护区经历了跨越式发展。目前已初步形成了包含特殊地理条件保护区、海洋生态保护区、海洋资源保护区和海洋公园等多种类型的海洋特别保护区网络体系。至 2014 年，中国已有国家级海洋特别保护区 56 处，总面积达 6.9 万平方公里，其中包括海洋公园 30 处。

（7）世界遗产。世界遗产是列入联合国教科文组织《世界遗产名录》的具有突出价值的自然区域和文化遗存。中国作为著名的文明古国，1985 年加入世界遗产公约，至 2017 年 7 月共有 52 个项目被联合国教科文组织列入《世界遗产名录》，与意大利并列世界第一。其中世界文化遗产 32 处，世界自然遗产 12 处，世界文化和自然遗产 4 处，世界文化景观遗产 4 处。

中国的世界遗产有效保护了重要自然生态系统和珍贵自然遗产，包括大熊猫、滇金丝猴等濒危珍稀物种栖息地和自然生态系统，最具代表性的丹霞地貌、喀斯特地貌、花岗岩地貌、砂岩地貌、古生物化石群等地质遗迹，最优美的山岳、湖泊、森林等自然景观和独特的宗教、山水、古建、耕作等文化景观，完美地诠

释了"尊重自然、顺应自然、保护自然""发展与保护相统一""绿水青山就是金山银山""山水林田湖草是一个生命共同体"等生态文明核心理念的重大价值和现实意义，为推动生态文明建设发挥了特殊作用。

二、划定生态保护红线，有效保障了我国重要生态空间完整性

进入 21 世纪，我国生态保护得到了迅速发展，从上至下的顶层设计工作有序推进。2008 年 7 月，环保部联合中科院发布《全国生态功能区划》，提出了 50 个国家重要生态功能区，总面积 237 万平方千米，占全国陆地面积的 24.8%。为加强生态脆弱区保护、控制生态退化、恢复生态系统功能、改善生态环境质量，2008 年 9 月，《全国生态脆弱区保护规划纲要》发布，明确了全国 8 个生态脆弱区的地理分布、现状特征及其生态保护的指导思想、原则和任务，为恢复和重建生态脆弱区生态环境提供科学依据。2011 年 6 月《全国主体功能区规划》发布，将我国国土空间分为以下主体功能区：按开发方式，分为优化开发区域、重点开发区域、限制开发区域和禁止开发区域；按开发内容，分为城市化地区、农产品主产区和重点生态功能区。《全国主体功能区规划》系统而全面地提出了我国以"两屏三带"为主体的生态安全战略格局，充分体现了尊重自然、顺应自然的开发理念。

2011 年，我国将"划定生态红线"作为国家的一项重要战略任务[《国务院关于加强环境保护重点工作的意见》（国发〔2011〕35 号）]，在重要/重点生态功能区、陆地和海洋生态环境敏感区及脆弱区划定生态保护红线并实行永久保护，体现了在国家层面以强制性手段强化生态保护的政策导向与决心。

2017 年 2 月 7 日，中共中央办公厅、国务院办公厅印发《关于划定并严守生态保护红线的若干意见》，明确了生态保护红线工作总体要求和具体安排。此后，生态保护红线由单一的区划研究向基础理论、划定方法，特别是管理措施等方向发展，研究趋势更加综合性、多维性与实用性，由生态保护的理念转变到国家意志主导下的划定实践。

与国内外已有保护地相比，生态保护红线体系以生态服务供给、灾害减缓控制、生物多样性维护为三大主线，整合了现有各类保护地，补充纳入了生态空间

内生态服务功能极为重要的区域和生态环境极为敏感脆弱的区域，内容构成更加全面，分布格局更加科学，区域功能更加凸显，管控约束更加刚性，可以说是国际现有保护地体系的一个重大改进创新。通过生态保护红线划定，将最具保护价值的"绿水青山"和"优质生态产品"，以及事关国家生态安全的"命门"保护起来，维系了中华民族永续发展的绿水青山，为维护国家生态安全、促进经济社会可持续发展提供了有力保障，不仅有效保护了生物多样性和重要自然景观，而且对净化大气、扩展水环境容量具有重要作用。因此，生态保护红线被称为我国"继耕地红线之后的又一条生命线"。

同时，生态保护红线也是我国国土空间开发的管控线，对优化国土空间具有重要意义。

三、建立国家公园机制，促进人与自然和谐共生

2013年11月，党的十八届三中全会通过的《中共中央关于全面深化改革若干重大问题的决定》中明确提出要"建立国家公园体制"。构建以国家公园为主体的自然保护地体系成为我国生态环境保护的重要工作内容。

国家公园以生态环境、自然资源保护和适度旅游开发为基本策略，通过较小范围的适度开发实现大范围的有效保护，既排除与保护目标相抵触的开发利用方式，达到了保护生态系统完整性的目的，又为公众提供了旅游、科研、教育、娱乐的机会和场所，是一种能够合理处理生态环境保护与资源开发利用关系的行之有效的保护和管理模式。这种保护与发展有机结合的模式，不仅有力地促进了生态环境和生物多样性的保护，同时也极大地带动了地方旅游业和经济社会的发展，做到了资源的可持续利用。

目前，世界上已有100多个国家建立了近万个国家公园，但各国对国家公园的内涵界定不尽相同。中国的国家公园是指由国家批准设立并主导管理，边界清晰，以保护具有国家代表性的大面积自然生态系统为主要目的，实现自然资源科学保护和合理利用的特定陆地或海洋区域。国家公园是我国自然保护地最重要的类型之一，属于全国主体功能区规划中的禁止开发区域，纳入全国生态保护红线

区域管控范围，实行最严格的保护。

我国的国家公园坚持生态保护第一，把最应该保护的地方保护起来，给子孙后代留下珍贵的自然遗产；坚持国家代表性，以国家利益为主导，坚持国家所有，具有国家象征，代表国家形象，展现中华文明；坚持全民公益性，坚持全民共享，着眼于提升生态系统服务功能，开展自然环境教育，为公众提供亲近自然、体验自然、了解自然以及作为国民福利的游憩机会。

目前，我国已有 10 个国家公园体制试点方案获批，分别是三江源、东北虎豹、大熊猫、祁连山、湖北神农架、福建武夷山、浙江钱江源、湖南南山、北京长城和云南普达措国家公园体制试点。目前，各国家公园试点逐步制定并实施了管理条例或管理办法，初步建立了国家公园生态环境保护制度、生态环境损害责任追究、领导干部自然资源资产审计等制度。从生态系统的整体性出发，整合统一了原有自然保护区、地质公园、森林公园、风景名胜区等各种类型的保护地的管理机构和管理区域，初步实现了"一个保护地、一块牌子、一个管理机构"。三江源、神农架、武夷山、南山、钱江源、东北虎豹等试点区已成立了国家公园管理局或管委会，对原有各类保护地机构、编制进行了整合，各试点区原来牌子多、破碎化管理现象得到改善。整合之后，原先互不相连的保护地已经连成一片，目前正按照"编制不增、内部分工、各司其职"的原则在开展工作。

党的十九大报告明确提出"建立以国家公园为主体的自然保护地体系"。今后一段时间，我国自然保护地体系建设应紧紧围绕"五位一体"总体布局和"四个全面"战略布局，以提高管理水平和改善保护效果为主线，以防止不合理的开发利用为重点，以"建立以国家公园为主体的自然保护地体系"为核心工作，推进自然保护地建设和管理从数量型向质量型、从粗放式向精细化转变，大力推进自然生态系统保护与修复。

"生态兴则文明兴"。只有坚持保护优先、自然恢复为主的基本方针，贯彻山水林田湖草生命共同体的思想，划定并严守生态保护红线，建立完善的自然保护地体系，优化国土生态空间格局，保障生态空间对社会经济发展的承载能力，确保国家和区域生态安全，才能为人民群众提供更多的优质生态产品，为实现绿水青山、建设美丽中国添砖加瓦，为子孙后代留下天蓝、地绿、水净的美好家园。

中国的环境保护与可持续发展：回顾与展望

⊙ 王　毅

（全国人大常委会委员、中国科学院科技战略咨询研究院副院长）

20 世纪 70 年代以来，我国的生态环境保护已走过 40 多年的历程。一方面我国的环境与发展取得了令世人瞩目的成绩，另一方面，生态环境问题及压力依然突出，实现绿色低碳可持续发展的任务十分艰巨。特别是在国内外新的发展环境下，在保持社会经济高质量发展的同时，不断改善国内生态环境保护和推进全球生态文明建设任重道远。

我们必须看到，我国的生态环境保护已经步入新的发展阶段和历史时期。一是随着收入提高和经济开始向新常态过渡，公众环境意识逐步觉醒，新一轮以绿色、智能、普惠为代表的科技革命正在孕育，这些社会经济背景的巨大变化，为推动环境与发展关系向新的阶段转变奠定了基础；二是随着党的十八大报告提出"五位一体"总体布局，我国的生态文明建设进入顶层设计和系统推进阶段，伴随一系列改革文件的出台和制度政策的落实，绿色转型发展的格局正在形成。无论如何，在未来相当一段时间内，建立健全生态环境治理体系，奠定实现绿色转型发展和解决重大资源环境问题的制度基础，实现政府、企业和社会的协同共治，已成为生态文明建设乃至国民经济和社会发展的重点工作。

一、我国环境与发展历程的简单回顾

我国的生态环境保护历程，实际是环境与发展互动的过程。通过综合比较分析，我们把中国的环境与发展历程分为四个阶段，即认知起步阶段、问题导向阶段、规模治理阶段和系统推进阶段。其中列举了每个阶段所取得的进展，分析了后发国家实现可持续发展的经验和教训，总结了我国在环境与发展领域的理论和实践、本土及国际方面的贡献。

（一）认知起步阶段（1973—1978 年）

我国的环境保护事业正式始于 1973 年，并以召开第一次全国环境保护会议为标志。这次会议通过了《关于保护和改善环境的若干规定（试行草案）》，确立了"全面规划、合理布局、综合利用、化害为利、依靠群众、大家动手、保护环境、造福人民"的环保"32 字"方针以及"三同时"制度。1974 年，国务院环境保护领导小组成立，环境保护工作被正式列入中央政府的议事日程，并把"三废"治理和综合利用作为污染防治重点。

实际在这之前，环境保护在我国一直是有争议的。尽管在"大跃进"时期、"文化大革命"时期以及"三线建设"当中，我国都出现过不同程度的环境破坏和污染事件，但那时的基本认识是，环境问题属于资本主义国家的产物，与我国计划经济无关。直到 1972 年，我国组团参加联合国人类环境会议，才逐渐意识到环境挑战是全球面临的共同问题，不能再视而不见、放任不管。随着国务院环保领导小组办公室成为专门负责环境保护的主管机构，我国环保事业不断推动发展。

（二）问题导向阶段（1979—1998 年）

我国的环境保护事业真正开始是在 1978 年以后，与改革开放同步。这个阶段的政策性标志是 1979 年颁布的《环境保护法（试行）》、1983 年宣布环境保护为基本国策以及 1996 年把可持续发展作为国家战略。

改革开放以来，在环境保护领域我国相继作出了一系列重大决策，制定和颁布了许多重要政策和法律，提出经济建设、城乡建设、环境建设同步发展的战略方针；环境保护主管部门在 1988 年独立出来，其地位也不断提升，到 1998 年环境保护局升格为国家环境保护总局（正部级），是国务院主管环境保护的直属机构；通过制定《中国 21 世纪议程》，把可持续发展的各项任务和指标内化到各个部门。

由于经济增长优先的战略以及各方面能力的局限，我国的环境保护主要以常规污染物控制和重点地区污染防治为优先选项，开展了包括"三河三河两控区一市一海"的重大污染治理工程，启动了淮河、太湖流域实施重点污染达标排放的治污"零点行动"，取得了末端治理的初步成效。这一阶段基本特点是问题导向和实践引领，治标为主、达标优先，然而由于历史欠账和关注重点问题及区域，整体性的生态环境问题依然严重。

（三）规模治理阶段（1999—2012 年）

1999 年后，我国真正进入大规模环境基础设施建设和生态恢复阶段。随着我国经济实力的显著增强，在 1998 年长江大洪水和北方大规模沙尘暴天气的双重压力下，中央政府启动了以"天然林保护""退耕还林还草"为主的大规模生态恢复工程，在城市地区开展了以污水处理厂为核心的环境基础设施建设，从而开始补历史欠账和经济发展的环境短板，并奠定了我国生态环境全面改善的基础。

与此同时，随着我国加入 WTO，制造业的快速增长，带来新一轮更大规模的资源能源消耗、污染物排放以及二氧化碳排放增长。由于社会经济规模庞大，使我国资源环境的大部分指标迅速上升为世界首位，不仅为世界所关注，也给污染物减排形成新的压力。

上述阶段的另一个特点是概念引领，这也是我们对环境与发展演变规律的认识深化、新问题涌现及范围扩大、阶段性发展特征带来的结果。从 2002 年开始，科学发展观、资源节约型环境友好型社会、循环经济、低碳发展、生态文明等新理念相继提出，在"十一五"和"十二五"规划期间开始执行具有法律约束力的节能减排约束性指标，形成排放强度、排放总量、结构性指标的综合性指标体系和责任机制，并形成了"从新理念提出到制定规划目标、实施及试点方案，再到

推广复制"的惯性管理模式与路径依赖。同时,《环境影响评价法》《可再生能源法》《循环经济促进法》等一系列法律制度也相继出台。这一方面有利于解决问题和规划落实,但另一方面也会影响综合应对的系统性、传承性、科学性和差异性。

（四）系统推进阶段（2013 年至今）

随着 2012 年党的十八大报告提出生态文明建设,我国的生态环境保护进入系统推进阶段。2013 年以来,党中央、国务院先后出台了《中共中央关于全面深化改革若干重大问题的决定》《中共中央　国务院关于加快推进生态文明建设的意见》《生态文明体制改革总体方案》等重要文件,通过了约 40 项生态文明制度,提出了系统化的习近平生态文明思想,成为引领我国生态文明建设的根本遵循。

我国经过了改革开放带来的快速发展,积累了 40 多年环境保护经验,目前从整体上具备了顶层设计和系统转型的能力。新时期生态文明建设强调"用制度保护生态环境",重视治理体系与治理能力的现代化,明确了以生态环境质量为核心,"生态优先、绿色发展"。但从更全面的角度看,由于我国社会主义初级阶段及发展中国家定位,"在发展中保护、在保护中发展"的基本原则依然没有改变。

经过 5 年多的努力,我国的环境质量改善速度之快前所未有,推动生态环境保护发生历史性、转折性、全局性变化。与此同时,由于涉及经济结构性变化和社会全面转型,国内外环境也发生了深刻变化,需要转型发展的时间框架、合理路径和优先序。站在新的历史方位,我们要深入理解生态文明建设的科学内涵,准确研判生态文明建设面临的基本形势与挑战,谋划并迎接中国特色社会主义生态文明建设的新时代,积极参与全球环境治理,为全球应对气候变化与可持续发展做出贡献。

纵观过去 40 多年我国环境与发展的历程,一条最重要的经验就是维持发展与环境的相互适应、相互促进。改革开放以来,我国一直处在快速增长和连续转变过程中,我们对发展与环境关系的演化规律的认识也在不断深化。一方面，由于发展阶段、综合能力以及国际分工格局的限制，我们不得不在增长与保护中作出适当取舍，在不同发展目标中选择编好，最终没能避免地走了一条"先污染后治理"的路径。另一方面，随着我们的能力以及对环境价值认识和需求的不断提高，生态环境保护在我们政策选择的优先序中不断上升。需要说明的是，我们对环境的认识及其生态价值本身的提升是一个不断发展和与时俱进的过程，部分演化规律目前尚不清楚，因此我们的措施力度也应是渐进的，标准是不断加严的，政策是需要持续调整完善的，终极目标是环境与发展的平衡、人与自然的和谐统一。

我们也应该看到，尽管我国建设生态环境治理体系的方向明确，但在改革路径与现行制度关系、顶层设计与基层实践结合、全面推进与制度建设优先领域、目标导向与治理能力提高、改革步骤节奏和行动方案等方面仍存在不同看法。我们必须认识到，生态文明建设与可持续发展是一个系统工程，需要凝聚全社会的共识和采取协同的行动，全面转变观念、克服部门分割和既得利益束缚、解决理论和实践难题，把握节奏，统筹创新，系统推进。

二、当前生态文明建设存在的主要问题及形势判断

（一）主要问题

事关国家长远发展的生态文明建设任务依然繁重。国土空间布局需要进一步优化，经济布局与资源环境禀赋不协调，农业和生态用地受建设用地挤压，陆海国土开发缺乏统筹。优质生态产品和服务供给不足，全国森林单位面积蓄积量不足全球平均水平的80%。资源能源利用方式总体上仍较为粗放，单位GDP能耗仍约为世界平均水平的2倍，资源产出率远低于世界平均水平。经济结构转型和产业转移任务艰巨，可持续发展领域的技术创新和产业竞争力不足。

生态环境现状与人民群众的期待有较大差距成为亟待解决的优先课题。一是生态文明建设成效尚达不到公众要求，冬季重污染天气频繁发生，黑臭水体问题依旧突出，严重影响人民群众获得感。二是一些生态文明建设的成效如生态系统

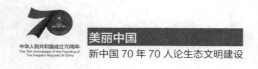
改善、国土空间优化、资源高效利用，与人民群众感受并不直接相关；三是有些生态文明制度的推行，如土地流转、限制林农砍伐树木等，可能直接影响部分群众的切身利益。四是由于人民群众对环境质量需要迅速提高与其环境支付意愿间存在差距，从而造成"中等收入的邻避效应"，影响了经济结构调整和城市建设改造的进程。

转型过渡期的急于求成行为导致事倍功半。我国正处在"发展优先"向"保护优先"转型的过渡期，逐步推动理念、制度、行动的全面转型对解决资源环境问题至关重要。但这一过程不可能一蹴而就，必须以"持久战"心态系统应对，需尊重发展转型的规律，在实际操作过程中避免采取各种急于求成的行为。例如在理论基础不足的情况下，过分强调环境产权市场的作用，包括自然资源资产负债表、排污权交易市场、水权市场、用能权市场、节能量交易等。这些市场化解决方案在全球范围内成功案例并不多，并且有很多前提条件、时空限制和制度间冲突。

生态文明制度建设依旧任重而道远，碎片化问题突出、长效机制尚未建立，统筹协调仍需大量工作。生态文明制度体系建设依旧处在初级阶段，约束多而激励少；有些制度文件刚刚制定出台，尚未落实实施；有些制度建设难度较大，尚处在试点阶段；有些制度涉及多个部门，协调难度大，碎片化问题突出；有些制度出于理论设想，交易成本高，缺乏可操作的探索。此外，由于问责和容错机制不完善，地方层面以"文件落实文件""会议应付会议"的现象普遍存在。

（二）形势判断

短期内资源环境压力依旧较大，预计未来 5～10 年将是我国资源能源利用与生态环境质量全面好转的关键时期。国际上，伦敦、洛杉矶等城市及区域的空气污染问题大多经过了 20～30 年时间才成功治理。从国内看，根据我们的分析，我国资源和污染密集型产业将在未来 5～10 年内相继达到峰值和平台期，这意味着常规污染物排放和主要原材料在 2020 年前后均将达到峰值，短期内资源环境压力依然较大；2020—2030 年，随着我国的人口总量达峰，传统意义上的工业化和城镇化基本完成，化石能源消耗和碳排放总量也将越过峰值进入平台期并开始下降，生态环境质量有望全面向好。

新一轮科技革命呈现多点并发、跨界交叉，并以智能、融合、绿色、普惠及其相互影响为主要特征，同时也存在"智能快、绿色慢"的情形，绿色生产和消费方式的形成需要一个过程。智能技术发展迅速，但绿色科技发展缓慢，缺乏突破性进展，成本仍然高于传统技术。消费模式向质量型、分享型和服务型转变，但公众意识尚难以支撑起绿色消费方式，消费者比较欢迎涉及健康、安全以及能够带来经济利益的绿色消费行为，现阶段还不愿承担绿色产品的过高溢价。

"逆全球化"趋势凸显，绿色发展的全球领导力开始出现空窗。由于全球化的不公平问题日益体现，各国民粹主义和保护主义普遍抬头，导致国际社会对绿色低碳转型的热情有所降低，现实主义哲学渐占上风。随着美国宣布退出《巴黎协定》，全球对于中国发挥绿色领导力的期望较高。无论如何，由于中美经贸摩擦的演变，将对全球政治经济产生深刻影响，给未来带来不确定性和综合安全风险。

三、构建完整生态文明制度体系的理论基础

生态文明制度建设既是一项在"保护优先"价值取向下制定游戏规则的创新性工作，又是对现有制度安排的继承与发展。要构建好生态文明制度体系，首先需要了解为什么会产生制度失灵或管理低效，特别是要认识除主观认识偏差外的客观原因。实际上，自然生态系统及其产生的问题比我们想象的要复杂得多，涉及时间、空间、结构和功能等多个维度。因此，我们有必要进一步了解自然演化的规律及其相应的管理模式，从而为创建制度找到科学的解决方案。

（一）生态系统的完整性与制度安排的多样性

自然生态系统经过长期演化表现出空间上的完整性，即各种生物与其生存环境形成相关作用的有机整体。随着人类社会经济活动的影响，环境问题产生并扩展为局地、区域和全球性问题，在我国目前最突出的就是区域性的灰霾污染和流域性的水污染。但是，这些环境问题所影响的空间范围往往与行政管辖的区域不

一致，使现行管理体制难以解决跨行政区的环境问题。结构上，环境中的各类要素（水、土、气等）都是相互联系的，而这些要素常常由不同部门来管理，使得环境管理缺乏整体性和协调性；功能上，环境资源往往是有多种功能的，比如水，既可以提供淡水资源，又可以用来发电，还能够提供各种生态服务功能，要在流域层面实现水的不同功能的优化配置，同样需要制度规范和管理机构的统筹协调。然而，在现有体制下，实现资源环境的综合管理存在各种体制机制障碍。

按照传统的经济学解释，环境问题是因为外部性导致的市场失灵所造成的，而政策失灵有可能加重市场失灵引起的环境破坏。应对市场失灵和政策失灵的正规机制，除了采取行政命令及实施环境法规监管外，为有效发挥市场、政府及公众的作用，可以综合运用以下三种方式：一是针对部分具有竞争性的排他性的自然资源，可以通过完善市场制度来解决，即明确资源环境的产权（如水资源、森林资源），取消政策扭曲（如不合理补贴）；二是创建新型市场，如开展节能量、排污权交易，并配合经济激励政策（如资源环境税收）；三是对于那些具有公共物品属性的自然资产和难以货币化的环境资源与生态服务，无法利用市场解决，则需要通过改善信息质量和治理结构，鼓励利益相关方和公众参与，采取基于长远、利益均衡和达成共识的集体行动（World Bank，1997；世界银行，2003）。

因此，我们在保证生态环境保护完整性的同时，需要针对不同类型的问题设置相应的制度安排。对于幅员辽阔、资源环境复杂多样的发展中大国，完全通过一个部门实施统一监管显然是十分困难的。但无论采取哪种改革模式，建立统筹协调的制度构架是十分必要的。

（二）我国生态环境管理制度的路径依赖与思维惯性

我国现行的生态环境管理体制是历史上形成的，具有以下几个鲜明特征：一是环境管理体系从一开始由于认识的局限性，并没有完善的总体设计，基本是随着问题而不断成长，单项制度走在综合性立法的前面，相关管理职能也分散于各个部门并固化为部门利益，综合管理只停留在口头上。二是传统环境管理脱胎于传统计划经济体制，延续了条块分割的管理方式，职能划分和事权财权分配存在交叉、重叠、缺位和责权不清的现象，同时还缺少有效的协调机制和解决跨领域、跨地区问题的制度安排。三是管理手段以行政手段为主，特别是行政审批和排放浓度控制，惩罚力度低且执行不力，缺少有效的经济激励手段和环境质量控制目标，现代公共治理的制度安排不足。

从目前落实生态文明制度的情况看，改革任务正在层层分解细化，虽然对于推动改革进程完全必要，但也存在隐忧。由于各方对生态文明建设的理解存在偏差，导致行动上的不统一，行动有余而统筹不足，甚至可能因重复工作和部门误导而事倍功半，影响改革的进程。种种迹象表明，当前各个部门仍然依照传统的惯性思维开展工作，以巩固和强化部门地位为基本诉求，改革创新思维不足。

目前，无论是制定生态文明建设相关指标和规划上，还是推行生态文明试点上，各部门各行其道，未来产生冲突和矛盾是不可避免的。例如，迄今为止，各个部门和地方已经或正在制定多种生态文明建设的指标体系，但不同的指标体系缺乏可比性，既反映各方认知存在差异，也体现出各政府部门在制定各种复杂抽象指标体系的同时恰恰忘记了其制定指标的目的，公众的要求也许只是"能看得见蓝天""可以下河游泳"这么简单。就生态文明建设试点来看，除原有的试点外，又分别增加了水、海洋、森林、城镇、先行示范区，以及综合性的国家生态文明试验区和国家公园体制改革试点。截止目标，对于过去众多试点所取得的成效、经验和教训总结不足。

我们应当清醒地意识到，生态文明制度改革与建设应该是加强顶层设计而非部门主导。因此，需要构建统一完善的生态文明治理体系，进一步强化统筹协调，及时总结试点中存在的问题和教训，听取各利益相关方意见，避免简单地将改革任务按条块领域分解到各职能部门，防止生态文明制度建设成为谋求部门利益和目标的"挡箭牌"，导致生态文明体制改革的本意被扭曲。

（三）构建生态环境治理体系的基本原则

如前所述，生态文明制度体系建设具有长期性，有必要科学把握建设的战略重点和优先领域，制定更加清晰的时间表和路线图，完善现行的有重大影响的制度，加快推进相对成熟的制度，指出并充分调研和论证具有争议的制度，做到统筹协调、分层分类、有序推进。

基于现代生态学、经济学与管理学的基本理论和发达国家生态环境保护的经验，基于现代生态环境治理体系所具有的内涵和特征，根据当前我国建立现代生态环境治理体系的目标和要求，构建生态环境治理体系应遵循以下原则。

（1）以环境与发展相协调为前提，进行治理主体的职能配置和理念重塑。环境与发展的关系是中国生态环境保护中最为关键的一对关系，也是难点所在，对于发展中经济体而言，两者皆不能偏废。构建生态环境治理体系，需要把环境与发展相协调的理念纳入其中。政府需要在公共管理职能配置、财政预算安排和干部考核制度中全面考虑生态环境保护的要求，建立环境与发展综合决策机制；企业需要在追求企业利益和保护公共环境利益方面取得平衡，遵循国家法律规范和承担企业社会责任；社会需要共担生态环境保护责任，培育可持续的、绿色的消费方式。

（2）以政府、企业和社会责任共担为基础，合理匹配职能与资源。政府、企业和社会是现代生态环境治理体系的三个基本主体。从现代治理理论和国际经验看，需要依法规范政府、企业和社会三种主体在生态环境治理中的权利、义务，合理配置政府调控、市场配置和社会参与三种调节机制在生态环境治理中的职能，以有效发挥协同作用。当前我国生态环境治理中政府职能相对比较明确，在有效发挥政府职能的同时，下一步需要重点培育和壮大企业、社会组织、公民个人的力量，并通过改革决策过程和利用市场机制，充分发挥企业和社会的作用。

（3）从生态系统特征、规律及问题导向出发，改革和完善生态环境保护制度与体制机制。生态环境治理体系的目标是处理好人与自然、人与人之间的双重关系。建设生态环境的制度和体制机制，要充分尊重生态系统的特征和演化规律。自然生态系统经过长期演化表现出空间上的完整性，即各种生物与其生存环境形成相互作用的有机整体；随着人类社会经济活动的影响，环境问题产生并扩展为局地、区域和全球性问题。

基于上述规律，构建生态环境治理体系，既要考虑生态环境的跨介质的整体特征，也要考虑生态系统各要素（水、土、气等）的自然、社会和地域属性；既要考虑自然资源和生态系统服务的经济属性，更要考虑其生态和公益属性；既要考虑资源环境的数量问题，也要注重质量问题；既要考虑生态环境物品和服务的外部性和公共产品属性，又要考虑这些公共属性的时空尺度，包括全球性、区域性、地区性功能及作用时间，并且还要针对存在的各类生态环境问题，进行统筹协调，实现综合防治与分类分级施治相结合。例如，生物资源同矿产资源的管理不能简单机械地合并在一起；再比如水管理，它既可以提供淡水资源，又可以用来发电，还能够提供各种生态服务功能，既存在水质问题也存在水量和空间布局问题，需要进行综合管理；关于垃圾分类，则需要把分类与回收利用、最终处置统筹考虑才能事半功倍。因此，要在充分认知这些规律的基础上，认真识别政府和市场的作用及其局限性，设计好生态环境保护制度体系和管理体制机制。

四、完善生态文明制度建设的若干建议

加强党对生态文明建设的领导，促进体制机制创新。要针对一些地方积极性不高的问题，加强改革进程的监测、评估和督察工作，将数据信息平台、科学评估、任期审计、督察考评、责任追究、损害赔偿等制度方法统一起来，对积极开展体制创新、生态环境保护任务重、绿色发展转型困难的地区（特别是中西部地区）给予更多支持，鼓励地方生态文明改革色首创精神，提高地方各利益相关方的责任心和积极性。

加快推进生态文明建设法治保障，落实全面依法治国。按照"五位一体"的要求，推进法律系统的"绿色化"和统筹制修订相关法律法规和标准，加快推进国土空间、生态环境保护、应对气候变化等重点领域立法，统筹制定和修改涉及"部门立法"的生态文明建设相关法律法规。研究探索区域性、流域性立法的可行性。加快地方尤其是新赋予立法权的设区的市的立法能力的培养和提高。强化生态文明法律的实施，理性构建专门化审判机制、机构和程序。

强化保护优先和绿色发展的理念，制定"美丽中国计划"与绿色转型发展战略。推动制定"2050年美丽中国计划"，明确至2035年、2050年的绿色低碳可持续发展的战略、目标、政策和行动方案，以凝聚各方共识、汇聚各方资源、促进各方参与，为绿色创新、绿色转型发展提供良好的政治、社会和市场预期。通过设定节能环保减碳的产业产品标准和标杆，推动制造业的就地转型

升级，同时建立绿色转型资金，对向中西部转移的行业企业提供环境友好的技术和资金支持。

理清制度之间的逻辑关系，以基础性任务突破带动制度整合，下大力气推进先行先试，有效减低生态文明制度转型成本。加强对各项改革任务之间关系的研究，进一步明确各制度体系的基础性任务，在此基础上将相关任务纳入先后有序的改革框架进行总体设计。在资源资产化管理领域，要将自然资源产权制度改革与明确各利益相关方权利关系结合起来，制定出台分级分类改革方案；在生态文明建设的基础设施方面，加快推进统一的资源环境信息平台建设，并根据各部门改革工作的需要进行相应的授权和共享。

综合推进自然资源产权体制改革，将资产管理、特许经营与行政监管统一起来。以自然资源产权体制改革为基础，把资产管理、行政监管体制改革和自然资源产权、市场、价格、税费改革、特许经营纳入系统有序的改革框架。根据产权制度与政府监管的相互关系，对自然资源产权制度先改先试。改革方案要整体设计，前后衔接，先易后难，把目前理论共识不高和制度成本较高的自然资源资产负债表等项制度推后进行。此外，目前我国生态环境问题多与自然资源产权不清、虚置，产权界定和产权转让基本规则还很不健全有关，因此需要首先解决好自然资源产权制度和相应的市场规则问题，再研究相应的政府监管问题，在复杂产权或产权不清的情况下，优先明确中央、地方及各利益相关方对于不同类型环境公共品的权责。

完善改革的评估监督机制，并探索建立灵活的纠错机制，对方案进行动态调整。一是构建独立的第三方评估机制，要转变方案起草机构作为委托方的模式，由改革协调机构作为委托方；逐步建立第三方评估机构和专家库；建立第三方评估报告署名机制，要求评估机构和专家对报告质量负责任；研究建立第三方评估的技术规范。二是应建立严格的问责和激励机制，执行不力的严厉追究责任，有成绩的大力奖励鞭策。三是研究建立改革的纠错机制，进行过程管理，方案实施的每个阶段都要及时总结和务实修正。对落实不好的，要进行必要的修改完善，甚至取消这项任务；针对一些偏离中央精神的做法，应切实加以约束。

有效拓展市场和社会的参与机制，建立健全生态文明治理体系。建立统一规范的生态环境数据信息平台，推进跨部门、区域环境信息的共享。完善规划和建设项目环评中的公众有序参与程序与沟通协商方式。积极引导和保障各类环保非政府组织的健康有序发展。健全市场激励机制。完善特许经营、特许保护制度，健全社会资本投入环境治理的回馈机制。加大财政税收优惠、知识产权保护力度，鼓励绿色创新。

参考文献

[1] 黄真理，王毅，张丛林，等. 长江上游生态保护与经济发展综合改革方略研究[J]. 湖泊科学，2017，29（2）：257-265.

[2] 黄鼎成，王毅，康晓光. 人与自然关系导论[M]. 武汉：湖北科技出版社，1997.

[3] 骆建华，王毅. $PM_{2.5}$ 污染的治理路径与绿色低碳发展[M]//薛进军，赵忠秀. 中国低碳经济发展报告（2013）. 北京：社会科学文献出版社，2013：34-52.

[4] 仇保兴. 如何使"顶层设计"获得成功？ [J]. 清华管理评论，2015（4）：8-13.

[5] 世界银行. 2003 世界发展报告[M]. 北京：中国财政经济出版社，2003.

[6] 习近平. 推动我国生态文明建设迈上新台阶[J]. 求是，2019（3）.

[7] 杨伟民. 建立系统完整的生态文明制度体系[N]. 光明日报，2013-11-23（02）.

[8] 俞可平. 推进国家治理体系和治理能力现代化[J]. 前线，2014（1）：5-8.

[9] 中国环境保护行政二十年编委会. 中国环境保护行政二十年[M]. 北京：中国环境科学出版社，1994.

[10] 中国科学院可持续发展战略研究组. 2008 中国可持续发展战略报告——政策回顾与展望[M]. 北京：科学出版社，2008.

[11] 中国科学院可持续发展战略研究组. 2014 中国可持续发展战略报告——创建生态文明的制度体系[M]. 北京：科学出版社，2014.

[12] 中国科学院可持续发展战略研究组. 2015 中国可持续发展报告——重塑生态环境治理体系[M]. 北京：科学出版社，2015.

[13] 诸大建. 深入理解生态文明的制度建设[N]. 新民晚报，2013-12-21（A04）.

[14] 王毅. 学做大国从绿色开始[J]. 《财经》年刊"2012：预测与战略"，2012：290-293.

[15] 王毅，黄宝荣. 中国国家公园体制改革：回顾与前瞻[J]. 生物多样性，2019，27（2）：117-122.

[16] 解振华，王毅. 构建中国特色社会主义的生态文明治理体系[J]. 中国机构改革与管理，2017（10）：10-14.

[17] WANG Yi，SUN Honglie，ZHAO Jingzhu. Policy Review and Outlook on China's Sustainable Development since 1992[J]. Chinese Geographical Science，2012，22（1）：1–9.

[18] World Bank. Five Years after Rio：Innovations in Environmental Policy[M]. Washington，DC：World Bank，1997.

群众路线:新中国70年生态文明建设的重要法宝

⊙ 张云飞

（中国人民大学国家发展与战略研究院研究员、马克思主义学院教授）

新中国成立以来,中国共产党人将党的群众路线创造性地运用在生态文明建设中,注重通过群众性生态文明建设活动推动生态文明建设,不仅形成了中国特色的生态环境运动（绿色运动）,而且形成了中国特色的生态环境治理（绿色治理）,为我国生态文明建设提供了广泛、强大、持久的动力源泉。

一、群众路线在生态文明建设中的创新发展

在长期的革命、建设、改革实践中,我们党将马克思主义认识论和马克思主义群众观有机结合起来,提出了党的群众路线:一切为了群众,一切依靠群众,坚持从群众中来,到群众中去。这是我们事业获得成功的重要法宝。新中国成立以来,我们党将群众路线运用在生态文明建设中,实现了群众路线的创新发展。

新中国成立伊始,以毛泽东为代表的中国共产党人将群众路线运用在生态环境建设和治理中。1952 年,周恩来提出,要发动群众搞好水土保持。1957 年,毛泽东提出,要开展好群众性的爱国卫生运动。1957 年,朱德提出,要发动广大群众大规模地植树造林。此外,水利部门在 50 年代初期提出,要开展群众性水利建设以治理水患。水土保持、环境卫生、植树造林、水利建设是生态文明建设的基础性工程,因此,上述群众运动都是具有生态文明建设意义的社会运动。

在此基础上，1972 年，中国代表团在联合国人类环境会议上提出，中国环境保护工作的方针是："全面规划，合理布局，综合利用，化害为利，依靠群众，大家动手，保护环境，造福人民。"这是党的群众路线在环境保护工作中的创造性、完整性的运用和发展。1973 年，全国第一次环境保护会议正式确认了这一工作方针。1979 年，《中华人民共和国环境保护法（试行）》写入了这一工作方针。这样，按照党的群众路线形成的群众运动，就成为新中国生态环境建设和生态环境治理的重要特色。

1978 年之后，在恢复和发展党的群众路线的基础上，以邓小平为代表的中国共产党人发起了全民义务植树运动。1979 年 2 月 23 日，五届全国人大常委会第六次会议确定 3 月 12 日为中国植树节。1980 年 3 月 5 日，中共中央、国务院发出《关于大力开展植树造林的指示》，要求发动城乡广大人民群众和各行各业，扎扎实实地植树造林。1981 年 3 月 8 日，《中共中央、国务院关于保护森林发展林业若干问题的决定》提出，绿化祖国，人人有责。1981 年 12 月 13 日，全国人大五届四次会议审议通过了《关于开展全民义务植树运动的决议》。该决议发出了"人人动手，每年植树，愚公移山，坚持不懈"的号召。1982 年植树节，国务院发布了《关于开展全民义务植树运动的实施办法》。这样，就实现了群众性植树造林运动的建制化。

1992 年之后，为了履行对国际社会的庄重承诺，从我国人口多、人均资源占有量少的国情出发，以江泽民为代表的中国共产党人将可持续发展确立为我国现代化建设的重大战略，开始采用"公众参与"的表述。1994 年，《中国 21 世纪议程》提出，公众、团体和组织的参与方式和参与程度，将决定可持续发展目标的实现进程，因此，可持续发展必须依靠公众及社会团体的支持和参与。1996 年 8 月 3 日，《国务院关于环境保护若干问题的决定》提出："建立公众参与机制，发挥社会团体的作用，鼓励公众参与环境保护工作，检举和揭发各种违反环境保护法律法规的行为。"这样，公众参与就成为市场经济条件下将群众路线贯彻和落实在可持续发展中的重要途径和方式。

在全面建设小康社会的征程中，2002 年之后，以胡锦涛为代表的中国共产党人提出了实现科学发展、构建和谐社会的战略设想。科学发展包括可持续发展，和谐社会同样是一个人与自然和谐共处的社会。我们党提出："人口资源环境工作，都是涉及人民群众切身利益的工作，一定要把最广大人民的根本利益作为出发点和落脚点。要着眼于充分调动人民群众的积极性、主动性和创造性，着眼于满足人民群众的需要和促进人的全面发展，着眼于提高人民群众的生活质量和健康素质，切实为人民群众创造良好的生产生活环境，为中华民族的长远发展创造良好的条件。"这样，就为将党的群众路线贯彻和落实在可持续发展中指明了方向。在此基础上，2007年10月15日，党的十七大创造性地提出了生态文明的理念、原则和目标。党的十七大还提出，必须紧紧依靠人民，调动一切因素，构建社会主义和谐社会。这样，在生态文明建设中，我们就实现了公众参与和群众路线的有效对接。

在我国成为世界第二大经济体、开始全面建成小康社会的背景下，2012年11月8日，党的十八大将生态文明建设纳入到了中国特色社会主义总体布局中，要求加快形成党委领导、政府负责、社会协同、公众参与、法治保障的社会管理体制。党的十八大以来，以习近平同志为核心的党中央十分重视群众路线在生态文明建设中的作用。他在连续几年参加首都义务植树活动时都强调，必须引导广大人民群众积极参与义务植树，努力把建设美丽中国转化为人民自觉行动。2015年4月25日，《中共中央　国务院关于加快推进生态文明建设的意见》提出，要鼓励公众积极参与。2015年9月，中共中央、国务院印发的《生态文明体制改革总体方案》提出，要完善公众参与制度。2017年10月18日，党的十九大报告提出，要构建政府为主导、企业为主体、社会组织和公众共同参与的环境治理体系。2018年5月18日，习近平在全国生态环境保护大会上提出："生态文明是人民群众共同参与共同建设共同享有的事业，要把建设美丽中国转化为全体人民自觉行动。"这样，就明确了群众路线在生态文明建设中的重要地位。

总之，新中国成立以来，中国共产党人将群众路线创造性地运用在生态文明建设中，将之确立为我国社会主义生态文明建设的重要原则和重要路径。

二、群众路线在生态文明建设中的丰富实践

1949 年以来，在党的领导下，翻身做主的人民群众焕发出了社会主义建设的勃勃生机，创造性地开展了许多具有中国特色的生态文明建设活动。

节约资源运动。我国是一个人口众多、人均资源占有量较低的国家，必须坚持节约资源。中华人民共和国成立初期，针对贪污、浪费、官僚主义等问题，党中央发出了开展"三反"运动的指示。毛泽东认为，贪污和浪费是最大的犯罪。因此，"三反"运动要"一样的发动广大群众包括民主党派及社会各界人士去进行"。1952 年 1 月 4 日，中共中央发出《关于立即限期发动群众开展"三反"斗争的指示》，要求各单位限期发动群众开展斗争。在此基础上，1957 年 6 月 3 日，《国务院关于进一步开展增产节约运动的指示》提出，在经济建设中要依靠人民群众节约自然资源。1978 年之后，我国将节约资源作为一项基本国策，明确地将建设资源节约型社会作为生态文明建设的重要内容和目标。党的十八大以后，针对存在的严重的形式主义、官僚主义、享乐主义、奢靡之风等"四风"问题，我们开展了党的群众路线教育实践活动，出台了八项规定。在这个过程中，广大人民群众弘扬中华民族勤俭节约的传统美德，开展了一系列节约资源的活动，扭转了社会风气，节约了自然资源。

环境卫生运动。围绕着保障人民群众身体健康的主题，新中国开展了轰轰烈烈的爱国卫生运动。1953 年，我们提出"卫生工作与群众运动相结合"的方针，决定把以消灭"四害"为中心的爱国卫生运动纳入社会主义建设中。毛泽东指出，"除四害是一个大的清洁卫生运动……如果动员全体人民来搞，搞出一点成绩来，我看人们的心理状态是会变的，我们中华民族的精神就会为之一振。"经过努力，消灭"四害"取得了阶段性胜利。同时，毛泽东发出了消灭血吸虫病的号召。1951年 3 月，毛泽东派血防人员到江西省余江县调查，首次确认其为血吸虫病流行县。1953 年 4 月，毛泽东又派医生驻该县开展重点实验研究。9 月 27 日，根据民主党派的调研，毛泽东提出了防治血吸虫病的问题，交付时任政务院秘书长的习仲勋负责处理。1956 年，毛泽东发出了"全党动员，全民动员，消灭血吸虫病"的号召。这年，毛泽东指示有关部门两次派专家考察组到该县考察血防工作。这样，余江县人民掀起了一场消灭血吸虫病的群众运动，于 1958 年全面消灭血吸虫病。为此，毛泽东用"六亿神州尽舜尧"的壮美诗句歌颂了人民群众的创造作用。1978 年之后，我国将爱国卫生运动引入了正规和常规。2002 年，在党的正确领导下，坚持走群众路线，我们夺取了防治"非典"工作的伟大胜利。这样，爱国卫生运动，有效净化了环境，切实保证了人民群众的身体健康，增强了我国的可持续发展能力。

环境保护运动。面对由于经验不足出现的环境污染问题，人民群众自发地发起了许多环境保护运动。其中，太原钢铁公司退休职工李双良就是这方面的典范。从 1974 年建厂开始，太钢逐渐形成一座体积达 1000 万立方米的渣场，不仅浪费了资源，而且对太原市的环境造成了污染，严重影响群众的生产和生活。由于时间和资金问题，这一问题令企业和专家束手无策。1983 年退休后，李双良主动请缨，发扬工人阶级的主人翁精神，不要国家任何投入，带领渣场职工投入到整治渣山的工作中。经过 10 多年的奋斗，他们累计回收废钢铁 130.9 万吨，生产各种废渣延伸产品，创造经济价值 3.3 亿元。在此基础上，他们在渣山四周建起了长 2500 米、底宽 20 米、高 13 米的防尘护坡墙。在防护墙内，他们种树 7 万多株，建成了环境优美的花园。在此基础上，形成了李双良精神。相信群众、依靠群众，全心全意依靠工人阶级办企业的主人翁思想和精神，是这一精神的基本内涵之一。1988 年，李双良获得"全球 500 佳"金质奖章。此外，按照环境保护的基本国策，许多群众积极行动，开展检举和反对环境污染的活动，开展垃圾分类回收活动，有效地推动了我国的环境保护。

水土保持运动。水土流失是影响人民群众生活和生产的严重问题，新中国组织开展了大规模的群众性水土保持运动。1952 年 12 月 26 日，周恩来提出："水土保持是群众性、长期性和综合性的工作，必须结合生产的实际需要，发动群众组织起来长期进行，才能收到预期的功效。"1955 年 11 月，毛泽东提出，要用心寻找当地群众中的先进经验，做好水土保持规划。1959 年，国务院水土保持委员会提出，要在依靠群众、将水土保持和发展生产相结合的基础上，搞好水土保持工作。在上述精神的指导下，群众性的水土保持运动轰轰烈烈地开展了起来。例如，福建省长汀县是我国南方红壤区水土流失最为严重的县份之一。从 1949

年 12 月成立"福建省长汀县河田水土保持试验区"开始到 1983 年，长汀县初步开展了水土流失治理。但是，问题依然严重。根据 1985 年遥感普查资料，全县水土流失面积达 146.2 万亩，占全县面积近 1/3。1999 年和 2001 年，时任福建省省长的习近平同志先后两次专程到长汀视察和指导水土流失治理工作。2011 年底和 2012 年初，习近平总书记连续两次对长汀水土流失治理工作作出重要批示。截至 2012 年底，该县累计治理水土流失面积 128.19 万亩，治理度高达 87.7%。其中，彻底治理面积达 101.08 万亩，水土流失面积下降到 45.12 万亩，治理成功率高达 69%。可见，坚持走水土流失治理的群众路线，调动群众治理水土流失的积极性和创造性，是"长汀经验"的重要内涵和宝贵财富之一。群众性的水土保持运动夯实了我国可持续发展的能力。

植树造林运动。新中国成立以后，为了绿化祖国，人民群众开展了声势浩大的植树造林运动。1953 年 9 月 30 日，政务院《关于发动群众开展造林育林护林工作的指示》提出，"只有群众性的林业建设事业被发动起来并不断地持续下去，才能从根本上改变我国森林面积过小的情况，从而逐渐减免天灾、增加农业生产、增加山区群众收入、增加木材资源，以配合国家有计划的经济建设。"新中国成立 70 年来，我国涌现出了一大批植树造林的英雄。例如，新中国成立前，山西省右玉县的森林面积占比不足 0.3%，风沙肆虐，民不聊生。新中国成立后，在县委和县政府的领导下，右玉人民群众经过 70 年的艰苦奋斗，已经将森林覆盖率提高到了 54%，让穷山恶水变成了绿水青山。据不完全统计，70 年来，全县农民群众义务投工投劳达 2 亿多个工日。习近平同志 5 次谈到了右玉精神。2012 年 9 月 28 日，习近平作出批示："右玉精神体现的是全心全意为人民服务，是迎难而上、艰苦奋斗，是久久为功、利在长远。"从全国来看，1978 年以来，响应党和国家的号召，人民群众积极地投身到植树造林运动中。截至 2018 年，全国参加植树运动适龄公民累计 155 亿人次，义务植树达 705 亿株（含折算株数）。尤其是，三北防护林创造了人间奇迹。

水利建设运动。新中国成立后，面对洪水肆虐和干旱严重并存的问题，毛泽东把水利建设当作事关全体人民切身利益的大事，要求依靠群众、动员群众、组织群众搞好水利建设。1950 年 6—7 月，淮河流域发生严重水灾。8 月底，根据毛泽东指示，全国治淮会议在北京举行。会后，政务院发布《关于治理淮河的决定》。11 月，治淮委员会成立。随后，沿淮流域数十万民工相继开赴治淮工地。1951 年 5 月，毛泽东发出"一定要把淮河修好"的号召。群众用最简陋的工具，完全靠人工，共建成了 10 座大型水库、一大批中型水库和几百座小型水库，先后开建了 4 个蓄洪工程，开辟了 18 个行洪区。到 70 年代末，虽然发生过多次大水，但却再未酿成重大水患。1952 年和 1963 年，毛泽东分别发出"一定要根治海河"和"要把黄河的事情办好"的号召。1958 年，毛泽东等同志与人民群众一道参加了北京十三陵水库建设义务劳动。1949 年之前，我国只有大中型水库 23 座。1949 年至 1976 年，全国共建成 85000 多座各型水库。在治理干旱方面，河南省林县"红旗渠"堪称典范。处于河南、山西、河北三省交界处的林县，一直严重干旱缺水。在几经努力但效果不理想的情况下，1959 年，该县决定穿凿太行山把浊漳河的水引进来。该工程于 1960 年开始动工，到 1969 年全部竣工。建成后灌溉面积扩大了 60 万亩。参与该工程的群众达 7 万多人，先后有 81 位干部和群众光荣地献出了自己宝贵的生命。在这个过程中，毛泽东等同志反复强调，水利建设过程要兼顾灌溉、防洪、水土保持等多项功能。1978 年之后，我国的水利建设主要以专业建设项目的方式加以推进。1978 年至 2017 年，全国水库由 75669 座增加至 98795 座，水库总库容 9963 亿立方米，新增库容 6393 亿立方米。全国堤防总长由 13.0 万公里增加至 30.6 万公里，可绕地球 7 圈多。这样，极大地增强了防洪抗旱能力，提升了我国的可持续发展能力。

防灾减灾运动。我国灾害种类多，分布地域广，发生频率高，灾害损失重，是世界上灾害最为严重的国家之一。新中国成立以后，在党的领导下，人民群众开展了多种多样的防灾减灾运动。例如，在抗击水灾方面，1998 年抗洪运动就是典范。1998 年入汛后，由于气候异常，发生了长江和嫩江、松花江的全流域洪灾。为了战胜这场特大自然灾害，人民解放军和武警部队共投入 36 万多兵力，地方党委和政府组织调动了 800 多万干部群众，参与抢险。加上各种保障人员，直接参与者总数达上亿人，其他以不同方式关心、支持抗洪抢险的人员更是不计其数。由于众志成城，最终取得了这次抗洪斗争的胜利。在抗击地震灾害方面，2008 年的汶川抗震救灾运动就是典范。听闻四川汶川发生特大地震后，来自河

美丽中国
新中国 70 年 70 人论生态文明建设

北省唐山市的 13 位农民群众自觉自愿地组织起来，日夜兼程，千里迢迢，奔赴灾区，与人民解放军、当地干部群众和其他志愿者投入到抗震救灾当中，救出了埋在废墟下的 25 名生还者，挖出 60 多具遇难者遗体。为了解决灾区孩子们面临的暂时失学问题，他们组织 246 名灾区学生，到唐山市玉田县银河中学上学。这些学生在唐山市学习和生活了一年后，回到了重建后的四川家乡。这 13 位农民群众有一些是 1976 年唐山地震的幸存者及其后代。这些行动不仅科学诠释和忠实践行了中华民族感恩图报的传统美德和"一方有难，八方支援"的时代精神，而且有助于灾区的恢复重建，有助于增强我国的可持续发展能力。因此，习近平指出："要坚持群众观点和群众路线，拓展人民群众参与公共安全治理的有效途径。"在这个意义上，群众性的防灾减灾运动也是中国特色的绿色运动。

总之，新中国成立以来，广大人民群众积极响应党和政府的号召，以"为有牺牲多壮志，敢教日月换新天"的大无畏气概，大力发扬"共产主义星期六义务劳动"精神和雷锋精神，开展了丰富多彩、声势浩大的群众性绿色运动和绿色治理，成为推动我国生态文明建设的强大社会动力。

三、群众路线在生态文明建设中的宝贵经验

在将党的群众路线贯彻和落实在生态文明建设的过程中，就是要在人民群众中形成广泛的社会动员，群策群力，群防群治，众志成城，打一场生态文明建设的人民战争，将生态文明建设领域的伟大斗争进行到底。在这个过程中，我们形成了中国特色绿色运动和绿色治理的宝贵经验。

为了人民群众加强生态文明建设。西方环境运动往往将生态中心主义作为其旗帜，存在着脱离人民群众的危险。西方生态治理往往将更好地实现剩余价值作为其目标，根本无视工人阶级和劳动人民的需要和利益。与之截然不同，我们明确地将党的群众路线的"一切为了群众"的要求作为我国生态文明建设的出发点和落脚点。正如习近平指出的那样："发展经济是为了民生，保护生态环境同样也是为了民生。既要创造更多的物质财富和精神财富以满足人民日益增长的美好生活需要，也要提供更多优质生态产品以满足人民日益增长的优美生态环境需

要。要坚持生态惠民、生态利民、生态为民，重点解决损害群众健康的突出环境问题，加快改善生态环境质量，提供更多优质生态产品，努力实现社会公平正义，不断满足人民日益增长的优美生态环境需要。"例如，我们开展保卫蓝天的人民战争，就是要还给人民群众蓝天白云、繁星闪烁的天空；我们开展保卫碧水的人民战争，就是要还给人民群众清水绿岸、鱼翔浅底的景象；我们开展保卫净土的人民战争，就是要让人民群众吃得放心、住得安心；我们开展生态城市建设运动，就是要让人民群众看得见山、望得见水、记得住乡愁；我们开展美丽乡村建设运动，就是要为人民群众留住鸟语花香的田园风光。可见，在生态文明建设中坚持一切为了群众，就是要把满足人民群众的生态环境需要尤其是优美生态环境需要作为生态文明建设的出发点和落脚点。这样，我们就在生态文明领域坚持了马克思主义的政治立场和党的全心全意为人民服务的宗旨。

依靠人民群众加强生态文明建设。加强生态文明建设，固然需要顶层设计和坚持专业路径，但是，更为重要的是动员和组织人民群众。按照党的群众路线的"一切依靠群众"的要求，我们始终坚持将人民群众作为生态文明建设的主要依靠力量。正如党中央和国务院指出的那样："坚持建设美丽中国全民行动。美丽中国是人民群众共同参与、共同建设、共同享有的事业。必须加强生态文明宣传教育，牢固树立生态文明价值观念和行为准则，把建设美丽中国化为全民自觉行动。"具体来说，在政府层面上，我们坚持问计于民，有效地实现了决策的科学化、民主化、法治化、生态化的统一，提升了国家可持续发展的能力和水平。例如，2007年，福建省厦门市决定上马PX（二甲苯）项目，但是，由于担心该项目对生态环境造成的负面影响及其对人体的危害，许多厦门市民群众以理性的方式表达了反对意见。面对反对声音，福建省和厦门市的党政部门从善如流，果断地终止了该项目，为生态议题上的民主决策提供了一个样板。在社会层面上，我们逐渐提升了对社会运动和社会团体在公共领域中作用的认识，将之看作是人民群众在市场经济条件下发挥作用的重要平台。例如，2005年，有关部门决定在圆明园湖底铺设防水渗漏薄膜。由于担心这一做法可能对圆明园的生态环境造成负面影响，一些社会团体提出了反对意见。国家环境行政部门通过组织听证会，吸收了人民群众的意见。最终，迫使该项目下马。这样，就提升了人民群众的责

任意识和参与意识。在企业层面上，我们坚持将爱岗敬业和环境保护统一起来，引导人民群众在本职工作岗位上履行好保护环境的义务，通过促进企业的绿色生产和绿色经营来推动国家的可持续发展。致力于治理炼钢废渣的太钢工人和致力于治理荒漠的塞罕坝林场职工就是这方面的楷模。在生活层面上，我们积极引导人民群众做绿色生活方式的倡导者和践行者，坚持通过促进生活方式的绿色化来推动国家的可持续发展。例如，通过推广环境友好使者、少开一天车、空调 26 摄氏度、光盘行动、地球站等群众性的品牌环保公益活动，不仅有效提升了人民群众的生态文明意识，而且促进了生态文明建设。

生态文明建设成果由人民群众共享。新中国成立以来，我们将人民为中心的发展思想、共享发展、共同富裕创造性地运用在生态文明建设领域，形成了生态共享的制度设计。"共享发展就要共享国家经济、政治、文化、社会、生态各方面建设成果，全面保障人民在各方面的合法权益。"首先，生态共享以共有为基础和前提。我国《宪法》明确规定，一切自然资源和城市的土地都属于国家所有，即全民所有；由法律规定属于集体所有的自然资源、农村和城市郊区的土地以及宅基地和自留地、自留山属于集体所有。这样，就为保证生态共享提供了经济制度保证。其次，生态共享以共建和共治为手段。人民群众既是生态文明建设的主体，又是生态环境治理的主体。在这个问题上，我们积极引导人民群众将保护生态环境的义务和享有生态环境方面的权益统一起来。国家既督查人民群众履行保护生态环境的义务，又切实保障人民群众的生态环境权益。最后，生态共享以成果共享为目标。例如，在自然资源的开发利用上，"十三五"规划纲要提出，对在贫困地区开发水电、矿产资源占用集体土地的，试行给原住居民集体股权方式进行补偿。国家要完善资源开发收益分享机制，使贫困地区更多分享开发收益。在生态环境治理上，我们推出了横向生态环境保护补偿的政策。在总体上，我们党明确将良好的生态环境作为最公平的公共产品，要求将之作为最普惠的民生福祉。

当然，生态文明建设成效也须由人民群众来评价。同时，在将党的群众路线贯彻和落实在生态文明建设中的同时，必须将党的领导、人民当家作主、依法治国三者统一起来。这样，才能避免群众路线退变为盲目的群众运动和民粹主义。

总之，群众路线是新中国 70 年生态文明建设的重要法宝。

参考文献

[1] 中共中央文献研究室. 十四大以来重要文献选编（下）[M]. 北京：人民出版社，1999：1995.

[2] 中共中央文献研究室. 十六大以来重要文献选编（上）[M]. 北京：中央文献出版社，2005：852-853.

[3] 习近平. 推动我国生态文明建设迈上新台阶[J]. 求是，2019（3）.

[4] 中共中央文献研究室. 毛泽东文集（第 6 卷） [M]. 北京：人民出版社，1999：191.

[5] 中共中央文献研究室. 毛泽东著作专题摘编（下）[M]. 北京：中央文献出版社，2003：1657.

[6] 中共中央文献研究室，国家林业局. 周恩来论林业[M]. 北京：中央文献出版社，1999：43，55.

[7] 习近平在中共中央政治局第二十三次集体学习时强调牢固树立切实落实安全发展理念确保广大人民群众生命财产安全[N]. 人民日报，2015-5-31（01）.

[8] 中共中央 国务院关于全面加强生态环境保护 坚决打好污染防治攻坚战的意见[N]. 人民日报，2018-06-25（01）.

[9] 习近平. 深入理解新发展理念[J]. 求是，2019（10）.

社会主义生态文明从思潮到社会形态的历史演进①

⊙ 黄承梁

（中国社会科学院生态文明研究智库理论部主任）

一、工业文明的成就与生态问题

工业文明的出现，"包含着现代的一切冲突的萌芽"。一方面，如恩格斯说，它不仅推动物质文明的进步，也有利于精神文明的向前发展。另一方面，它在推进资本主义文明制度的同时，大规模地破坏、攫取自然资源，体现出了强烈的人类中心主义倾向，从而导致人与自然关系的最终恶化。工业文明下的人类中心主义倾向强调人类对自然的征服，这种倾向使得人类可以心安理得地去为地球立法、为世界定规则，并利用已定规则去开发利用自然，把自然仅仅视为财富的来源，而非与自然为友。

20 世纪中叶前后的二三十年间，"过分陶醉于我们人类对自然界的胜利"的工业文明社会，遭到了"自然界对我们进行（的）报复"。在世界范围内，震惊世界的环境污染事件频繁发生，使众多人群非正常死亡、残废、患病的公害事件不断出现，其中最严重的有八起污染事件，史称为"八大公害"。典型的如 1943 年 5 月至 10 月美国洛杉矶烟雾事件，大量汽车废气产生的光化学烟雾，造成大多数居民患眼睛红肿、喉炎、呼吸道疾患恶化等疾病，65 岁以上的老人死亡 400 多人；1948 年 10 月 26 日至 30 日的美国多诺拉事件，多诺拉镇大气中的二氧化

---

① 原文发表于《贵州社会科学》2015 年第 8 期，入选时略有删改。

硫以及其他氧化物与大气烟尘共同作用，生成硫酸烟雾，使大气严重污染，4 天内 42% 的居民患病，17 人死亡；1952 年 12 月 5 日至 8 日的英国伦敦烟雾事件导致 4000 多人死亡。

上述种种现象的发生，引起了以美国为首的西方国家的重视，并掀起了反对"公害"的环境保护运动。美国的一些政治家、知识分子们等利用多种手段进行环保宣传。比如说，1962 年，美国生物学家蕾切尔·卡逊发表书籍《寂静的春天》，披露农药的使用给美国环境造成了恶劣影响；美国总统肯尼迪于 1963 年为一篇呼吁保护环境的文章《寂静的危机》撰写序言；美国科学技术史学家林恩·怀特在学术会议中发表《生态危机的历史根源》，引起美国宗教界人士对环境问题进行更深入的探析与关注；美国政治家盖罗德·尼尔森奔走于美国各大高校，利用在校园中演讲的方式，告知美国大学生美国环境恶化的事实，倡议美国大学生保护环境；美国媒体从业人士利用报纸、杂志等平台，在头版头条或显眼的地方刊登与环境问题相关的文章或新闻；等等。在美国各界人士的共同努力下，20 世纪 60 年代末至 70 年代，与土地使用、动物保护等相关的合法环保组织纷纷成立，美国环境问题比较严重的加州等地也纷纷出台了要求有限度地使用汽车、工业燃料等相关法律。1970 年 4 月 22 日，首次"地球日"活动，美国各地 2000 万人参加。美国国会当天被迫休会，纽约市最繁华的曼哈顿第五大道不得行驶任何车辆，数十万群众集会、游行，呼吁创造一个清洁、简单、和平的生活环境。两年后，联合国召开了人类环境会议，并在会议上通过了《人类环境会议宣言》，呼吁全世界各地为了人类共同的生存环境和人类后代的生存问题，审慎地考虑每一个决策。

现代西方哲学由此开始强调人类中心主义必须经历由"强式"向"弱式"的转变，并在总体上呈现出向"泛人道主义"演进的方向。在理论学说上，以生物中心论和生态中心论为代表。生物中心论主张一切生物皆有生命，由阿尔贝特·施韦泽（Albert Schweitzer）在《文明与伦理》一书中提出。施韦泽把伦理的范围扩展到一切动物和植物，认为人应当像敬畏自己的生命那样敬畏所有的生命。从理论上说，敬畏所有生命，与中华传统的佛教"众生平等"和"不杀生"的理念相一致，承认了所有生命体自身的内在价值，确立了与人类一样的伦理关

系。事实上，他的思想的确受到东方佛教思想的巨大影响，他还著有《印度思想家的世界观》一书，信奉佛教的至理名言："决不可以杀死、虐待、辱骂、折磨、迫害有灵魂的东西、生命。"在两次世界大战所引发的人类惨绝人寰的争斗及其对地球生态环境造成的前所未有的破坏中，他提出的敬畏一切生命的理念，把爱的原则扩展到动物，这是伦理学发展史上一次巨大的变革。生态中心论，顾名思义，则是一种把道德关怀的范围从人类扩展到生态系统的伦理学说，其代表人物有利奥波德（Aldo Leopold）和罗尔斯顿（Holmes Rolston）等。利奥波德提出了"大地伦理"的思想，如"人类与大地是一个命运共同体"，他特别提醒人们重视共同体中"缺少经济价值的部分"，在以"资本"为核心，一切以对自然资源大肆掠夺和无偿使用、以"原料—废物"的线性经济模式为发展方式的早中期工业文明时代，利奥波德的观点显然是有预见性的，它提醒人类关注人类的长远利益，并将这种长远利益建立在与大地共同体的完整和平衡之中；罗尔斯顿是当代西方环境伦理学领域的重量级人物，是国际学术期刊《环境伦理学》的创办者（我国环境伦理学者、曾任中国环境伦理学会会长的余谋昌先生，其观点深受罗尔斯顿影响），他在《哲学关注荒野》《自然界的价值》等书中创造性地提出了自然价值论，它强调自然界的内在价值和系统价值，也承认"自然界以人为评价尺度的工具性的外在价值"，他还提出自然界价值的多样性，指出维护和促进生态系统的完整和稳定是人所负有的义务。但显而易见，囿于"工业文明"的固有格局，"强势"的人类中心主义，创造了人类历史上不可想象的巨大的物质财富，却使人类赖以生存的地球生态系统行至崩溃的边缘；泛人道主义，看到了生命存在的意义，肯定了自然的价值，却有可能使"明于天人之分"的人类重新回归丛林。离开人类来谈自然价值，这是没有意义，也是不可能实现的。

二、逻辑的起点与中国共产党对人类文明的创造性贡献

人与自然生态关系矛盾的全面凸显，同样引起了马克思主义理论者的重视。20 世纪 70 年代，西方生态运动和社会主义思潮相结合产生了生态社会主义流派，从而成为当今世界十大马克思主义流派之一。生态社会主义认为"资本主义制度

是造成全球生态危机的根本原因"。因为，第一，资本主义以追求利润为最终目的，把自然视为财富的源泉；第二，资本主义追求资本扩张，为了扩大生产规模，节省生产成本，最大限度地开发利用第三世界的自然资源，给不发达国家造成了同样的生态危机。因此，生态社会主义认为，"环境问题的本质是社会公平问题，"是摆脱资本主义制度的问题，并提出，"只有社会主义才能真正解决社会公平问题，从而在根本上解决环境公平问题。"

生态社会主义提出社会主义作为解决环境问题的根本，是因为其认为社会主义的本质是公平，但是在现实中，我国深受世界上其他资本主义国家的影响，经济生产仍然以传统的工业文明模式为主。在传统的工业文明模式中，人占有并无限度地开发自然，人与自然的矛盾关系很难得到解决，资源短缺、生态系统退化、环境污染严重的形势很难得到改善。习近平指出："现在全世界发达国家人口总额不到 13 亿，13 亿人口的中国实现了现代化就会把这个人口数量提升 1 倍以上。走老路，去消耗资源，去污染环境，难以为继！"

基于威胁未来人类文明安全很可能是已经延续了 200 多年之久的工业文明所引发的环境灾难和能源战争的基本判断，基于中国的工业化是在西方发达国家的工业化已经将地球的能源和环境危机推向临界状态下进行的历史现实，社会主义中国要想解决人与自然关系的矛盾，必须要"走出一条避免人类文明灾难的低能耗、适于人类共享的新文明模式"。就目前而言，在经济社会发展进入新常态的背景下，"新常态"下的"以经济建设为中心""要发生着与传统粗放型工业模式相根本扬弃的生产方式、增长方式和发展模式的变革"。习近平指出："如果仍是粗放发展，即使实现了国内生产总值翻一番的目标，那污染又会是一种什么情况？届时资源环境恐怕完全承载不了。""新常态"下的文化建设，"还要发生着对涉及生态的伦理观念、道德意识和行为方式进行自我反省和调整，要求在全社会形成持续、健康、绿色消费模式和生活方式的伟大变革"。这种文明就是被写入世界第一大政党——中国共产党党代会报告的"生态文明"。

2007 年 10 月，党的十七大在人类文明史上的一个创造性的历史贡献就是首次将"生态文明"写入党代会报告。这是继从十二大至十五大强调建设社会主义"物质文明""精神文明"，十六大在此基础上提出建设社会主义"政治文明"之

后，党代会政治报告首次提出建设"生态文明"。建设生态文明，就其理论形态而言，其最重要的意义在于"首次用人类崭新的文明即生态文明高度概括和统一了人与自然两者的辩证关系"。在马克思主义看来，"我们仅仅知道一门唯一的科学，即历史科学。历史可以从两方面来考察，可以把它划分为自然史和人类史。但这两方面是不可分割的；只要有人存在，自然史和人类史就彼此相互制约。"这门历史科学，如果说历史属于传统思维中的过去，则生态文明标志着今天的状态和人类对未来的美好憧憬。列宁指出："对恩格斯的唯物主义的'形式'的修正，对他的自然哲学论点的修正，不但不含有任何通常所理解的'修正主义'，相反地，这正是马克思主义所必然要求的。"生态文明是人类整个文明史上对人与自然、社会与自然、人与人、社会与社会之间关系的真正的统一。

三、逻辑的发展与走向社会主义生态文明新时代

如果说以胡锦涛同志为总书记的党中央创造性地将"生态文明"写入了党代会报告具有开创性意义，党的十八大以来习近平总书记就生态文明建设所作的一系列重要论述，则深刻、系统、全面地回答了我国生态文明建设发展面临的一系列重大理论和现实问题，标志着社会主义生态文明从思潮到社会形态的真正转变。

（一）建设生态文明是五位一体中国特色社会主义事业总体布局十分重要的组成部分

党的十八大着眼于社会主义初级阶段总依据、实现社会主义现代化和中华民族伟大复兴总任务的有机统一，提出建设中国特色社会主义事业总体布局由经济建设、政治建设、文化建设、社会建设"四位一体"拓展为包括生态文明建设的"五位一体"。习近平指出："党的十八大把生态文明建设纳入中国特色社会主义事业五位一体总体布局，明确提出大力推进生态文明建设，努力建设美丽中国，实现中华民族永续发展。这标志着我们对中国特色社会主义规律认识的进一步深化，表明了我们加强生态文明建设的坚定意志和坚强决心"。

（二）建设生态文明是实现中华民族伟大复兴中国梦的重要内容

中国梦是实现国家富强、民族复兴、人民幸福、社会和谐的中华民族伟大复兴梦，凝聚了中国人民对中华民族伟大复兴的憧憬和期待。习近平指出："走向生态文明新时代，建设美丽中国，是实现中华民族伟大复兴的中国梦的重要内容"。党领导全国各族人民共圆美丽中国梦、建设生态文明，从根本上讲，就是既要考虑物质因素，又要考虑非物质因素，进而提升全社会的幸福指数。习近平指出："对人的生存来说，金山银山固然重要，但绿水青山是人民幸福生活的重要内容，是金钱不能代替的。你挣到了钱，但空气、饮用水都不合格，哪有什么幸福可言"。当前我国仍然处于工业化发展的重要阶段，党带领全国人民率先探索并走向社会主义生态文明新时代，这是一种历史机遇，是时代发展浩浩荡荡不可逆转的历史潮流。

（三）生态文明建设已经或正在融入经济建设、政治建设、文化建设、社会建设各方面和全过程

生态文明建设融入经济建设。习近平指出："我们既要绿水青山，也要金山银山。宁要绿水青山，不要金山银山，而且绿水青山就是金山银山。我们绝不能以牺牲生态环境为代价换取经济的一时发展"。现代社会，以生态技术、循环利用技术、系统管理科学和复杂系统工程、清洁能源和环保技术等为特色的绿色科学技术进步方兴未艾，日益成为生产力发展和生产方式转变的决定性要素，直接催生和引发了绿色产业的兴起与实践。现在，绿色产业和绿色经济已经成为我国国民经济发展"新常态"的重要组成部分，成为推动我国由经济大国向经济强国转变的重要契机。

生态文明建设融入政治建设。习近平指出："我们一定要彻底转变观念，就是再也不能以国内生产总值增长率来论英雄，一定要把生态环境放在经济社会发展评价体系的突出位置。""最重要的是要完善经济社会发展考虑评价体系，把资源消耗、环境损害、生态效益等体现生态文明建设状况的指标纳入经济社会发展评价体系。"从制度上来说，我们要建立健全资源生态环境管理制度，加快建立

国土空间开发保护制度，建立资源有偿使用制度、生态补偿制度，生态环境保护责任追究制度和环境损害赔偿制度。这些制度，能够反映市场供求和资源稀缺程度，能够体现生态环境价值，能够反映代际补偿、代际公平的正义观。

生态文明融入文化建设。习近平指出，中国优秀传统文化中蕴藏着解决当代人类面临的难题的重要启示，比如，天人合一、道法自然的思想。天人合一，季羡林先生曾经指出，"天，就是大自然；人，就是人类；合，就是互相理解，结成友谊"。这既成为两千年来儒家思想的一个重要命题，又确立了中国哲学和中华传统的主流精神，显示出中国人特有的宇宙观和中国人独特的价值追求以及思考问题、处理问题的特有方法。而"道法自然"的哲理思想，更是"人与自然和谐发展"的生态文明核心要义之肇始，与现代生态学思想是高度吻合的。我们建设生态文明，一定要守护、传承和创新老祖宗的文化基因，要在深刻解答"我们从哪里来，要到哪里去"的历史思考、人文思考中形成凝魂聚气、强基固本的精神寄托。

生态文明融入社会建设。习近平指出："要把生态文明建设放到更加突出的位置，这也是民意所在"。"人民群众对环境问题高度关注，可以说生态环境在群众生活幸福指数中的地位必然会不断凸显"。近年来，一些地区的污染问题集中暴露，雾霾天气、饮水安全、土壤重金属含量过高等，社会极其关注，群众反映强烈。我们必须"着力推进重点行业和重点区域大气污染治理，着力推进颗粒物污染防治，着力推进重金属污染和土壤污染综合治理，集中力量优先解决好细颗粒物（$PM_{2.5}$）、饮用水、土壤、重金属、化学品等损害群众监控的突出环境问题"。要充分发挥社会主义制度的政治优势，着力构建党委政府主导、全社会共同努力、良性互动的全民参与大格局。要不断提高生态文明建设的群众工作水平，让生态文明理念深入人心，变为社会各界的自觉行动，要让环保成为一种社会时尚，成为人民群众自觉的意识和行动。

（四）建设生态文明成为国际社会的共同行动

马克思、恩格斯"关于生态发展的世界历史趋向揭示出，要解决生态问题必须坚持生态治理的国际化，即生态治理要具有世界历史眼光"。以遏制气候变暖为题展开的世界各国"博弈"，不仅直接影响广大发展中国家的现代化进程，如中国实现中华民族伟大复兴中国梦的历史进程，而且直接影响发达国家在全球生存环境和生态资本再分配方面的角逐。习近平深入思考中国的发展与世界的关系问题，他说："中国将继续承担应尽的国际义务，同世界各国深入开展生态文明领域的交流合作，推动成果分享，携手共建生态良好的地球美好家园"。现时代，应对全球性重大威胁和挑战，我国发挥了与我们地位相适应的作用，把应对气候变化纳入经济社会发展规划，强力推进绿色增长。2014 年 11 月，习近平主席和美国总统奥巴马在北京宣布，两国就气候变化问题达成协议。美国首次提出到 2025 年温室气体排放较 2005 年整体下降 26%～28%，刷新美国之前承诺的 2020 年碳排放比 2005 年减少 17%；中方首次正式提出 2030 年左右中国碳排放有望达到峰值，并将于 2030 年将非化石能源在一次能源中的比重提升到 20%。

　　自然辩证法来源于实践，并且随时受着实践的检验。它不是僵化的教条和空洞的说教，而是实际的行动的指南。它是要使人扩大眼界，活跃思想，而不是要使人墨守成规，故步自封。它是自然科学的前哨和后卫，并且要不断地从自然科学吸取养料，不断地随着自然科学的发展而发展。生态文明，归根结底，最终是人与人之间的公平问题，既包括当代人如何对待老祖宗遗产的问题，也包括当代人，如东西之间、南北之间发展差异的公平问题，更包括当代人与我们子孙后代两者关系的问题。但不论是哪一代人，建设生态文明的最终取向就是如何实现人与自然的和谐问题。马克思指出：共产主义"作为完成了的自然主义，等于人道主义，而作为完成了的人道主义，等于自然主义，它是人和自然之间、人和人之间的矛盾的真正解决，是存在和本质、对象化和自我确证、自由和必然、个体和类之间的斗争的真正解决"。社会主义生态文明从思潮到社会形态，既使"一种崭新的文明思想实现了新时代的升华，也为实现中华民族伟大复兴的中国梦"奠定了生态的社会形态，更为走向共产主义制度下的"公平"奠定"社会主义历史"的社会基石。

参考文献

[1] 马克思．马克思恩格斯选集（第 2 卷）[M]．北京：人民出版社，1972.

[2] 马克思．马克思恩格斯选集（第 3 卷）[M]．北京：人民出版社，1972.

[3] 马克思．马克思恩格斯选集（第 4 卷）[M]．北京：人民出版社，1972.

[4] 钱时惕．科技革命的历史、现状与未来[M]．广州：广东教育出版社，2007.

[5] 自然之友编．20 世纪环境警示录[M]．北京：华夏出版社，2001.

[6] 吕尚苗.生态文明的环境伦理学视野[J]．南京林业大学学报（人文社会科学版），2008
（9）：139-144.

[7] 潘岳．论社会主义生态文明[J]．绿叶，2006（10）：10-18.

[8] 习近平．在广东考察工作时的讲话[N]．中办通报，2012（26）.

[9] 张文台，黄承梁.生态文明理论是科学发展智慧之花[N].中国环境报，2010-09-10（02）.

[10] 习近平．在中央政治局常委会议上关于一季度经济形势的讲话[N]．中办通讯，2013
（11）.

[11] 马克思．马克思恩格斯选集第 1 卷[M]．北京：人民出版社，1995.

[12] 列宁．列宁全集第 14 卷[M]．北京：人民出版社，1990.

[13] 习近平.绿水青山就是金山银山[N]．人民日报，2006-04-24.

[14] 习近平．致生态文明贵阳国际论坛 2013 年年会的祝信[N].人民日报，2013-07-21（01）.

[15] 习近平.在海南考察工作结束时的讲话（中共海南省文件琼发〔2013〕6 号）.2013-04-10.

[16] 习近平．在哈萨克斯坦纳扎尔巴耶夫大学演讲时的讲话[EB/OL]．2013-09-07．新华社.

[17] 习近平．在中央政治局第六次集体学习时的讲话[EB/OL]．2013-05-24．新华社.

[18] 缪昌武.论马克思恩格斯的生态文明思想及其当代意蕴[J].毛泽东邓小平理论研究，2008
（5）：52-56，85.

新中国生态环境规划的历史变化

⊙ 万　军

（生态环境部环境规划院总工程师）

我国生态环境规划与生态环境保护工作同时起步，同步发展。1973 年 8 月，国务院召开了第一次全国环境保护会议，审议通过了《关于保护和改善环境的若干决定（试行草案）》，确定了我国生态环境保护的基本方针，即"全面规划、合理布局、综合利用、化害为利、依靠群众、大家动手、保护环境、造福人民"的"32 字方针"。"全面规划"是 32 字方针之首，确立了环境规划在各项环境管理制度中的基础性、统领性地位。自第一个全国环境保护规划以来，现已编制并实施了 9 个五年的国家环境保护规划，规划名称经历了从环境保护计划到环境保护规划，再到生态环境保护规划的演变；文件印发层级从内部计划到部门印发，再升格为国务院批复和国务院印发，已经形成了一套具有中国特色的生态环境规划体系，对我国生态环境保护发挥了重要作用。

一、生态环境规划随着生态环境保护事业同步发展

"五五"（1976—1980 年）计划是我国第一个五年环保计划。1975 年，国务院环境保护领导小组颁布《关于制定环境保护十年规划和"五五"（1976—1980年）计划》，提出大中型工矿企业和污染危害严重的企业，都要搞好"三废"（废水、废气、废渣）治理，按照国家规定的标准排放。第一次全国环境保护会议上

确定了北京、上海、天津等 18 个环境保护重点城市，工业和生活污水要得到处理，按照国家规定的标准排放。黄河、淮河、松花江、漓江、白洋淀、官厅水库、渤海等水系和主要港口的污染得到控制，水质有所改善等环境保护内容。"五五"计划开启了环境规划的篇章，提出要把环境保护纳入国民经济和社会发展计划，首次提出"三废"治理这一重要举措，标志着中国进入工业污染点源治理时代。

国家"六五"（1981—1985 年）计划首次纳入环境保护独立篇章。1982 年 12 月 10 日，第五届全国人民代表大会第五次会议批准了《中华人民共和国国民经济和社会发展第六个五年计划（1981—1985 年）》，环境保护作为独立章节纳入其中。计划中提出防止新污染、治理老企业污染、提高"三废"处理能力，以及加强环境保护计划指导、统筹规划、加强监测和科研、搞好立法执法等具体目标和政策措施，提出建设项目必须要有环境影响报告书，要实行"三同时"制度。在固定资产投资中给予"职工住宅、城市建设、环境保护 178.8 亿元"的支持，环境保护的重要意义被充分肯定。标志着我国环境管理由"三废治理"向"以防为主"转变，提出的环境影响报告书和"三同时"要求，为环境影响评价制度和"三同时"制度确立夯实了基础，推进环境影响评价制度步入规范化、制度化阶段。

"七五"（1986—1990 年）环境保护计划首次独立印发。1987 年 4 月，国家计划委员会、国务院环境保护委员会发布《国民经济和社会发展第七个五年计划时期国家环境保护计划（1986—1990 年）》，成为首个独立印发的 5 年环境保护规划。该计划突出城市环境综合整治和工业污染防治工作，强调不同地区和行业要有针对性地提出各自的环保目标。强调环境容量约束与总量控制，要求"人口密度高和工业集中地区的工业，应当逐步向环境容量大的地区转移。""七五"计划确定的"经济建设、城市建设、环境建设要同步规划、同步实施、同步发展，实现经济效益、社会效益和环境效益的统一""预防为主、防治结合、全面规划、合理布局，对环境污染实行综合整治"等成为指导我国环境保护工作的战略方针，提出的"坚持实行'谁污染，谁负责。谁开发，谁保护'的环境保护责任制"成为我国环境保护的一项基本原则，并纳入了《环境保护法》，影响深远。

环境保护"八五"（1991—1995 年）计划目标纳入国家纲要，并分解到省区市。1992 年 7 月，国家环境保护局印发了《国家环境保护十年规划和"八五"

计划纲要》（以下简称《"八五"计划纲要》），提出污染防治逐步从浓度控制转变为总量控制，从末端治理到全过程防治；提出工业粉尘排放总量控制目标，对重点工业污染源、流域、海域实行污染物总量控制；注重环境保护与经济和社会协调发展，强化环境管理与科技进步。《"八五"计划纲要》的环境保护主要指标经综合平衡后纳入了国家"八五"计划，同时主要指标分解到省、自治区、直辖市和计划单列市并下发执行。"八五"计划还制定了全国统一的计划编制技术大纲，初步形成了一个以促进经济与环境持续、协调发展为目的的宏观环境保护目标规划和以污染物排放、治理分配到源为特征的环境质量规划相结合的环境规划体系，环境保护规划已经从单一的污染治理型规划转向了污染防治型规划，环境保护从各个层次纳入国民经济和社会发展规划，成为环境保护规划进入发展决策的重要标志。

"九五"（1996—2000 年）计划首次经国务院审批印发。1996 年 7 月，国务院审议通过了《国家环境保护"九五"计划和 2010 年远景目标》（以下简称《"九五"计划》），这是国家环境保护五年计划第一次经国务院批准实施。《"九五"计划》中明确了可持续发展战略，在国民经济和社会发展规划中单列可持续发展环保目标；提出实现"一控双达标①"的重大举措，推出《"九五"期间全国主要污染物排放总量控制计划》和《中国跨世纪绿色工程规划》，实行污染防治与生态保护并重方针。其中，《"九五"计划》提出的"完善法制建设"取得重大进展，在"九五"期间修订了《大气污染防治法》《水污染防治法》《海洋环境保护法》，制定了《噪声污染环境防治法》《水污染防治法实施细则》《建设项目环境保护管理条例》等环境保护法规，《刑法》的修改增加了"破坏环境资源保护罪""环境保护监督渎职罪"的规定，极大地推动了环境保护工作法治化进程。

"十五"（2001—2005 年）计划突出重点区域和总量控制，实施重大治理工程。2001 年 12 月，经国务院批准，国家环保总局、国家计委、国家经贸委、财政部四部委（局）联合印发了《国家环境保护"十五"计划》（简称《"十五"计划》），要求继续重点抓好"三河、三湖、两控区"、北京、渤海等"九五"期间

---

① 一控双达标：即到2000年底，各省、自治区、直辖市要使本辖区主要污染物的排放量控制在国家规定的排放总量指标内，工业污染源要达到国家或地方规定的污染物排放标准，空气和地面水达到该功能区国家规定的环境质量标准。

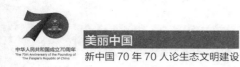
确定的环境保护重点区域污染防治工作,抓紧治理三峡库区和南水北调工程沿线水污染。编制实施了《"十五"期间全国主要污染物排放总量控制分解规划》,确定了 6 项主要污染物排放总量控制指标并进行了全国分解,首次对全国进行系统的水环境功能区划分,初步完成了我国 31 个省、市、自治区的生态功能区划编制。"十五"期间《珠江三角洲区域环境保护规划》和《广东省环境保护综合规划》经广东省人大批准实施,重点区域环境保护规划取得重大进展。

"十一五"(2006—2010 年)规划首次由国务院印发、强化规划执行力。2007 年 11 月 22 日,国务院印发《国家环境保护"十一五"规划》,这是首次由国务院印发的环境保护五年规划。规划确定到 2010 年二氧化硫、化学需氧量比 2005 年削减 10%的目标,首次将环境目标纳入国民经济与社会发展"十一五"规划纲要约束性指标体系。规划还明确了环境保护规划实施评估和考核要求,将环境质量指标分解落实到各省(区、市),将规划任务和工作内容分解落实到部门,中央政府环境保护投资在规划报批过程中也基本落实,使得环境保护规划的地位与执行力得到重大提升。《国家环境保护"十一五"规划》提出污染源普查等影响全局的重点工程,具有先导性;强化环保系统管理能力建设,将环保系统的自身建设提升到了主要任务领域;增加了气候变化相关内容,重视环境保护体系和长效机制建设,以更加积极的姿态对待全球环境保护,彰显了一个负责任国家、负责任政府的国际形象。将环保作为约束性指标放在转变经济增长方式中,至此环境保护从游离于经济之外,发展到置于经济发展的要素中。

"十二五"(2011—2015 年)规划确立总量控制、质量改善、环境风险防范、提升环境公共服务战略布局。2011 年 12 月 15 日,国务院正式印发《国家环境保护"十二五"规划》。规划提出的化学需氧量、二氧化硫、氨氮、氮氧化物四项主要污染物排放指标作为约束性指标列入了"十二五"规划纲要;提出污染减排、质量改善、风险防范和公共服务均等化四大战略体系。提出要把主要污染物总量控制要求等作为区域和产业发展的决策依据,对未完成减排任务的地方政府实施区域限批,进一步完善区域性总量控制要求,在重金属污染综合防治重点区域实施重点重金属污染物排放总量控制。"十二五"期间,健全了规划实施情况年度调度、中期评估和终期考核制度,有效促进了规划实施,突出环境问题得到了很大程度缓解，重金属污染防控成效显著。

"十三五"（2016—2020 年）规划以环境质量改善为核心，实现生态保护与环境治理统筹。2016 年 11 月 24 日，国务院印发《"十三五"生态环境保护规划》。规划以"创新、协调、绿色、开放、共享"五大发展理念为指导，统筹推进"五位一体"总体布局，提出到 2020 年实现生态环境质量总体改善的主要目标，并确定了打好大气、水、土壤污染防治三大战役等七项主要任务。突出环境质量改善与总量减排、生态保护、环境风险防控等工作的系统联动，将提高环境质量作为核心目标和评价标准，将治理目标和任务落实到区域、流域、城市和控制单元，实施环境质量改善的精细化、清单式管理。"十三五"规划标题由"环境保护"发展为"生态环境保护"，规划内容实现了环境保护与生态保护建设的全面统筹，把绿色发展和改革作为重要任务，显著强化绿色发展与生态环境保护的联动，坚持从发展的源头解决生态环境问题。规划提出的开展环境保护督察，在推动建立中央环保督察制度、切实推动地方生态环保主体责任落实等方面起到了重要作用。

二、生态环境规划发挥了基础性统领性作用

回顾中国生态环境保护规划事业发展的历程，是国家对环境保护工作重视程度不断提高的过程，环境保护规划已经从一个"墙上挂挂"的规划成为体现"国家意志"的规划和老百姓期待关注的民生规划，在生态环境保护中发挥着越来越重要的作用。

第一，生态环境规划是围绕国家发展战略目标，统筹谋划环境保护目标任务，将美好理想转化为现实的工作蓝图。

我国社会经济发展，具有强烈的计划色彩和目标导向，生态环境规划（计划）也围绕社会经济发展的战略目标进行谋划，形成目标引领性的规划体系。改革开放以来，我国提出 2000 年实现小康社会以及"三步走"战略，"七五""八五""九五"期间的生态环境保护规划（计划），除了立足于解决五年期内突出生态环境问题之外，都着眼于 2000 年实现小康社会的目标，谋划生态环境保护的目标任务。进入 21 世纪以来，党的十六大提出 2020 年全面建成小康社会的战略目标，

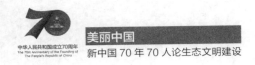
"十一五""十二五""十三五"期间的生态环境规划，将 2020 年实现生态环境总体改善、主要污染物排放总量大幅减少等作为奋斗目标，逐步落实到生态环境保护的各个领域与环节，确保美好的国家发展蓝图，能够逐步转化为社会美好生活环境的现实收获。

"七五""八五"期间，我国城镇化、工业化发展程度较低，环境污染以点源为主，环境保护的重点是开展废气、废水、废渣等工业"三废"的治理，这期间的环境保护规划主要针对工业污染治理进行部署。"九五"期间我国开始走可持续发展道路，并在"十五"环境保护计划中对相关指标进行了强化。"十一五"期间，国家将主要污染物排放总量显著减少作为经济社会发展的约束性指标，着力解决突出环境问题，体现环境保护更加重要的战略地位。党的十八大把生态文明建设纳入中国特色社会主义事业"五位一体"总体布局，习近平总书记提出的"绿水青山就是金山银山"得到贯彻落实，在"十二五""十三五"期间的各级环境保护规划中均得到体现。

因此，规划的目标、任务、政策工程体现了该阶段生态环境保护的基本路线、要解决的突出问题、主要采取的措施手段，特别是五年综合规划，逐步建立的国家—省—市的规划编制体系和综合规划—专项规划的规划制度，以规划的形式将生态环境保护的阶段重点在国家、省市层面具体化、可操作化，确保国家发展目标、生态环境保护目标在全国广袤的国土领域、各级政府、各个部门、各个要素、各环节得到贯彻实施。

第二，规划确立了生态环境保护工作的基本面，是系统推进生态环境保护各项工作的基础底盘。

我国生态环境保护事业的发展过程，从最初"人定胜天"走向"三废"治理，走向生态文明，走到现代化建设的"五位一体"，再到建设美丽中国和共建清洁美丽世界，是随着社会经济发展而不断提升的历程。发展与保护的辩证统一关系不断调整、不断深化，规划（计划）关注的重心，随着突出环境问题及该阶段对生态环境保护的认识不断调整，适度超前，确立生态环境保护工作基本面。

生态环境五年综合规划发挥了重要的统领作用。通过规划编制，形成了国家层面对生态环境保护工作的安排，约束性目标确立了必须完成的要求，任务体系包括各要素领域、各领域的重点工作，确保各项任务能分轻重缓急持续推进，并保持长期战略的延续性。通过强化对规划的实施与监督评估，促使各地方政府能保持战略定力，避免头痛医头脚痛医脚，也避免因为外界波动，尤其是经济、政策甚至气象条件波动，大幅调整生态环境保护工作重点，使一些需要长期大力推动的根本性工作受到影响。如"十一五"期间的节能减排工作、当前的污染防治攻坚战等重大举措，都是与五年综合规划的目标任务体系一脉相承。

在当前强化考核、督察的形势下，尤其要避免工作碎片化、被动式，对于行政辖区内根本性、长期性、结构性和布局性的生态环境问题，必须在规划中统筹考虑，凝聚共识。

第三，规划编制实施搭建了对话交流衔接的有效平台，在统一思想、达成共识方面发挥了难以替代的作用。

生态环境保护工作涉及面广，生态环境规划编制和实施需要统筹多部门工作职责，使国家、省级、地市级达成一致的目标和任务体系，并响应政府、企业、社会各层面的需求。长期以来，我国通过建立多部门、上下联动的生态环境规划的编制机制，建立起上下沟通、衔接、对话的渠道，不窠臼于机制、体制和职责分工限制，使重要工作在规划层面先进行了融合与统筹。

"十三五"期间统筹编制了《"十三五"环境保护规划》，从推动整体工作角度出发，将规划范围和边界打破部门分工，覆盖了生态保护与建设、环境治理、生态环境修复与监管等方面，先从工作层面把重要工作推动起来，为新一轮国家机构改革先行一步。同时，通过实施生态环境规划和开展规划实施评估考核，促使地方政府建立起以规划实施为抓手、推进生态环境保护整体工作的平台与对话机制。如江苏省为了实现"十三五"规划目标，实施了"263 专项行动"，建立了各部门牵头和参与的专项工作机制，极大地推动了突出环境问题的解决。

我国社会主义现代化建设进入新时代，全社会对生态环境保护和生态产品需求呈现多样化特点，不同地域、不同行业、不同阶层的社会群体对生态环境保护有不同要求，因此，需要利用好生态环境规划平台，加强对话交流，广泛凝聚各方共识，确保生态环境保护工作能够按照国家发展战略路线图有序推进。

三、编制实施生态环境规划建设美丽中国

党的十九大确立了新时期中国特色社会主义现代化建设战略路线图,确立了建设美丽中国的战略目标和共建清洁美丽世界的美好愿景,是新时代生态环境保护的战略遵循。生态环境规划,要坚持以习近平生态文明思想为指导,以改善生态环境质量为核心,系统谋划生态环境保护的布局图、路线图、施工图,在美丽中国建设的宏伟征程中,努力发挥基础性、统领性、先导性作用。

一是坚持战略引领,面向美丽中国建设的宏伟目标,系统谋划生态环境保护战略路线图。站在全面建成小康社会的历史新起点,面向美丽中国建设的新征程,面向面临百年未有之大变局的世界形势,生态环境规划要客观分析我国社会经济发展的历史阶段,准确把握我国生态环境治理的历史进程,实事求是、量力而行,在生态环境总体改善的基础上,深刻把握生态环境根本好转的核心要求,系统谋划全国不同区域、各个领域、各个要素的生态环境保护的战略目标与阶段路线图。

二是坚持系统思维,协同推进高质量发展与高水平保护,建设人与自然和谐共生的美丽中国。将生态环境保护放在社会经济发展的全局,放在中华民族伟大复兴的历史进程,坚持生态优先,绿色发展,将尊重自然、顺应自然、保护自然的基本理念,转化为生态环境保护促进、引导、倒逼社会经济高质量发展的手段,促进发展提质增效;同时将绿色发展作为解决生态环境问题的根本之策,努力形成有利于资源节约和环境保护的空间布局、产业结构、生产方式、生活方式,实现高质量发展与高水平保护的协同推进。

三是强化操作实施,构建规划编制实施体系,全面提升科学谋划、精准治理、系统管理、统筹推进水平,确保规划实施。针对新时期治理体系与治理能力现代化的形势与需求,深化规划理论方法与技术研究,完善国家综合规划与专项规划的规划分工体系,健全国家—省—市县的规划贯彻实施体系,强化规划编制—实施—评估—考核的实施监督体系,强化分区分类分期指导和差异化治理,以规划推进改革,通过改革促进规划实施,在实践中完善制度政策,通过生态环境规划织就美丽中国建设的施工图。

新中国环境保护事业的早期探索

⊙ 张连辉

（中南财经政法大学经济学院教师）

1973 年 8 月第一次全国环境保护会议的召开，标志着中国现代环境保护事业开始起步。有关新中国环境保护工作的回溯性研究，几乎都以此次会议为起点，但对于此前的环保工作，由于资料缺失等原因，却极少论及或语焉不详。但实际上，如果没有该会议前中国政府在环保方面所做的长期努力的话，中国现代环保事业是难以在 1973 年顺利起步的。为了加深人们对第一次全国环保会议之前的中国环保工作的了解，本文试图在充分占有史志资料的基础上，考察该期中国政府的环保努力，并分析其阶段性特征及其与第一次全国环保会议后的环保工作的历史联系。

一、新中国环境保护工作的萌芽（1949—1957 年）

新中国成立以后，随着工业化的展开和经济的发展，生态环境问题开始出现。由于新中国国民经济初入正轨，国家工业化刚刚起步，环境污染和生态破坏只是在局部地区出现且程度较轻，因而，中国环保意识尚未觉醒。但为应对现实中的生态环境问题，相关部门曾经出台了一些具有环保功能的文件和法规，部分城市也采取了一些保护环境的举措。

在工业污染防治方面，为了应对城市新建工业项目在规划、选址、设计、"三废"处理等方面涉及的卫生问题，卫生部于 1953 年成立卫生监督室，在苏联顾问的指导下，开展预防性卫生监督工作。这应该是中央政府成立的第一个环保性机构。"预防性卫生监督"的提出，也可视为后来的污染防治中所强调的"预防为主"理念的思想渊源。1954 年 5—6 月，卫生部召开了第一届全国工业卫生会议，制定了"积极领导，稳步前进，面向生产，依靠群众，贯彻预防为主"的工业卫生工作方针。因卫生监督工作中需要统一的卫生标准和法规作为依据，1956年国务院通过了《工厂安全卫生规程》，卫生部、国家建委联合颁发了《工业企业设计暂行卫生标准》和《关于城市规划和城市建设中有关卫生监督工作的联合指示》。这三个文件对预防污染，保证饮水安全及城市合理规划，发挥了积极指导作用。1957 年 6 月，国务院第三、第四办公室发出《注意处理工矿企业排出有毒废水、废气问题的通知》，明确提出要注意防治工业污染。该通知已成为一个实质意义上的环保文件。为了能更好地防治工业污染，1956 年中国政府确立了"综合利用工业废物"的方针。该方针成为此后十余年间治理工业污染所遵循的基本方针。在这些方针政策的指导下，一些有污染危害的工业企业，尤其是集中建设的 156 项大中型项目，采取了某些防治措施，如污水净化处理和安装消烟除尘设备等，在一定程度上减轻了污染危害。在城市建设中，则比较注意合理布局，把污染企业尽量建在远离城市的工业区，而且在市区和工业区之间建有林木隔离带，以避免工业"三废"危害市区居民。譬如，1954 年武汉制定的《武汉城市总体规划》，即考虑到了城市发展的生态环境。"一五"期间开始建设的武汉钢铁公司和武汉肉联厂，厂址均选在了距离武昌和汉口市区中心 20 公里以外的长江武汉段下游的南北两岸。武汉重型机床厂、武汉锅炉厂、武汉汽轮发动机厂等大型机械工业企业，也分别建设在新规划近郊的工业区内。武钢的规划布局则注意到生产区工业"三废"污染问题，将后勤生活区规划在厂区 5 公里以外，中间设计有绿化隔离带。本期，为了掌握环境污染的一手数据，北京、重庆等少数城市的卫生部门，曾经开展了一些污染源及污染状况调查。譬如，重庆市先后于1954 年、1955 年和 1956 年对长江、嘉陵江重庆段的水质基本状况、污染与自净能力及工业"三废"有害物质对两江污染情况的调查测定，粉尘和有毒气体的调查测定，以及生产性噪声、工业废水调查等环境调查工作。此可谓中国环境状况调查的先声。在环境管理上，1973 年第一次全国环境保护会议召开后制订的建设项目环境保护"三同时"（即环境保护设施与主体工程同时设计、同时建设、同时投产）制度，也已初露端倪。1957 年 7 月，南京市人民委员会发出通知，要求新建厂矿的设计部门在设计时应认真考虑处理废水、废气的措施，同时将此类设计图纸及有关资料送交卫生部门研究。这可谓是"三同时"制度的最初设想，只可惜在实践中基本未予执行。环境监测是适时了解环境状况，防控环境污染的重要手段。1950 年代，上海、淄博等城市开始开展环境监测工作，但方法不一，精度不高。不过，正是在少数城市零星的环境监测工作的基础上，中国的环境监测工作开始起步。

在城市环境整治方面，一些中心城市在疏浚治理城市河流、外迁危害性较大的企业以及防治城市环境污染方面做出了诸多努力。如 1949—1952 年，北京市共修复旧下水道 220 余公里，清除旧沟淤泥 16 万立方米。其中就包括著名的"龙须沟"。1950 年 9 月，北京市政府决定将易燃易爆工厂一律迁入南郊及其他地区。1951 年，北京市政府又决定将永定门附近的木材厂及城区的血料场、皮革厂等迁往南郊，将易燃易爆及有碍卫生的工业集中在南郊沙子口、大红门、铁匠营一带。福州市于 1949—1953 年组织民工疏浚 22 条河道，共挖出污泥 36 万立方米，同时清挖了 572 条沟渠。在城市环境整治过程中，兴起于 1952 年的"爱国卫生运动"起到了推波助澜的作用。在城市环境污染防治方面，除了注意防治废水和废气污染外，北京、南京、齐齐哈尔等城市曾专门为防治噪声污染出台了一些文件和法规。如 1953 年 10 月，北京市政府发布《关于减少城市嘈杂现象的通告》；1954 年 7 月，北京市政府再次发出通告，要求继续减少城市噪声扰民；1955 年 5 月，北京市人民委员会发布《关于减少城市嘈杂声音的规定》。南京市则于 1956 年 5 月颁布了《关于减少城市嘈杂声音的规定》。1956 年 6 月，齐齐哈尔市颁布了《关于减少城市噪音的通告》。

在自然资源和生态保护方面，1951 年 2 月林垦部出台《保护森林暂行条例（草案）》，1952 年 12 月政务院第 163 次政务会议通过了《政务院关于发动群众急需开展防旱、抗旱运动并大力推进水土保持工作的指示》，1953 年 7 月政务院 185 次政务会议通过了《政务院关于发动群众开展造林、育林、护林工作的指示》，

1955 年 3 月中共中央转发了王化云《关于进一步开展水土保持工作的总结报告》，1956 年国务院发布《矿产资源保护试行条例》，1957 年国务院发布了《中华人民共和国水土保持暂行纲要》，1956 年中国建立了第一个综合性自然保护区——鼎湖山自然保护区。有关自然资源和生态保护的法规与制度，已初具规模。值得一提的是，本期在植树造林和森林护育方面取得了显著成就。1950—1957 年，全国共造林 23596.4 万亩；1950—1952 年，全国完成封山育林 6210 万亩；1956 年一年封山育林即达 5835 多万亩。这对保护生态环境、防止水土流失，发挥了重要作用。

可见，中华人民共和国成立之初，中国政府在环境保护方面还是做了很多努力的，尽管因种种原因，成效非常有限。在国家工业化之初，新中国政府即能关注到环境污染问题并采取若干应对措施，很大程度上是学习苏联模式的结果。如1956 年颁布的《工业企业设计暂行卫生标准》，即是模仿苏联于 1954 年 11 月颁布的《工业企业设计卫生标准》制订的。1950 年代中国的环保工作正是在借鉴苏联经验的基础上起步的。当然，当时中国政府对环保的认识水平，也自然受到苏联的认识水平的制约。譬如，当时中国跟苏联一样都未形成环境保护理念，环保举措尤其是环境污染防治措施，多是在"环境卫生"理念的指导下实施的，推行环保举措的机构也主要是卫生部门。中国的这一认识水平基本持续到第一次全国环保会议的召开。1957 年之后，中国开始摆脱苏联模式"走自己的路"，中国的环保工作也走上了独立行进的轨道。

二、在曲折中艰难发展的中国环保工作（1958—1969 年）

1958 年开始的"大跃进"运动，在短期内造成巨大环境污染和生态破坏。中国环保工作在"大跃进"运动期间仍在艰难推进，并在国民经济调整时期得到一定发展，但随后因"文革"的爆发而遭遇严重挫折。

（一）"大跃进"运动造成的严重环境问题与中央政府的环保努力

"大跃进"时期，中国生态环境遭遇了中华人民共和国成立以来第一次集中的污染与破坏。在工业领域，仅 1958 年下半年，全国即动员了数千万名农民大炼钢铁和大办"五小工业"。建成了简陋的炼铁、炼钢炉 60 多万个，小炉窑 59000 多个，小电站 4000 多个，小水泥厂 9000 多个，农具修造厂 80000 多个。工业企业由 1957 年的 17 万个猛增到 1959 年的 60 多万个。技术落后、污染密集的小企业数量迅速增加，工业结构也呈现出污染密集的重化工化趋势。与此同时，在工业和城市建设领域建立起来的有利于环境保护的有限的规章制度受到批判和否定。在管理混乱、污染控制措施缺位的情势下，工业"三废"放任自流，环境污染迅速发展。在农业领域，推行片面的"以粮为纲"政策，同时，在急于求成思想和"向自然界开战"口号的激励下，提出了"人有多大胆，地有多大产""敢叫日月换新天""以粮为纲，其余砍光""种田种到山顶，插秧插到湖心"等一系列过激口号。这导致全国范围内出现毁林、弃牧、填湖开荒种粮现象，生态环境遭到严重破坏。"大跃进"运动导致的环境污染和生态破坏，使中国的环境问题迅速凸显。

针对当时出现的环境问题，中央政府曾经采取了一系列应对措施。这主要集中在两个方面：一是防治工业污染；二是制止林木乱砍滥伐，恢复林业经济正常秩序。在工业污染防治方面，仍主要是在综合利用方针下治理工业"三废"。1958—1966 年，中央相关部门先后发布了《兴办小型石油厂希注意污水排除问题的公函》（1958 年 5 月）、《请转知所属工矿企业认真执行国务院关于注意处理工矿企业排出有毒废水问题的联合通知》（1959 年 9 月）、《关于工业废水危害情况和加强处理利用的报告》（1960 年 3 月）、《关于加强厂矿生活用水管理和工业废弃物处理的通知》（1962 年 4 月）、《关于加强工业废弃物处理利用和管理工作的通报》（1964 年 6 月）等文件，召开了"全国城市污水灌溉农田现场会议"（1958 年 10 月）、"全国工业废水处理和污水综合利用现场会议"（1959 年 11—12 月）、"第二次城市工作会议"（1963 年 9—10 月）、"城市建设工作会议"（1965 年 7 月）、"新建厂矿工业卫生工作座谈会"（1966 年 3 月）等会议，反复要求加强城市和工业"三废"治理。其中，"全国工业废水处理和污水综合利用现场会议"要求在此后的工业企业的设计中必须将工业废水的处理作为工艺的一个组成部分，首次在中央会议或文件中提出了"三同时"思想。《工业企业设计暂行卫生

标准》也被修订为《工业企业设计卫生标准》，于 1963 年 4 月颁布实施。这一时期，工业和城市"三废"治理的重点是废水，主要手段是推行污水灌溉。污灌遵循的方针是"变有害为无害，充分利用"，充分体现了综合利用的方针。其间，对一些盲目建立的工业企业，实行了关、停、并、转；混乱的工业布局也得到了一定纠正。此外，1960 年初国务院批准颁发《放射性工作卫生防护暂行规定》，对预防放射性污染作出了相关规定。

在恢复林业经济正常秩序方面，1960—1963 年，先后制订和实施了《关于农村人民公社当前政策问题的紧急指示信》（1960 年 11 月）、《关于坚决纠正平调错误、彻底退赔的规定》（1961 年 6 月）、《关于确定林权、保护山林和发展林业的若干政策规定（试行草案）》（1961 年 6 月）、《农村人民公社工作条例修正草案》（1962 年 9 月）、《森林保护条例》（1963 年 5 月）等相关文件和法规。1964 年，林业部又提出了"以营林为基础，采育结合，造管并举，综合利用，多种经营"的林业发展方针。上述举措有力地促进了林业经济秩序的恢复，对弥补因林木滥伐导致的生态破坏，发挥了重要作用。此外，在自然资源和生态保护上，1962 年国务院发出《关于积极保护和合理利用野生动物资源的指示》；1963 年国务院发布了《矿产资源保护条例》；1965 年之前，又建立了一批综合性自然保护区。自然资源和生态保护制度体系进一步完善。

（二）1958—1969 年地方政府的环保努力

本期，地方政府积极响应中央政府的号召，在环境保护尤其是工业污染防治方面扮演了更为积极的角色。这也成为本阶段中国环保行政的重要特征。地方政府的环保努力主要表现在如下四个方面。

（1）一些地方政府成立了环保机构。成立相应的环保机构是进行环境保护的重要组织保证。本阶段，北京、天津、上海、黑龙江和新疆等少数省级行政单位，以及鞍山、武汉、哈尔滨、南京、南昌、齐齐哈尔、保定、青岛、吉林市等工业比较集中的城市，成立了"三废"治理利用办公室之类的环保机构。但从笔者占有的资料来看，未有资料显示，1969 年之前中央政府也曾组建了类似机构。这些机构与各地的卫生监督机构相比，环保内涵更加明确，与现代环保机构更为相像。可以说，它们是环保组织机构从"环境卫生"型转向"环境保护"型的一种重要过渡形式。从成立的时间来看，这些环保机构绝大部分成立于"大跃进"运动结束后至"文革"开始前的国民经济调整时期。

（2）出台防治污染的文件和法规。制订具有针对性的环保法规和文件，是开展环境保护的重要制度保证。在工业污染防治过程中，江西、黑龙江、武汉、哈尔滨等省市政府因地制宜出台了一些相关文件和法规。如 1960—1965 年哈尔滨市先后颁布了 8 项强调管理工业"三废"和生活污水的文件和法规。这些文件和法规从内容上来看，比中央政府颁布的此类文件更详尽、具体，也更有地区针对性；从颁布时间来看，也同样集中于国民经济的调整时期。

（3）开展环境状况调查。开展环境状况调查，是对环境状况作出客观评估，并据以制定相应环保措施的基本依据。本期，中央政府基本没有直接组织环境状况调查，但北京、青海、黑龙江、重庆、鞍山、保定、武汉、佛山、吉林、南海县等省市县，为了掌握本地环境污染状况，开展了以"三废"污染调查为主要内容的环境状况调查。从调查实施时间来看，这些调查基本分布在国民经济调整时期；从调查实施机构来看，这些调查主要是卫生防疫部门实施的。后者一方面表明，环境保护方面的主导理念仍然是"环境卫生"理念，另一方面也表明，即便部分省市设立了"三废"治理利用办公室之类的环保机构，但此类机构尚缺乏开展环境保护所必需的行政权力和组织能力。

（4）推行了若干环境管理措施。本期，在地方环保行政的层面上，"三同时"思想得到了更为明确的表达。如上文所述，1957 年，南京市发布的一个通知中已经显露出"三同时"制度的初步设想。在此基础上，1965 年 12 月，南京市计划委员会、城建局、卫生局联合向市人民委员会报告，提出："新建、扩建、改建单位的'三废'处理设施应作为生产工艺的一部分，在设计、施工时一并安排，并将设计文件报'三废'管理部门，会同卫生、公安、劳动部门签署意见。城建、设计、施工部门应加以监督"。显然，"三同时"思想已十分明确。但因多种原因，此项措施也未能真正实施。

少数城市的环境监测工作进一步发展，已形成监测网络。如 1963 年，齐齐哈尔市"三废"办公室会同卫生防疫站、市城建局规划科等单位，开始对新建、

改建和扩建的工厂、企业排水工程进行审查和水质化验，严格控制各种渗井的使用，开始开展初始的环境监测工作。在此基础上，1967 年，齐齐哈尔市污水处理办公室组织建立了污水监测监督网，设城市污水、西南工业废水、富拉尔基工业废水 3 片，共 10 个点，定期检查监测。

三、中国环保意识开始觉醒与环保行政的加速发展（1970—1973 年 7 月）

尽管当时极"左"路线下的意识形态否认中国存在环境问题，但现实中日益严重的环境问题及其导致的居民健康损害和经济损失，却已引起时任国务院总理周恩来的关注。1970 年 6 月 26 日，周恩来在接见卫生部军管会的负责同志时即指出："卫生系统要关心人民健康，特别是对水、空气，这两种容易污染。"又针对美国、日本等国发生的工业污染问题指出："毛主席讲预防为主，要包括空气和水。要综合利用，把废气、废水都回收利用，资本主义国家不搞，我们社会主义国家要搞"，而且"必须解决"。此后，周恩来又多次强调要注意环境保护问题。据不完全统计，从 1970 年到 1973 年第一次全国环境保护会议召开前，周恩来对环境保护共做过 29 次讲话。正是由于周恩来的高度重视，人们开始更加关注经济建设中的环境保护问题。同时，1971 年后，周恩来主持国民经济的整顿工作，国内政治经济形势趋于稳定，也为人们能更多关注环境问题和推行环保举措，提供了重要外部环境。

20 世纪 60 年代，西方工业化国家环境公害事件频繁发生，引起国际社会广泛关注。为此，联合国决定于 1972 年 6 月在斯德哥尔摩召开第一次人类环境会议，并向中国发出与会邀请。当年，在周恩来的指示下，中国政府克服国内种种困难，派出了由国家计委、燃化部、卫生部和外交部共同组成的代表团参会。通过此次会议，至少参会人员开始意识到中国也存在环境问题，并得出了"中国城市的环境问题不比西方国家轻，而在自然生态方面存在的问题远在西方国家之上"的结论。从对环境问题的漠视、不承认到承认乃至意识到环境问题的严重性，是认识上的一大转变。代表团回国后的汇报，促使周恩来决定立即召开一次全国性的会议研究环境保护问题。1973 年 1 月 8 日，国家计委向国务院呈交了《关于召开全国环境保护会议的请示》，建议在当年 8 月 5 日召开全国环境保护会议。随后成立了会议筹备小组。经中央批准后，1 月 20 日国家计委发出预通知，决定在 8 月初召开会议。通知下达后，各中央部门和省市（区）开始积极准备会议材料。经过充分筹备，1973 年 8 月，第一次全国环境保护会议在北京召开。在此过程中，中国环境保护意识开始觉醒。

这一时期，随着周恩来的重视和环保意识的逐渐觉醒，也为了配合第一次全国环保会议的召开，从中央到地方均开展了更为积极的环保工作。本期，中国环保的重点仍然是"三废"治理和综合利用，其呈现出的新特征，主要表现在如下五个方面：

（1）提出了新中国第一个环保方针。为了更好地指导环保工作，1971 年周恩来提出了"全面规划，合理布局，综合利用，化害为利，依靠群众，大家动手，保护环境，造福人民"的环保方针。中国代表团在第一次人类环境会议上，正式向世界宣布中国正在按此方针开展环境保护工作。此后各地在开展环保工作过程中，多强调贯彻落实该方针。后经第一次全国环保会议的讨论，该方针被正式确立为全国环保工作方针。

（2）出现了成立环保机构的一次高潮。在周恩来的关怀下，1971 年国家计委成立"三废"利用领导小组。这是中央政府成立的第一个环保机构。1973 年 1 月，又成立了国务院环境保护领导小组筹备办公室。在中央政府的带动下，地方政府出现了一次设立环保机构的高潮。北京、甘肃、湖北、广东、贵州、河北、河南、辽宁、云南、浙江、湖南、山东、吉林、宁夏、内蒙古等省级行政区，新建或重构了"三废"治理利用办公室之类的环保机构。若再加上在 1960 年代即设立环保机构的天津、上海、黑龙江和新疆四省（直辖市、自治区），到第一次全国环保会议召开前夕，已有 19 个省、自治区和直辖市设立了环保机构。此外，长春、成都、大连、贵阳、南京、武汉、郑州、重庆、襄樊、宜昌等中心城市，也新建或恢复了此类机构。与此同时，1972 年 6 月，成立了第一个跨省市的环保机构——官厅水库水资源保护领导小组。随后，又相继成立了关于保护黄河流域、淮河流域、长江流域、松花江流域、珠江流域、太湖水系等水域的环保领导

小组。到 1973 年 7 月，在全国范围内已初步形成了一个至少涵盖中央、省、地市三级行政单位的环保组织网络。上述环保机构的成立，为日后现代环保事业的顺利起步准备了重要组织条件，同时，也奠定了中国环保上区域治理与流域治理相结合的基本格局。当然，这些环保机构基本隶属于同级政府，它们之间缺乏上下级隶属关系，这是中国环保行政制度化之前所具有的重要组织特征。

（3）召开会议研究污染治理问题。针对日益严重的环境污染，中央及部分地方政府曾召开若干会议，研究污染治理问题。这突出表现在 1971 年和 1972 年全国计划会议对治理"三废"污染的要求上。1970 年 12 月 16 日至 1971 年 2 月 19 日，国务院召开的 1971 年全国计划会议专门讨论了"三废"治理问题，要求在开展综合利用中解决"三废"的危害问题，新建项目必须安排综合利用和处理"三废"的措施，在建项目若无相应措施则需补上。在此次会议上，周恩来在接见部分代表的讲话中，特别强调要积极除害，变"三害"为"三利"。1971 年 12 月 16 日至 1972 年 2 月 12 日国务院召开的 1972 年全国计划会议，则要求把综合利用切实抓起来，应将综合利用提上议事日程并且制定出有效的措施，以免造成严重浪费和危害公共卫生与人民健康。此外，此期中央还召开一系列专门研究污染治理的会议。1972 年 4 月国家建委和国家计委在上海召开了烟囱除尘现场会。1972 年 12 月国家建委委托建筑科学研究院召开了"含酚废水的利用和处理技术经验交流会"。1973 年 2—3 月，轻工业部还先后召开了印染污水处理座谈会和制革污水处理座谈会。在中央政府的带动下，各地省市政府在传达上述会议精神的同时，也专门召开了此类会议。此类环保性会议的召开，对人们加深对环境污染严重性和环保重要性的认识，以及更好地推行环保举措，起到了重要推动作用。

（4）从中央到地方开展了更为广泛的污染调查。本期，环境保护受到更多关注的一个重要表现是，从中央到地方政府，开展了更为广泛的环境污染调查。尤其是在中央政府层面，为了摸清全国"三废"污染情况，根据周恩来的指示，1971 年 2 月 7 日，卫生部军管会印发《全国卫生事业第四个五年规划设想（一九七一年—一九七五年）（草稿）》，要求各地在一二年查清本地区"三废"对河流、大气等的污染危害情况，查清有害物质、污染程度等，同时要求卫生部门协助工业部门大搞综合利用，减少和消除"三废"的危害，变"三废"为"三宝"。中央部门首次提出了开展全国性"三废"污染调查的要求。2 月 12 日，卫生部军管会印发的《一九七一年卫生工作计划要点（草稿）》，重申了上述要求。4 月 27 日，卫生部军管会发出《关于工业"三废"对水源、大气污染程度调查的通知》，要求尽快摸清本地区的工业"三废"对河流、大气、水源的污染情况及其危害程度。全国性"三废"污染调查正式启动。为了推动全国"三废"污染调查的开展，1971 年 12 月，卫生部军管会举办了工业"三废"污染调查经验交流学习班。学习班交流了工业"三废"污染调查的经验，各地的工业"三废"污染及防治措施、卫生标准的修订、采样与分析经验，讨论了 1972 年防止工业"三废"污染的计划要点（包括污水灌溉中的卫生问题），同时为参加联合国第一次人类环境会议准备资料。到第一次全国环保会议前，通过此次调查，中国政府初步掌握了渤海、东海近海、长江、黄河、松花江、富春江、太湖、珠江等水系及部分城市地下水污染情况，北京、鞍山、成都、吉林市等部分城市的大气污染情况，以及工业废渣和农药残毒危害情况。这使人们更客观、清晰地了解了中国的环境污染状况，为人们深切认识到开展环境保护的紧迫性，提供了重要事实材料。

（5）环境管理措施得到进一步发展。本阶段，"三同时"思想在中央政府的文献中首次得到了明确表述。1972 年 6 月，国务院批转的《国家计委、国家建委关于官厅水库污染情况和解决意见的报告》中，提出了"工厂建设和'三废'利用要同时设计、同时施工、同时投产"的要求。与此同时，北京市和云南省也分别作出了建设项目"三同时"的规定。"三同时"制度逐渐成为一项重要环境管理手段。另一种环境管理手段，主要污染点源的限期治理开始出现。1972 年，北京将位于居民稠密区、群众反映强烈的和平里化工厂、北京铅丝厂等 11 个工厂含酸、含苯废气的治理，作为限期治理重点项目。1973 年 5 月 7 日，湖北省革委会转发关于武昌东湖污染情况及治理意见的报告中，要求武汉大学灭火剂厂、武汉第二制药厂、青山热电厂、武汉重型机械厂含酚废水、武汉仪表厂、武汉温度计厂、湖医的放射性废水、黄家湾六所结核病疗养院限期治理污染，否则应予以搬迁或停产。此外，北京、广东、黑龙江、湖北、云南、山东、武汉、哈尔滨、齐齐哈尔等省市出台了更有针对性、内容更为详细的"三废"污染治理文件和法规；北京、安徽、云南、南京、齐齐哈尔等省市政府也拨出专项资金

用于污染治理；武汉市政府甚至制订了工业"三废"治理规划。

综上所述，1970 年至第一次全国环保会议召开前，在中央政府的大力推动下，中国环保行政加速发展，中国环保意识逐渐觉醒。这为 1973 年 8 月第一次全国环境保护会议的召开及此后环保工作的顺利开展，直接准备了重要组织条件、环保经验、事实依据及思想基础。可以说，正是在周恩来的重视下、在联合国第一次环境会议的推动下、在前期环保努力的基础上以及在国民经济整顿的大环境中，第一次全国环境保护会议才得以于 1973 年 8 月顺利召开。

四、结论与启示

（1）第一次全国环境保护会议召开前，新中国政府曾经做出了诸多环保努力，即便这些努力非常零散，成效也比较有限。这至少可以让人们认识到，在第一次全国环保会议召开前，中国环保工作并非一片空白，也并非乏善可陈。当然，由于这一时期的大部分时间内，中国环保意识并未觉醒，中国政府的环保举措主要是在"环境卫生"而非"环境保护"的理念指导下推行的，因而还不是现代意义上的环境保护。

（2）第一次全国环境保护会议召开之前和之后的环保政策，具有显著历史连续性和继承性。从环保工作方针来看，第一次全国环保会议制订的环保"32 字方针"，在会前已经被提出并付诸实践；从环保机构来看，第一次全国环保会议后中央与各地建立的环保局，基本都是在"三废"治理利用办公室之类的环保机构基础上成立的；从环保重点来看，1973 年之前中国政府环保工作的重点是"三废"治理和综合利用，这也正是 1973—1978 年的环保重点；从环保理念来看，"预防为主"的理念已经在 1950 年代提出；从环境管理手段来看，第一次全国环保会议后制订的"三同时"制度、污染企业的限期治理等主要环境管理手段，已经在此前的环保工作中提出并付诸实施；从环境治理格局来看，区域治理与流域治理相结合的格局也已在 1973 年前基本奠定。其他诸如环境监测、环境状况调查以及制订环保法规等主要环保内容，也都在第一次全国环保会议前出现并得到一定发展。事实上，中国现代环保事业正是在前期中国政府环保工作和经验的基础上开始起步的。

（3）从环保工作的生发机制来看，中国的环保工作从萌芽时期就表现出主要依靠中央政府推动的特征。这跟日本、美国等先进工业化国家的环保工作，首先从地方兴起、在发展初期主要靠地方政府推动的特征有所不同。究其原因，主要是因为当时中国实行的是计划经济体制，而在计划经济体制下，重要决策的制订与实施主要依赖于中央政府的缘故。同时，在计划经济体制下，重要的国家领导人意见往往左右着事态的发展；周恩来在环境保护上的远见卓识，自然也就成为了推动环保工作发展和现代环保事业兴起的关键因素，这也使周恩来成为新中国环保事业的奠基人。

参考文献

[1]　"工业废水处理和污水综合利用"现场会议的总结报告（1959年12月），湖北省档案馆藏，档号SZ112-2-64-2.

[2]　《当代中国》丛书编辑委员会. 当代中国的林业[M]. 北京：中国社会科学出版社，1985：84.

[3]　《湖北省环境保护志》编纂委员会. 湖北省环境保护志[M]. 北京：中国环境科学出版社，1989：76-77.

[4]　《上海环境保护志》编纂委员会. 上海环境保护志[M].上海：上海社会科学院出版社，1998：26.

[5]　《中国环境保护行政二十年》编委会. 中国环境保护行政二十年[M]. 北京：中国环境科学出版社，1994：4，16.

[6]　北京市地方志编纂委员会. 北京志·市政志·环境保护志[M]. 北京：北京出版社，2004：121，184，255，262，272.

[7]　福建省地方志编纂委员会. 福建省志·环境保护志[M]. 福州：福建人民出版社，2008：132.

[8]　顾明. 周总理是中国环保事业的奠基人[M]//李琦. 在周恩来身边的日子——西花厅工作人员的回忆. 北京：中央文献出版社，1998：332.

[9] 国务院："一九七二年全国计划会议纪要（草稿）"（1972 年 2 月 18 日），河北省档案馆藏，档号 924-8-14-1.

[10] 哈尔滨市地方志编纂委员会. 哈尔滨市志·环境保护 技术监督[M]. 哈尔滨：黑龙江人民出版社，1998：98.

[11] 黄树则，林士笑. 当代中国的卫生事业（上）[M]. 北京：中国社会科学出版社，1986：108.

[12] 南京市环境保护志编纂委员会. 南京环境保护志[M]. 北京：中国环境科学出版社，1996：218，311.

[13] 齐齐哈尔市环境保护局. 齐齐哈尔市环境保护志[M]. 哈尔滨：黑龙江科学技术出版社1989：96，99.

[14] 曲格平，彭近新. 环境觉醒——人类环境会议和中国第一次环境保护会议[M]. 北京：中国环境科学出版社，2010：463-470.

[15] 曲格平. 梦想与期待：中国环境保护的过去与未来[M]. 北京：中国环境科学出版社，2000：50.

[16] 卫生部军管会. 关于工业"三废"对水源、大气污染程度调查的通知（1971 年 4 月 27日），湖北省档案馆藏，档号 SZ67-04-0157-009.

[17] 卫生部军管会. 全国卫生事业第四个五年规划设想（一九七一年——一九七五年）（草稿）》（1971 年 2 月 7 日），湖南省档案馆藏，档号 212-2-21-2.

[18] 卫生部军管会. 一九七一年卫生工作计划要点（草稿）（1971 年 2 月 12 日），湖南省档案馆藏，档号 212-2-21-1.

[19] 武汉市环境保护局. 武汉环境志[M]. 北京：中国环境科学出版社，1991：149.

[20] 云南省环境保护委员会. 云南省志·环境保护志[M].昆明：云南人民出版社，1994：6，43-44.

[21] 中共中央办公厅."一九七一年全国计划会议纪要"（1971 年 4 月 1 日）.河北省档案馆藏，档号 940-011-0017-001.

[22] 中共中央文献研究室. 周恩来年谱（1949—1976）（下）[M]. 北京：中央文献出版社，2007：375.

[23] 中国社会科学院，中央档案馆. 1949—1952 中华人民共和国经济档案资料选编：农业卷

[M]. 北京：社会科学文献出版社，1991：741.

[24] 中国社会科学院，中央档案馆. 1953—1957 中华人民共和国经济档案资料选编：农业卷 [M]. 北京：中国物价出版社，1998：921，924.

[25] 重庆环境保护局. 重庆市环境保护志（内部发行），1997：3.

新中国 70 年农村环境保护的历程、经验及启示

⊙ 杜焱强

（南京农业大学教师）

"池塘生春草，园柳变鸣禽""燕子不归春事晚，一汀烟雨杏花寒"等形象描绘了美丽宜居农村的景象。农村作为一种混合着农产品供给、自然生态服务和乡土文化传承等多功能的社区，承载着人民群众"看得见山、望得见水、记得住乡愁"等诸多家园寄托。换而言之，美丽乡村是优质农产品的供给站、都市文明的后花园和精神乡愁的栖息地。

1949 年我国农业总产值为 326 亿元，人口 5.46 亿（约 90%人口在农村），产粮量 11318 万吨，人均粮为 208.9 公斤；2017 年农业总产值为 114653 亿元，人口 13.9 亿（城市化率为 58.2%），产粮量 61793 万吨，人均粮为 445 公斤。化肥用量从 1952 年的 7.8 万吨增长至 2017 年的 5859 万吨；农药使用量从 1990 年的 73.3 吨增长至 2015 年的 178.3 吨。从以上数据可发现，近 70 年来我国农业生产极大增加，但也伴随着农药化肥过量使用。中国是一个农业大国，90%以上的国土面积都在农村，城乡二元结构下农村环境保护该何去何从？

习近平总书记多次强调要持续开展农村人居环境整治行动，打造美丽乡村，为老百姓留住鸟语花香田园风光。党的十九大首次将乡村振兴上升为国家战略；2018 年 1 月《中共中央、国务院关于实施乡村振兴战略的意见（讨论稿）》明确提出实施乡村振兴作为全党共同意志及共同行动；2 月中共中央办公厅、国务院办公厅印发《农村人居环境整治三年行动方案》，强调加快补齐农村环

境突出短板。总之，农村环保迎来了前所未有的关注，是当前乃至长期性的一项重要任务。

由此，本文对新中国成立 70 年来农村环境保护的政策演化历程进行系统梳理，探寻不同时期农业农村的主要环境问题和政策方向变化；然后归纳总结其主要做法、运作方式及存在困境，结合英国、美国和日本等国家农村环保经验，提出新时代背景下我国农村环境保护所需处理好的几大问题。

一、中国农村环境保护政策的变迁与特征

第一阶段（1949—1976 年）：空白时期。该阶段具体可划分 3 个时期：第一时期是从 1949 年新中国成立到 1957 年第一个五年计划完成，此段重心是恢复国民经济和搭建基础骨干工业，还未有明确的环境保护政策和目标；第二时期是 1958—1965 年，"大跃进"背景下"大办钢铁"等运动给自然环境带来严重损害，农业总产值下降；第三时期是 1966—1976 年"左倾"错误发展最为严重时期，国民经济到了崩溃边缘，环境污染和破坏也达到了严重程度，譬如在"靠山、分散、进洞"错误方针指导下大量有害物质工厂进入深山峡谷，而且片面强调"以粮为纲"进行毁林、牧、围湖造田和搞人工平原等现象，导致了农业农村生态环境恶化。虽然 1973 年开始国家提出了环境保护的方针和政策，也建立了相应的环境保护管理机构，但该时期的环境治理工作更多以工业和城市为主。总体而言，国家在此阶段主要强调农业经济发展和提高粮食产量，其中并未过多关注农村的自然环境，但增施化学肥料、过度开荒和农药激增等对农村自然环境产生了影响。

第二阶段（1977—1994）：初创时期。该阶段处于"五五计划"至"八五计划"，改革开放初期乡镇企业蓬勃发展但也伴随严重的工业污染；同时生产责任制促使农业农村生产形势向好，如 1980 年农业总产值为 2187 亿元，粮食产量 3.2 亿吨；1990 年农业总产值为 4037 亿元，粮食总产量突破 4 亿吨台阶达到 4.35 亿吨。然而，农药和化肥等大量施用造成大规模农业面源污染，如有机氯农药对蔬菜、粮食等农业生产污染日益严重，1983 年国务院决定全面停止使用、生产

六六六和 DDT。1984 年《关于加强环境保护工作的决定》和 1985 年《关于开展生态农业，加强农业生态环境保护工作的意见》，提出了推广生态农业的要求；1989 年正式实施的《环境保护法》明确规定要 "各级人民政府应当加强对农业环境的保护，合理使用化肥、农药及植物生长激素"。总体而言，该阶段中国环境保护事业得以新的发展，但其重心是防治工业污染和控制城市环境治理急剧恶化的趋势，而农村环保工作仍缺乏具体行动、针对性政策等；但不可忽视的是这一阶段初步形成的一些环境管理制度仍为农村环境污染防治提供了基本依据和组织基础。

第三阶段（1995—2001）：开拓时期。《1995 年中国环境状况公报》首次将农村环境纳入其中，并指出 "环境污染呈现由城市向农村急剧蔓延的趋势；据初步调查，全国 2/3 的河流和 1000 多万公顷农田被污染"；《1999 年中国环境状况公报》明确指出 "部分地区和城市环境质量有所改善，农村环境质量有所下降"。该阶段农业农村环境呈现出点源污染和面源污染共存、农村生活污染与农业生产污染叠加、乡镇企业污染和城市污染转移威胁共存的局面。在此形势下，"九五"计划明确要求 "控制人口增长、保护耕地资源和生态环境，实现农业和农村经济的可持续发展"；1998 年国家环保总局成立农村处作为农村环保专门部门；1999 年国家环保总局出台了《国家环境保护总局关于加强农村生态环境保护工作的若干意见》，这是第一个直接针对农村环境保护的政策；2001 年颁布了《畜禽养殖业污染物排放标准》。总体而言，该阶段农村境保工作侧重农村改水、改厕，畜禽养殖污染防治等单个领域，相依的政策指南已逐渐塑形，但其总体目标在于农业污染防治。

第四阶段（2002—2012）：加速时期。该阶段农药化肥、畜禽养殖等污染成为农村主要污染源。2002 年农药使用量为 131.1 吨、化肥施用强度为 443 千克/公顷（发达国家设置安全上限为 225 千克/公顷）；2007 年《第一次全国污染源普查公报》显示，畜禽养殖业所产生的 COD 和氨氮分别占农业源排放总量的 95.8% 和 78.1%，占全国 COD 和氨氮排放量的 41.9% 和 41.5%；2012 年农药使用量为 180.6 吨（为历史最高点）、化肥施用强度为 528 千克/公顷。《国家环境保护"十五"计划》中明确 "将控制农业面源污染、农村生活污染和改善农村环境质量作为农村环境保护的重要任务"；2005 年十六届五中全会首次提出建设"社会主义新农村"；2008 年环境保护部成立，设立农村环保专项资金，通过"以奖代补""以奖促治"等方式投入 5 亿元资金（2012 年增至 55 亿元）；2010 年出台了《全国农村环境连片整治工作指南（试行）》。总体而言，党的十六大以来，党中央、国务院提出树立和落实可持续发展观，也对农村环保工作日益重视，尤其是诸多农村环境保护的法规、政策及标准在该阶段建立健全。而且整治范围和区域由单领域、示范点转向农业社会、经济和环境多领域、区域连片整治。

第五阶段（2013 年至今）：深化时期。党的十八大以来，生态文明建设融入社会经济发展方方面面，加强生态保护和农村环境保护也成为其内在要义。2013 年中央 1 号文件明确提出"关于推进农村生态文明、建设美丽乡村的要求"，同年农业部出台了《关于开展"美丽乡村"创建活动的意见》；2014 年修订的《环境保护法》在农业污染源的监测预警、农村环境综合整治、防治农业面源污染和财政预算中安排农村环保资金等方面做出规定，为深化农业农村环境保护奠定扎实基础；同年国务院出台了《关于改善农村人居环境的指导意见》；2015 年中央 1 号文件明确提出农业生态治理和全面推进农村人居环境整治，同年 4 月农业部发布的《关于打好农业面源污染防治攻坚战的实施意见》提出了"一控两减三基本"目标；同年 11 月住房城乡建设部等部门发布了《关于全面推进农村垃圾治理的指导意见》；2017 年环境保护部、财政部联合印发《全国农村环境综合整治"十三五"规划》；2018 年中共中央、国务院印发了《农村人居环境整治三年行动方案》。总体而言，该阶段进入了农业农村环境保护的全面深化时期，打破以往政策的割裂式和碎片化，将环境污染防治与农业、农民等有效结合；从农村环境综合整治的顶层设计到农村饮用水水源、生活垃圾及污水，畜禽养殖污染和农药化肥等细分领域的政策配套，绿色发展和美丽宜居已成为农村环境保护的主旋律。

二、我国农村环境保护的制度类型及其困境

由前文政策演变可看出，国家高度重视农村环保工作，且近些年来农村环境

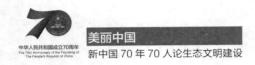
整治取得显著成效。然而，我国农村环境形势严峻及问题依然突出，目前仍有40%的建制村未有垃圾收集处理设施，78%的建制村未进行污水处理等。为进一步探寻政府为应对农村环境污染而设计的制度类型，以下从国家政策、部门规章和技术标准等角度具体分析。

国家政策层面，农村环境治理制度安排核心为"以奖促治"政策，此政策属于激励性工具，即通过中央专项资金奖励形式促进地方农村环境保护及带动地方加大投入。后续"改善农村人居环境"政策也处于核心作用（但并未替代"以奖促治"政策），该政策更具包容性和民生性，不局限于农村环境问题而是拓宽至公共设施、居住条件和环境卫生等方面，但早期工作主要集中于农村垃圾治理。2018 年，党中央、国务院出台了《乡村振兴战略规划》，以系统工程思路更为全面、科学地将生态宜居与产业兴旺、生活富裕、乡风文明和治理有效等密切结合，为推动农业绿色发展和持续改善农村人居环境提供有效制度支撑。

在部门规章上，农村环境保护涉及农业、环保、水利、住建、国土资源和卫生等部门，且各部门针对不同污染源出台了相应规章，也因分散治理而导致"九龙治水"或资源浪费。部门规章中较为综合的政策是原环保部的"农村环境连片综合整治"和原农业部的"美丽乡村"，前者是为深入推进"以奖促治"政策，防止分割式整治而对地域相对聚集的多个村庄实施同步和集中整治，后者目的在于将农业产业结构、农民生产生活方式与农村资源环境结合起来。2018 年，机构改革中将分散于各部门有关农业农村职责集中于农业农村部，而农业农村环境监管指导等职责转移生态环境部，这有利于改善政出多门困局和提高农村污染防治效率。

在技术标准上，畜禽养殖业污染物排放、农村生活污染控制和农村饮用水水源地环境保护等标准都已设立，但分区分类分级等针对性不强，尤其是我国幅员辽阔，农村自然禀赋差异大且经济发展参差不齐。以农村生活污水为例，目前存在适用范围不清晰、控制指标选取及排放限值不合理等问题，诸多省份主要参照《城镇污水处理厂污染物排放标准》对农村污水设计标准和管理。甚至在畜禽养殖、农业生产等方面实行"一刀切"标准，强制性采取禁养和禁种等方式，将生态环境保护与农民生计及意愿对立起来，而不考虑农村区位条件、经济发展水平、人口聚集程度和人居环境改善需求等因素。

进而言之，当前农村环境保护主要依赖行政力量推动，即以"农村环境连片整治"和"美丽乡村建设"等项目运作。在当前压制型体制和分税制等大背景下该方式具有其特殊性和合理性：一方面，农村环境保护属于一项公共物品，国家政府通过转移资源形式配置资源以项目投资拉动经济增长，与之同时促进农村环保公共服务也得以有效投入或全覆盖，并调动地方政府积极性或依赖性；另一方面当前各地方政府债务较为严重，若不抓项目便无法利用农村环保专项资金弥补环保基础设施缺口，再加上大部分村、乡政府财政收入较少，无力承担环保建设与运维等费用，亟待以项目形式保障资金需求。不容忽视的是，农村环保项目制运行也存在弊端：一是现有治理水平与治理需求相差较大，即拿项目和完成验收成为基层政府治理农村环境的首要目标，反而长效运维（环境治理是否可持续、成本收益是否匹配等）成为次要目标或根本未纳入议程，实践中诸多农村生活污水设施"示范"之后"晒太阳"，被当地老百姓称为"环保垃圾"。二是政府的"大包大揽"极易忽视社会资源和村民与村集体等力量，且现有财政资金难以应对我国60万个行政村的环保需求，若按农村环境治理费用平均110万元/村，不考虑运维等费用仅建设总费用高达6600亿元（按当前中央年平均投入44亿元的数字估算，需150年）。三是项目安排及资源配置来自不同部门主体，如住建部门的生活垃圾与污水处理资金，农业部门的畜禽养殖污染治理或户用沼气资金，卫生部门的改水改厕资金，水利部门的饮用水及河道整治资金等。有限的农村环保资金的碎片化和分散性极易导致资源配置低下，这与农村环境的系统整体性完全不兼容。

三、国外农村环境治理历程及经验

伴随城市化、工业化和现代化等发展，乡村相对衰落是全球面临的普遍问题。从发达国家农村演进来看，并未见得农业占GDP比重的下降或农业人口的减少，就意味着农村地区的消亡，反而当前诸多国家农村呈现出风光美丽、韵味十足和安宁祥和的生态景象，尤其在后工业时代使得农村发展及生态环境获得重大价值

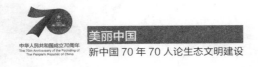

空间。

通过 Word Bank 数据显示，截至 2016 年年末全球共有 33.4 亿农村人口，占总人口比例 46.1%（2007 年全世界城市人口首次超过农村人口），其中中国农村人口为 5.8 亿（到 2035 年基本实现现代化时，仍会有 4 亿农民）。新加坡、日本、英国、美国和中国的农村人口占各国总人口比例依次为 0、1%、17%、18% 和 44%。在农业人口迅速向非农业部门涌动的社会变迁中，农村建设、农业发展及农民流向是每个国家所必须经历的过程，且当前一些发达国家或地区已完成或消解该过程的阵痛并恢复美丽乡村原貌。

①英国。英国是全球最早推动城市化进程国家之一，更是农村人口向城镇流动开始得最早、流动规模最大和农村人口占比下降最快的国家。随着农业在国民经济中的比重下降，如从 1801 年的 32.5% 下降至 1901 年的 6.1%，但 1901 年之后其农业生产总值占比并未出现大幅度削减，1951 年的比重为 4.7%。其中 77% 土地都处于农村（欧洲的平均数 40%）。英国及时认识农村凋敝与乡村发展落后的危害并对该现象进行扭转，将农业发展与农村环境治理融合城市发展，以标本兼治方式从源头控制农业污染，利用资本替代劳动力方式大力支持农村文化及生态保护，也通过税费和政府补贴等经济手段控制面源污染；同时不断完善农业污染治理的法律体系（如控制公害法将污染污染物流入水中视为犯罪），也极为注重政府和公众间有效互动和信息公开。

②美国。美国以农业开国，1787 年农业人口占总人口 90%；到 1920 年城市人口开始超过农村人口。20 世纪初期，随人口外移推动农业集约化迅速发展，该过程付出巨大的环境代价，农地迅速流失，大量施用农药化肥导致耕地板结和有机质减少，致使水污染十分严重，全美 47 条主要河流湖泊中 40% 面积受到污染。由此，美国及时制订相应法律政策，如 1936 年制定第 1 个面源污染控制法，再加上高科技在农业广泛应用，其机械化规模精准施肥及 GPS 定位系统等有效扭转污染局面，每个农民至少可耕作 3000 亩土地。总体上，美国以系统性方式通过诸多项目带动农业农村环保，注重技术和经济等多种手段综合应用解决不同类型污染和适应各类农场的需要，以解决技术适用和长效机制等问题，主要依靠鼓励农民自愿采用环境友好的替代技术，也鼓励社会组织及机构等主体介入农村

环境领域。

③日本。日本在 20 世纪 60 年代农村开始出现空心化，连锁效应是农业人口减少和高龄化，在此期间农业面源污染极为严重，且钢铁和采矿等高污染行业向农村集聚，由此造成农田、水源、食品安全等环境问题频发。为应对该系列农村污染问题，基于农村整体发展出台法律法规，加大农村环境治理投入，培育农村环保 NGO 和开展"一村一品"等。例如相继出台《山村振兴法》《过疏法》和《特定农村法》等保护农村环境和解决农村衰变等问题，政府通过《特定非营利活动促进法》引导城市环保 NGO 向农村环境领域倾斜。日本在造村运动中重视规划，积极将农业农村环保融入其中，而且农村环境治理项目的运营、服务与监管等由政府、企业及用户共同参与完成，尤其是强化基层农协组织建设，比如资金投入，技术引进和环保意识培育等。

四、未来我国农村环境保护需处理好的四大问题

农村环境保护是一项民生福祉工程，也是实施乡村振兴战略的重要任务，更是全面建成小康社会亟待补齐的短板。结合我国农村环保困境以及借鉴国外经验，并基于自身实地调研经验，笔者认为，农村环境保护工作需以系统性思维理清以下几个重点问题。

一是处理好环境整治与乡村振兴。环境整治是美丽宜居农村的基石，乡村振兴是环境整治持续投入的保障。具体而言，在摸清农村区域家底和整合涉农资源基础上，环境整治方案要与本区域的乡村振兴规划相吻合，尤其要与未来人口规模及其紧凑性、田水树生态要素和村庄功能布局等有效衔接，避免后续重复建设及资源错配，例如农村道路硬化将大幅度提高污水管网铺设成本，不考虑成本收益对偏远地区人口稀少（即将合并村庄）投入大量资源。另一方面，实施乡村振兴战略，需以绿色发展引领，善于从乡村传统中汲取生态产业智慧，利用效益高、质量好的产业发展激活农村集体经济，把产业兴旺融入农村人居环境整治的全过程，以发展的视角解决农村脏乱差问题，最终实现百姓富、生态美的统一。

二是平衡好政府投入与群众动员。农村环境整治作为一种典型的公共物品，

各级政府需承担主导责任，尤其是需落实县级党委和政府农村环境保护主体责任，但并不意味着政府的大包大揽，抑或在决策、运维和投入等阶段让社会力量和农民靠边站。具体而言，政府应以相适应、合理的投入方式兼顾硬件设施建设和后续自治能力的培育和发展，完善村规民约实现农民自我教育和生态自觉等。在此基础上，激活基层党组织、乡贤能人和社会资本等力量，尊重农民意愿并充分发挥当地社区在资源配置上积极性作用，提升农民参与的自觉性、积极性与主动性，例如吸纳种田能手、清洁家庭、从事有机农业村民等人员意见，从而确定环境整治的优先顺序。

三是发挥好设施建设与长效管护。建管并重是农村环境整治成功的关键点，针对"有人建设、无人运营"和"建得起、用不起"等困局，亟待理顺工程建设及长效机制的作用逻辑，即要坚持先建机制、后建工程。具体而言，可依据村集体经济水平及村民意愿合理确定投融资模式和运行管护方式，例如采取"向上争一点、政府投一点、集体筹一点、农民拿一点"的资金投入模式合理分担治污费用；再根据地理、民俗、经济水平和农民期盼，以及统筹兼顾农村田园风貌保护和环境整治，采用适合本地实际的工作路径和技术模式，防止建设形象工程和政绩工程，抑或硬套城市环境治理模式。例如因地制宜地建设人工湿地、生态沟塘和植被等过滤设施处理生活污水，将厨房等易腐垃圾堆肥，最终开发一些好用不贵、易懂易学的"土办法"，久久为功确保各类设施建成并长期稳定运行。

四是兼顾好末端治标与源头治本。农村环境整治既要治标更要治本，不能简单就"环境治理"而忽视农业农村大格局。农业机械化及省力化发展、农民文明健康意识提高、公共基础设施配套和村镇服务体系重构是农村环境整治之本，要将技术工程末端治理与生产生活源头控制相结合。具体而言，引导有条件的地区将乡村生态优势转化为发展生态经济的优势，促进生态和经济良性循环。例如利用特色产业、休闲农业、乡村旅游等优势促进农村环保基础设施改善，实现农村环境整治与产业融合发展互促互进。条件不具备的地区要结合农村中长期发展规划，依据农村半自然生态系统的修复能力，并统筹涉农的"种子"资金推动农村环境保护项目实施落地，核心以农业省力化、无臭化为导向，探索一条成本低、易运维及治理有效的环境治理模式。

参考文献

[1] 韩冬梅，刘静，金书秦. 中国农业农村环境保护政策四十年回顾与展望[J]. 环境与可持续发展，2019，44（2）：16-21.

[2] 曲格平. 中国环境保护事业发展历程提要[J]. 环境保护，1988（3）：2-5.

[3] 乐小芳，栾胜基，万劲波. 论我国农村环境政策的创新[J]. 中国环境管理，2003（3）：1-4.

[4] 朱琳，孙勤芳，鞠昌华，等. 农村人居环境综合整治技术管理政策不足及对策[J]. 生态与农村环境学报，2014，30（6）：811-815.

[5] 杜焱强，包存宽. 推进"美丽乡村"建设[N]. 解放日报，2018-03-27.

中华人民共和国成立70周年
The 70th Anniversary of the Founding of
The People's Republic of China

学习贯彻习近平
生态文明思想

习近平生态文明思想学习的几点体会

⊙ 曲格平

（中华环境保护基金会名誉理事长）

　　党的十八大把生态文明建设纳入"五位一体"的总体布局以来，我一直处于一种兴奋状态，党中央的决策极大地提高了环境保护的地位和作用，这正是环境保护部门同志们多年盼望的好形势。党的十九大更是把美丽中国作为建设社会主义现代化强国的重要目标。也就是从物质文明、政治文明、精神文明、社会文明、生态文明五位一体的高度，把社会主义现代化强国目标从"富强民主文明和谐"丰富为"富强民主文明和谐美丽"，凸显了发展的整体性和协同性。使得建设社会主义现代化的中国特色更为鲜明，新时代的特征更为突出。十三届全国人大一次会议上，把生态文明写入了《宪法》，同时还决定组建生态环境部，既通过《宪法》把生态文明上升为国家意志，又为生态文明建设提供了组织保障。2016 年起，中央环境保护督察组对各地的环境保护工作进行督察，督察的做法和力度，都是前所未有的，并富有成效。

　　这些事一次次给我带来惊喜，一次次让我感到振奋，一次次使我受到鼓舞，我清楚地看到我国不仅找到了具有中国特色的环境保护道路，而且有效地将环境保护与经济、社会、文化发展融为一体，与物质文明、政治文明、精神文明、社会文明有机结合。

　　从传统以污染治理为主体的环境保护，变为以生态文明建设为主体的环境保护，这是我国环境保护的一次革命性的变化，无论怎样评价这个变化的意义都不

为过。我目前关注的就是怎样实现这个转变，怎样做好这个转变。

一、在不断自我革新中由新的起点推向新的阶段

我国的环境保护与发达国家具有明显不同的特点。发达国家是在工业化过程中忽视环境保护，先造成了污染，受到惩罚，后来才不得不进行治理，付出了高昂代价。周恩来总理高瞻远瞩，一再指出我国是一个发展中国家，要接受发达国家经验教训，在环境问题还不太严重的情况下，就开始抓环境保护，避免重走发达国家"先污染后治理"的老路。但是，人们缺乏发达国家遭受污染的体验，特别是当时正处于"文化大革命"一片混乱之中，很难接受环境保护的观念。有人认为环境污染是资本主义的产物，社会主义中国不存在污染；有人认为经济建设最重要，最当紧的还是把经济搞上去；也有人认为先污染后治理是规律，中国也不例外。周总理排除这些干扰，坚持推进环境保护工作的开展，建立起环境保护管理机构：国务院环境保护领导小组下设办公室，人们将它简称为"国环办"，我任当时的办公室副主任。这是临时性的机构，但因是周总理亲自抓，而且有国务院的这块大牌子，还是有很大的影响力。那时环境保护部门规格低、声音小、力量弱，虽然竭尽全力地大声疾呼加强环境保护，可还是没能避免环境污染和生态破坏，走了边污染边治理污染、边破坏边修复的路子，在治理污染和修复生态的过程中提高对环境保护的认识，致此环境保护部门在很长时间里的工作很被动。因此，我才有西西弗斯反反复复向坡上推石头的感慨。实际上，我们推的不是那个冰冷的体积不变的巨石，我们所推的环境保护是有生命的，而且它的体积越推越大，即使是在我们有挫败感的时候，环境保护工作也不是从原点上重复推起那块巨石，而是由新的起点推向新的阶段。有个省会城市环境保护局局长深有体会地说："环境保护是个神奇的领域，总在不断变化，不断自我革新，虽然干得很艰难，但是很有魅力，总是在慢慢推进。"

西西弗斯受到神祇的惩罚，不得不"从事徒劳无功和毫无希望的工作"。但是它揭示了更崇高的真诚，这真诚举起了巨石而否定了神祇。"它把神祇赶出了这个世界。它使命运成为人的事务，必须由人自己来解决。"从这一点看，我国

古代神话中的愚公移山、精卫填海、女娲补天、后羿射日等，所表达的那种大无畏的气概和艰苦奋斗的精神，更能反映我国环境保护人的精神风貌。

二、新中国 70 年来环境保护总体形势喜人

从 1979 年颁布第一部《环境保护法》到现在的 40 年里，环境保护工作发生了巨大变化。起初我们是在摸索中探路，花了很长时间才找到了"三大政策"（预防为主防治结合、谁污染谁治理、强化环境管理）和"八项制度"（环境影响评价制度、"三同时"制度、排污收费制度、环境保护目标责任制度、城市环境综合整治定量考核制度、排污许可证制度、污染限期治理制度、污染集中控制制度），并且在全国得到推行，使得环境保护特别是环境管理工作有章可循。现在我们要把环境保护推向以生态文明建设为主体的更为广阔的领域，党和国家领导人已对生态文明建设指明了方向，使我们充满了理论自信、道路自信、制度自信和文化自信。

1980 年前后，各地纷纷成立了环境保护局，但是从业人员都是对环境保护一无所知，能调入一些学化学或者搞化工的人，那就是技术骨干了。现在的环境保护队伍，环境保护专业人才已经极为普遍，硕士和博士也不稀少，整个队伍的专业素质有了很大提高。

20 世纪八九十年代，是普及环境保护知识的重要时期，那时几乎所有的人都分不清环境保护和环卫，以为环境保护就是扫马路那回事。对环境保护的专业了解得更为有限，像 TSP（总悬浮颗粒物）这个名词，即使是干环境保护的人也只有少数技术人员知道它是什么，可是现在几乎全社会的人都知道了 $PM_{2.5}$（细颗粒物），知道了霾天气要戴口罩。

1987 年国务院环境保护委员会在山西太原召开全国大气污染防治会议，那时当地的污染很严重。环境保护局有个同志告诉我，他骑车上班在路上走半个多小时，不戴眼镜，灰尘总在迷眼，戴上眼镜，脸上就出现了两只熊猫眼，深色的裤子上能清清楚楚地写出字。那时，兰州也有一个顺口溜形容当地的空气质量："太阳和月亮一个样，白天和黑夜一个样，鼻孔和烟筒一个样。"这样的污染程度，

现在的人们是很难想象的。

目前的环境质量虽然还有很多不尽如人意的地方，但是，全国各地的环境保护质量确实是发生了翻天的大变化。如今的太原，即使是穿了三五天的衬衣，领子也没有当时穿一个小时那么脏。这个成就真让我这样的老环境保护人感到欣慰。

按照党的十九大的部署，到 2020 年我们要全面建成小康社会。在这个决胜期，要打好气、水、土为主的污染防治攻坚战。打好污染防治攻坚战，是要保证实现全面建成小康社会的目标，为到 2035 年基本实现社会主义现代化，生态环境根本好转，美丽中国目标基本实现打好基础。有了生态环境的根本好转，到 2050 年把我国建成富强民主文明和谐美丽的社会主义现代化强国，这是诱人的，也是可以实现的。

污染防治的任务艰巨，必须加以细化，打好几场标志性的重大战役，这就形成了蓝天保卫战、柴油货车污染治理、城市黑臭水体治理、渤海综合治理、长江保护修复、水源地保护、农业农村污染治理等七大战役。这七大战役所针对的内容，都是我们治理了多年、还没有很好解决的老大难问题。现在所做的安排，比以前有了很大的进步，科学性得到进一步的加强。比如打赢蓝天保卫战是以京津冀及周边、长三角、汾渭平原等重点区域为主战场，以秋冬季、采暖期为重点时段，强化区域联防联控，加大产业结构、能源结构、运输结构和用地结构的调整优化力度，进一步降低 $PM_{2.5}$ 浓度。主战场中增加了汾渭平原，它是黄河流域汾河平原、渭河平原及其台塬阶地的总称，包括山西省、陕西省和河南省的一些地区。这是环境保护的一个新战场，表明我们对跨区域环境问题的认识深化了。三省党委、政府能够与生态环境部一起协调行动，采取区域联防联控的综合措施，共同啃这块硬骨头。这样做，足以反映各地对环境保护积极而坚决的态度，说明我们有条件、有能力解决老大难问题，这就是我们打赢这场攻坚战的力量所在。

到 2020 年只剩下一年的时间了。要在短短的一年时间内赢得这七大战役，真是时间紧、担子重、压力大，攻坚的劲头只能加大不能减弱。

三、对于生态环境工作的几点思考

（一）学习和践行习近平生态文明思想

生态环境工作不仅仅是生态环境部的工作,而且是关系我国怎样发展的道路问题,也是关系全国人民生活质量的切身问题。因此必须进一步提高对生态环境问题的认识,最根本的一点就是要学习和践行习近平生态文明思想。习近平生态文明思想是确保党和国家生态文明建设事业发展的强大思想武器、根本遵循和行动指南,表明我们党的执政理念和执政方式已经进入新的理论和实践境界。确立习近平生态文明思想的指导地位,表明生态文明建设在社会主义建设事业中的地位发生了根本性和历史性的变化,要自觉地用生态文明统领经济社会发展全局。千万不要再把生态文明建设和生态环境工作只是当作一个部门的一项工作。

（二）要加快构建生态文明体系

这也是一个需要全社会共同努力的巨型系统工程。它包括以生态价值观念为准则的生态文化体系,以产业生态化和生态产业化为主体的生态经济体系,以改善生态环境质量为核心的目标责任体系,以治理体系和治理能力现代化为保障的生态文明制度体系,以生态系统良性循环和环境风险有效防控为重点的生态安全体系。20 多年前,《中国 21 世纪议程》提出环境是"自然资本"来源的概念。一般认为,环境是自然资源。当我们开发自然资源包括它的各个要素的时候,是否想到了自然资源也是很重要的自然资产?这样就有三个概念出现:自然资源、自然资产和自然资本,只有搞清楚了它们的关系以及转化的条件,才有可能实现生态的产业化。现在有关气、水、土的治理,如果能用资源、资产、资本的概念加以认识,就可以提高对"绿水青山就是金山银山"的理解,大大深化生态环境工作的力度。

（三）把转变经济发展方式作为构建生态经济体系的重中之重

大家知道，生态环境问题产生于经济发展中，与经济发展方式密切相关。早在 20 世纪 80 年代初，我国著名经济学家许涤新就提出要处理好经济发展与生态环境之间的关系，倡导研究生态经济学。1984 年，我参加了中国生态经济学学会成立大会，还担任了副理事长。从那时到现在，我国的生态经济学和生态经济得到长足的发展，我们应该很好利用丰富的研究成果和实践经验，认真总结我国生态经济的实践。同时要高度重视"生态产业化"和"产业生态化"，有效地推进生态要素向生产要素、生态财富向物质财富的转变，更多更好地把发展经济的基础转到生态资源和生态系统优势上，真正把转型发展转到发展生态经济上来，使之成为生态文明社会建设的坚强物质基础和丰硕成果。

（四）构建人类命运共同体

党的十八以来，"人类命运共同体"思想已经成为习近平总书记以全球视野、全球眼光、人类胸怀，积极推动治国理政更高视野、更广时空的全球性理念。党的十九大，习近平总书记又发出了中国要做"全球生态文明建设的重要参与者、贡献者、引领者"的号召。

自从 1972 年参加联合国人类环境会议以来，我多次参加了各类国际会议，对环境保护奉行的"我们只有一个地球"的理念感受日益深刻。我国为保护地球环境而做的所有事情，是最具全球视野的事业，这些工作一直推动着我国参与国际合作。

习近平生态文明思想，把我国生态环境建设提升到前所未有的高度，开辟了马克思主义人与自然关系新的理论和实践境界，为人类社会建设生态文明这种崭新的文明形态，确立了科学的世界观、价值观、实践论和方法论，也旨在把全人类共同拥有的生态系统打造成人类命运有机共同体。我国作为第二大经济体，实现中华民族伟大复兴的历史进程，直接影响发达国家在全球生存环境和生态资本再分配方面的角逐，生态环境越来越成为与政治、经济、民生工程和国际治理、全球博弈密不可分的综合性问题。因此，我们既要积极参与应对气候变化等重大国际行动中，又要切实推动国内的绿色发展、绿色增长，还要通过"一带一路"等多边合作机制，为构建人类命运共同体做出我们应有的贡献，同时牢牢掌握新的国际话语权，体现负责任大国的担当。

（五）全社会都要承担生态文明建设的任务

如果说污染治理和生态修复，与每个公民还有一定距离的话，那么，体现更高质量发展、更高水平生活的生态文明建设，就与每个公民的福祉息息相关。所有的人都要从农业文明、工业文明之中走出来，向着生态文明这种新的文明形态前进，都要用生态意识促进自己思想观念的深刻转变，提高自己的生态素养和行为规范，正确处理人与自然之间、人与环境之间、人与人之间的关系，增加自己参与生态环境建设的程度，最切实的行动就是从身边做起，做好节水、节电、节能，不乱扔垃圾，举报污染行为等。

持续推动建设生态文明迈上新台阶

⊙ 陈存根

　　（中央国家机关工委原副书记）

　　2018 年 5 月 18 日，中央召开全国生态环境保护大会，大会突出的亮点是清晰阐明了习近平生态文明思想。习近平总书记在会上发表题为《推动我国生态文明建设迈上新台阶》的重要讲话，是新时期推进生态文明、建设美丽中国的总遵循、总指针、总方略。

一、习近平生态文明思想精髓要义博大精深

　　习近平生态文明思想是习近平总书记长期以来深入思考和丰富实践的结晶，传承了中华民族千年优秀生态文化，继承和发展了马克思主义，集中体现了社会主义生态文明观，是习近平新时代中国特色社会主义思想不可分割的有机组成部分。习近平生态文明思想含义博大精深、理论基础坚实、文化底蕴厚重、实践经验丰富，突出体现在以下几个方面。

　　（一）促进人与自然和谐相处是实现经济社会可持续发展的基本遵循

　　人类文明发展的历史是一部人类认识自然、顺应自然、利用自然、与自然相互作用改造自然、促进人类社会发展的历史。马克思认为，人类生存发展离不开自然界，生活资料、生产资料等都来源于自然，自然物构成人类生存的客观条件，

人类在同自然的互动中生产、生活、繁衍，人类善待自然，自然也会馈赠人类。"如果说人靠科学和创造性天才征服了自然力，那么自然力也对人进行报复"，恩格斯说："不要过分陶醉于我们对于自然界的胜利，对于每一次这样的胜利，自然界都报复了我们"。人与自然的辩证关系是人类发展的永恒主题，在人类文明记载史上，古代埃及、古代巴比伦文明的衰落，楼兰文明的消失，我国黄土高原、河西走廊从古代森林繁茂、水草丰美到现在沟壑纵横、戈壁荒漠的演变等，无一不是由于人类对自然过度索取导致生态环境衰退引发文明危机的惨痛教训。习近平总书记"人与自然是生命共同体"的论断，一语道破人与自然关系的真谛。他指出，要实现可持续发展，必须尊重自然、顺应自然、保护自然，"要像保护眼睛一样保护生态环境，像对待生命一样对待生态环境"。他站在人类历史发展的高度，着眼国家富强、民族复兴和人民幸福，做出了"生态兴则文明兴，生态衰则文明衰""生态文明建设是关系中华民族永续发展的根本大计"的科学论断。

（二）保持良好的生态环境是实现普惠民生福祉的基本条件

改革开放以来，我国经济社会快速发展，人民物质生活水平极大提高，精神生活也日益丰富，即将全面建成小康社会。但是生态环境问题已成为全面建成小康社会的阻梗，突出表现在，一些地方重污染天气、垃圾围城、饮水污染、土壤重金属含量超标等环境问题频发，群众反响十分强烈，社会极大关注。人民群众对干净的饮水、清新的空气、安全的食品、优美的环境期盼越来越强烈，生态环境质量直接影响人民群众生活幸福感受，并且地位日益凸显。习近平总书记积极回应人民群众的关心和期盼，明确指出"环境就是民生，青山就是美丽，蓝天也是幸福"，良好生态环境是最普惠的民生福祉，并将推进生态文明建设，为人民提供更多优质生态产品和优美生态环境确定为我党的执政使命和奋斗目标，要求大力推进生态文明建设，提供更多优质生态产品，不断满足人民日益增长的优美生态环境需要。

（三）保护绿水青山成就金山银山是实现绿色发展的基本途径

针对普遍存在的将生态保护和经济发展两者对立起来的问题，习近平总书记

多次在不同场合强调，"既要绿水青山，也要金山银山"。宁要绿水青山，不要金山银山，而且"绿水青山就是金山银山"。绿水青山代表了自然生态环境和生态效益，金山银山代表了社会经济价值和经济效益。我们既要发展社会经济，也要保护生态环境，追求人与自然的和谐、社会经济发展与生态环境保护的协调。在社会经济发展与生态环境保护出现矛盾时，我们更看中后者，选择保护生态环境。但是，绿水青山和金山银山两者也并非"鱼与熊掌不可兼得"，关键在人，关键在思路。习近平总书记指出，"要树立自然价值和自然资本的理念，自然生态是有价值的，保护自然就是增值自然价值和自然资本的过程"。所以，我们在严格保护好绿水青山的同时，要科学利用好绿水青山的作用，通过大力发展生态产业，让绿水青山源源不断地转化为金山银山。

（四）统筹山水林田湖草系统保护治理是实现协调发展的基本方式

山水林田湖草是整体的自然生态系统，是相互联系、不可分割的有机组成。枝叶繁茂的树木、结构完善的森林，可以有效截留降水、涵养水源、固土养肥，防止洪涝灾害和水土流失，可以将源源不断的水流缓缓地输送入河流湖泊，灌溉田地作物和补充土壤养分，并营造和维持适舒、优美的人居生态环境。在山水林田湖草大生态系统中，人作为其中的一分子，是最终受益者，也是其中最活跃、影响最深刻的因素。山水林田湖草这个大生态系统通过物质和能量流动维持动态平衡，一旦某一个因素发生变化，必将导致系统原平衡被打破，发生动态演替变化寻找新的平衡。历史上，由于人对自然的不合理开发利用和贪婪开采攫取，导致系统严重失衡引发重大自然灾害的例子不胜枚举，最终都伤害到人类自身。如阿尔卑斯山的意大利人砍光用尽看似不相关的枞树林，毁掉了本地高山畜牧业，带来了洪水问题。我国早期对森林的过度采伐、毁林开荒、围湖造田、乱垦滥牧、滥挖河道等引起的灾害比比皆是，对经济社会发展和人民群众生产生活造成的损失和创伤巨大而惨痛。习近平总书记强调，对待生态环境，"一定要算大账、算长远账、算整体账、算综合账，如果因小失大、顾此失彼，最终必然对生态环境造成系统性、长期性破坏"。

（五）强化红线的法律制度刚性约束是打好污染防治攻坚战的基本保障

长期以来，一些地方为加快发展经济和提高 GDP，编规划、上项目，大干快干，很少顾忌对生态系统及环境的影响，甚至一些工矿、化工企业，金钱利益至上，为了获得最大利益，尽可能省钱，对生产污染排放不采取净化措施，或减排仅仅走过场、做表象。习近平总书记要求，要坚决根除这种先污染、后治理、不治理的做法，要坚决摒弃这种吃祖宗饭砸子孙碗的路子。他指出，只有实行最严格的制度、最严明的法治，才能为生态文明建设提供可靠保障。所以，必须按照源头严防、过程严管、后果严惩的思路，建立行之有效的约束开发行为和促进绿色发展、循环发展、低碳发展的生态文明法律体系，健全产权清晰、多元参与、激励约束并重、系统完整的生态文明制度体系，为建设生态文明提供法律和制度保障。各地应当切实落实习近平总书记的要求，痛下决心、鼓足勇气、迎难而上，依法律管事，用制度管人，严格违法追究，让法律和制度成为打好污染防治攻坚战的刚性约束，把经济社会发展同生态文明建设统筹起来，全面推动绿色发展。

（六）推动各国共治是实现全球共建生态文明的基本方略

工业化以来，西方发达国家基本上都是走了"先污染、后治理"的路子，伴随工业化而来的温室气体排放、全球气温上升、北极冰山融化、极端气候频发等诸多全球尺度上不可逆的生态环境问题，给人类发展带的灾难和损失不可估量，埋下的发展隐患难以预测和防范。习近平总书记强调，人类是命运共同体，建设绿色家园是人类的共同梦想。生态危机、环境危机的挑战是全球性的，没有哪个国家可以置身事外，独善其身。所以，应当倡导各个国家联起手来，共同关爱地球，共同保护地球家园。推进"一带一路"建设是我国主导的实现全球共治的有效途径，通过积极参与全球环境治理，不断提高我国在国际事务中的话语权和影响力，引领"一带一路"沿线树立尊崇自然、绿色发展的生态文明理念，引导形成保护环境和促进可持续发展的国际秩序和国际合作，让生态文明的理念和实践造福沿线各国人民。

二、生态文明建设进展显著

在习近平总书记的正确领导下，近年来，生态文明建设体制机制逐步建立，相关制度不断完善，生态建设和环境治理工作稳步推进，成效十分显著。

（一）体制机制、制度设计不断健全和完善

（1）确立了建设生态文明的指导思想。生态文明建设已纳入统筹推进"五位一体"总体布局和协调推进"四个全面"战略布局，并作为重要内容写入了新修订的《中国共产党章程》，建设生态文明成为全党全国人民的统一意志和奋斗目标，这也是在全面决胜小康社会关键时刻，党中央对建设生态文明和经济社会发展做出的根本性、全局性和历史性的战略部署。

（2）基本形成建设生态文明的体制机制。通过新一轮机构改革，总体上形成了对自然资源资产、国土空间用途和生态保护修复的统一管理，统筹了森林、草原、湿地监督管理，加快了国家公园等自然保护地体系建设，整合生态环境保护监管等部门职责，实现了国土用途"多规合一"、污染排放统一监管、生态保护修复统一统筹的有效机制，为建设生态文明提供体制机制保障。

（3）完善了建设生态文明顶层制度设计。出台了《关于加快推进生态文明建设的意见》《生态文明体制改革总体方案》等重大方针政策，完善了多项法律法规有关建设生态文明的内容，建立了建设生态文明目标评价考核、自然资源资产离任审计、生态环境损害责任追究等多项制度，促进了绿色金融改革、自然资源资产负债表编制、环境保护税及生态保护补偿等政策制度的顺利实施，开展了生态文明体制改革国家级综合试验，进一步完善了建设生态文明的制度体系。

（4）建设生态文明已成为当前的重点任务。各级党委、政府将建设生态文明作为新时期的重要任务，各部门、事业单位、社会团体都在积极谋划和行动，建设生态文明已成为全社会的共识，全国人民万众一心、众志成城，为建设生态文明、建设美丽中国、实现中华民族伟大复兴的中国梦而努力奋斗。

（二）生态建设和环境治理实绩显著

（1）明确了生态保护的底线和目标。全国各地认真划定生态保护红线；明确了生态文明建设的目标任务、时间表、路线图，积极有序推动绿色发展。

（2）全国绿化美化快速发展。2012—2016 年，全国植树 116 亿株，完成造林 5 亿多亩，森林覆盖率达到 22.98%，森林面积达到 32 亿亩，森林蓄积量 165 亿立方米，300 多个城市开展了国家森林城市建设，全国自然保护区达 2750 个，中国成为同期全球森林资源增长最多的国家。

（3）大气污染治理取得明显成效。通过大力整治，取缔关闭高能耗、高污染企业，大力推进污染防治攻坚战，全国 338 个地级及以上城市可吸入颗粒物（PM_{10}）平均浓度降低；京津冀地区、长三角区域、珠三角区域 $PM_{2.5}$ 平均浓度明显下降。以北京为例，$PM_{2.5}$ 平均浓度从 2013 年的 89.5 微克/米^3 降至 2018 年的 51 微克/米^3，蓝天较往年增多，户外活动人群戴口罩的现象有所减少。

（4）地表水污染程度有所减轻。劣 V 类水体比例下降。2018 年，地表水国控断面 I ～III 类水体比例增加到 71.0%，劣 V 类水体比例下降到 6.7%。

三、建设生态文明依然面临严峻挑战

改革开放 40 多年来，我国经济建设取得了举世瞩目的巨大成就，经济总量已跃居世界第二。与此同时，随着经济的高速发展，也积累了大量生态环境问题，一些地方环境污染、生态失衡、水土流失、灾害频发的形势依然让人担忧，已成为建成生态文明、实现中华民族伟大复兴的突出短板，成为执政之忧、治理之患、民生之痛。

"胡焕庸线"的东南方国土面积占全国的 43%，水热条件充沛，但是其承载着全国 94%左右的人口和 96%的 GDP，人口压力、发展压力和生态环境压力十分巨大；"胡焕庸线"西北方国土面积占全国的 57%，自然条件恶劣，生态状况脆弱，所以仅供养大约全国 6%的人口，经济发展落后。对"胡焕庸线"的东南方，需要精心呵护，确保不出现重大生态环境风险，大力促进人与自然和谐共生。

对"胡焕庸线"的西北方，要加大对生态系统科学修复和综合治理力度，促进生态系统逐渐恢复，增强生态系统功能，为人类和经济社会发展提供更多的发展空间和更大的环境容量。

我国农业仍然以传统农耕为主，发展方式还是以改造自然、从自然索取为主，生产中化肥污染、农药污染、灌溉污染问题日益突出，转变农业传统耕作思维、耕作方式的道路还很漫长。在大力推进工业化发展的进程中，伴随而来的工业废渣、废气和污水对生态环境的污染情况也触目惊心。当前，全球经济下行压力加大，国际贸易摩擦越来越大，不稳定、不确定因素更加突出，面临的全球性挑战和突发性问题难以预测，发展的外部环境压力日益剧增。我国经济发展也进入了由高速增长转向高质量发展调整的新常态。推进建设生态文明，还有不少难关要过，还有不少硬骨头要啃，还有不少顽瘴痼疾要治，可以说是压力叠加，负重前行，形势仍然十分严峻。

当前，我国社会主要矛盾已转化为人民日益增长的美好生活需要和不平衡不充分的发展之间的矛盾，人民群众对优美生态环境需要已经成为这一矛盾的重要方面。习近平总书记要求，要以壮士断腕的决心、背水一战的勇气、攻城拔寨的拼劲，加大力度推进生态文明建设、解决生态环境问题，咬紧牙关，爬坡过坎。加强生态文明建设已责不可卸、刻不容缓，必须下大力气推进！

四、促进生态文明建设的一些思路

建设生态文明，涉及的面很广，要做的工作也很多，需要依靠科学技术进步、经济先进发达、法规制度健全、社会发展协调、国家民众富足。要实现这些条件，关键在人，关键在思路，需要从人入手，促进人与自然和谐共生。应当加强以下几个方面的工作，积极激发和发挥人在生态文明建设中的主观能动性。

（一）在思想观念上树立生态文明道德观

至少应当包括"四德"：尊崇自然的美德、绿色发展的政德、保护环境的公德和尚俭戒奢的品德。尊崇自然的美德，从内心深处敬畏自然，按照自然规律办事，积极追求人与自然和谐共生。绿色发展的政德，发展为千秋万代计、为长治久安谋，处理好眼前和长远利益，"既要金山银山，又要绿水青山"，杜绝为私利拼资源、拼环境。保护环境的公德，做到保护环境人人有责，坚持清洁生产、低碳出行、绿色生活。尚俭戒奢的品德，坚持勤俭节约、艰苦朴素、文明健康的生活方式，爱惜每滴水、每粒米、每片绿、每度电，不铺张浪费、穷奢极欲、挥霍资源。

（二）让山水林田湖草生命共同体理念扎根人心

习近平总书记指出，人的命脉在田，田的命脉在水，水的命脉在山，山的命脉在土，土的命脉在林和草，山水林田湖草是生命共同体，是统一的自然系统，是相互依存、紧密联系的有机链条。所以，在政策制定、规划编制与项目实施等方面，要从系统工程的角度，通观和统筹全局，综合考虑区域山水林田湖草的生物生态特征、演替动态规律，全面谋划山上山下、陆上水上、地表地下、河流海洋的污染防治与生态保护，寻求系统治理和保护的最佳组合，进行部门联合、统筹考虑、整体施策、多措并举、协同推进，不能资源、林草、农业、水利等部门各管一摊、相互掣肘，要多部门联动深入实施山水林田湖草一体化生态保护和修复。

（三）加强科技创新增强发展原动力

科技是第一生产力，当前生态文明建设中要啃的硬骨头中有相当大的一部分是技术问题，所以，要加强科技创新，提高科技供给的质量，以科技创新为抓手，拆除阻碍建设生态文明的"篱笆墙"，打通"最后一公里"，促进科技创新和建设生态文明的精准对接，让科技在建设生态文明爬坡过坎中发挥应有的作用。因此，一方面要加强科技供给侧创新，加强新能源、新材料、新工艺、新模式的研究，注重低碳、环境保护、绿色、高效，为资源循环利用和节约利用探索新途径。另一方面，必须把提高生产科技含量作为促进经济转型和绿色发展的重要动力，加强已有科研成果的推广应用，使科技真正转化为生产力。要推进科技创新，就要把人才培养和优化机制摆在突出的位置，通过制度创新促进人才的培养，通过机

制优化促进技术的研发，要通过人才培养和技术研发，为推进以供给侧改革为主线的科技革命提供不竭的动力源泉。

（四）大力促进绿色产业发展

全国有 47 亿亩林地、60 亿亩草地、8 亿亩湿地、39 亿亩荒漠、8.7 万个物种，自然资源财富巨大，任何一个方面都能产生巨大的经济价值和社会效应，例如，竹子，可以生产竹笋、家具、竹炭、药材、纺织品、化工原料等产品，特别是近期热议的竹缠绕复合材料就是通过发挥竹子轴向拉伸强度高的天然属性而生产的新型生物基复合材料，可用于城建、市政、交通、水利等领域，能大量替代金属、塑料、水泥等传统材料，这将大大降低能耗和减少排放。全国有 1392 个 5A 和 4A 级旅游风景名胜区，大部分分布在山区、中西部地区，生态旅游和绿色产业不失为促进区域绿色发展的捷径。类似的情况拾目皆是。促进绿色发展，关键是思路，要坚定贯彻"创新、协调、绿色、开放、共享"五大发展理念，大力促进工农融合，用工业理念发展农业，用工业先进技术装备农业，提高农业现代化水平；大力促进城乡融合，将城市的发展理念引入乡村，用城市的管理模式引导乡村绿色产业发展，提高乡村发展水平；大力促进一二三产业融合，发展生态绿色、低碳环境保护和循环利用的产业链，最大限度地提高资源利用效率、降低能耗和减轻污染，提高经济社会发展质量，促进形成绿色的生产、生活和消费方式。

（五）严格生态环境保护的制度约束机制

依法治国，制度是关键，我国生态环境保护中存在的突出问题就是制度不完善、执法不严密、执行不到位、惩处不得力。保护生态环境、建设生态文明，首先要健全制度、落实责任。要建立完善的促进绿色发展的考核机制，建立自然资源资产负债表，落实生态环境损害赔偿制度，严格考核问责机制，落实主要领导干部生态文明建设责任制。对造成生态环境破坏后果严重的，必须追究其责任，实施终身追责，形成保护生态环境的高压态势。

（六）提高全社会建设生态文明的思想意识

建设生态文明和每一个人息息相关，要加强全民生态文明的教育，从娃娃和青少年抓起，从家庭、学校抓起，从一点一滴抓起，让生态文明宣传进入学校，进入家庭，使老师成为学生的榜样、家长成为孩子的榜样、成年人成为未成年人的榜样、市民成为进城农民的榜样，引导全社会树立尊重自然、顺应自然、保护自然的生态文明思想理念和行为规范，提高全民生态意识，规范生态行为，使之内化于心、外化于行，成为文化和生活习惯。唯其如此，生态文明建设才会有坚实可靠的思想基础、高度统一的社会认同、积极广泛的全民参与。

系统把握生态文明建设的亮点、难点、重点

◉ 李 军

（海南省委副书记、党校校长）

　　当前，我国生态文明建设正处于压力叠加、负重前行的关键期。认真回顾近年来我国生态文明建设实践，充分肯定成绩、深入剖析问题、理清工作重点，对加快推动生态文明建设向纵深发展、建设美丽中国具有重要意义。本文围绕生态文明建设的亮点、难点、重点，谈三点思考。

一、生态文明建设的亮点

　　党的十八大以来，以习近平同志为核心的党中央把生态文明建设作为关系人民福祉、关乎民族未来、事关"两个一百年"奋斗目标和中华民族伟大复兴中国梦的重要内容，采取一系列重大政策举措，推动生态文明建设发生历史性、转折性、全局性变化。可以说，亮点纷呈，成就辉煌，突出表现为五个"空前"。

　　（1）纳入"五位一体"总体布局——生态文明建设地位空前提高

　　党中央从整体着眼、全局出发，将生态文明建设纳入中国特色社会主义建设的总体布局，实现了从"两个文明"到"三位一体""四位一体"，再到今天"五位一体"的历史性跨越，并将"生态文明建设"写入党章和宪法，上升为党的主张、国家意志和全民行动，赋予生态文明建设前所未有的历史地位，充分表明我们党执政理念和执政方式进入新境界。习近平总书记明确指出，要深刻理解把生态文明建设纳入中国特色社会主义事业总体布局的重大意义,多次强调要把生态文明建设融入经济建设、政治建设、文化建设、社会建设这四大建设的各方面、全过程。"纳入"总体布局,正式确定了生态文明建设在国家战略中的主体性地位,使全面建成小康社会内涵更加丰富,使中国特色社会主义事业更加富有吸引力;"融入"四大建设,意味着生态文明建设不单局限于资源环境工作,而是涉及生产方式和生活方式的根本性变革,具有引领、协调与承载功能,与四大建设同频共振,不可或缺更不能背道而驰。

（2）科学进行顶层设计——生态文明体制改革力度空前加大

针对一个时期以来不合理的体制机制严重制约、阻碍生态文明建设,党中央坚持问题导向、目标导向,大力推进生态文明体制改革。一是"四梁八柱"构建完成。中央相继出台系列文件,制定了 40 多项改革方案,基本建立了以《关于加快推进生态文明建设意见》《生态文明体制改革总体方案》为总领,以自然资源资产产权、国土开发保护、空间规划体系、资源总量管理和节约、资源有偿使用和补偿、环境治理体系、市场体系、绩效考核和责任追究等 8 项制度为重点的生态文明建设制度体系,实现了资源利用从源头到末端的全过程治理,形成了源头严防、过程严管、后果严惩的生态环境保护制度框架。二是管理体系改革取得重大进展。在国家机构改革中整合分散的生态环境保护职责,统一行使生态和城乡各类污染排放监管与行政执法职责,设立生态环境部,推进省以下环境保护机构监测监察执法垂直管理制度改革和生态环境保护综合行政执法改革,破除体制机制弊端,加快构建全方位、全地域、全过程的生态环境管理体系。三是责任不断压紧压实。进一步明确地方环境质量责任制,变"政府主导、企业主体、公众参与"为"党委领导、政府主导、企业主体、公众参与",强化"党政同责、一岗双责",倒逼企业落实主体责任,积极引导社会和公众履责,用刚性约束促进生态环境保护认识到位、责任到位。

（3）着力解决突出环境问题——生态环境治理措施空前严厉

面对严峻的环境问题,党中央坚持以人民为中心的发展思想,采取一系列根本性、开创性、长远性重大举措,坚决向污染宣战。一方面,打好污染防治攻坚战。深入实施大气、水、土壤污染防治三大行动计划,集中力量打好七大标志性

战役，重点解决老百姓反映强烈的大气、水、土壤污染等突出问题，生态环境质量明显改善。2018 年，全国 338 个地级及以上城市优良天数比率同比提高 1.3 个百分点，重度及以上污染天数比率同比下降 0.3 个百分点，PM$_{2.5}$ 浓度同比下降 9.3%，"十三五"以来累计下降 22%，重污染天气过程的峰值浓度、污染强度、持续时间和影响范围均明显降低；各类水质大幅改善，城市黑臭水体治理成果显著，36 个重点城市 1062 个黑臭水体中 1009 个消除或基本消除黑臭，农村饮水安全问题得到有效解决；全国完成造林绿化 1.06 亿亩，森林覆盖率由 21 世纪初的 16.6% 提高到 22% 左右。随着生态环境持续变好，人民群众的幸福感、获得感不断增强。另一方面，"零容忍"查处破坏生态环境违法行为。修订施行"史上最严"《环境保护法》，通过明确环境监察制度，采取按日连续处罚、单位和责任人"双罚制"等措施，严厉打击环境违法行为。建立健全生态环境保护督察制度，中央和省级两级督察体制实现全覆盖，不断压实各级党委、政府的生态环境保护责任，收到良好效果。

（4）大力转变发展方式——绿色发展成效空前显著

贯彻新发展理念，摒弃杀鸡取卵、竭泽而渔的发展方式，围绕建立绿色低碳循环发展的经济体系，大力培育壮大新兴产业、改造提升传统产业、淘汰落后产能、推进节能减排，在做好经济增长"加法"的同时，做好能源资源消耗和环境损害的"减法"，产业结构不断优化。目前，全国重化工业比重不断降低，高技术产业和装备制造业比重持续上升，生态农业、新型工业蓬勃发展，服务业增加值占比超过半壁江山、经济增长贡献率达到 60% 左右。环境保护产业快速发展壮大，2018 年我国生态环境保护和环境治理行业投资同比增长达 43%，预计全年环境保护产业营业收入可超过 1.5 万亿元，到 2020 年可达 2 万亿元。以第三方治理、环境管家服务等为核心的现代环境服务产业体系加速形成。能源消费结构发生积极变化，我国已成为世界利用新能源和可再生能源第一大国，主要污染物排放总量以及单位 GDP 能耗、水耗持续下降，绿色发展成为高质量发展的最美底色。

（5）打造绿色命运共同体——生态文明领域国际合作空前广泛

我国积极承担大国义务，深度参与全球环境治理，开展国际交流合作，倡导

"共同建设美丽地球家园"，成为全球生态文明建设的重要参与者、贡献者、引领者。一是绿色发展中国方案得到广泛认可。2013 年，联合国环境规划署理事会决定推广中国生态文明理念；2016 年，联合国发布《绿水青山就是金山银山：中国生态文明战略与行动》报告，介绍中国经验。二是绿色发展中国行动持续深入。率先发布《中国落实 2030 年可持续发展议程国别方案》，实施《国家应对气候变化规划（2014—2020 年)》，推动签订《巴黎协定》，做出中国表率；发起"一带一路"绿色发展国际联盟，呼吁全球同筑生态文明之基，同走绿色发展之路。三是绿色发展中国贡献越来越大。目前，我国消耗臭氧层物质的淘汰量占发展中国家总量的 50%以上，成为对全球臭氧层保护贡献最大的国家；积极开展对外合作，建立"中国气候变化南南合作基金"，支持发展中国家应对气候变化；广泛分享中国经验、中国技术，帮助众多发展中国家有效改善生态环境。

二、生态文明建设的难点

总体上看，我国生态文明建设稳步向前、趋势向好，但由于基础较差、全面发力时间较短、区域和行业发展不平衡等原因，也面临着不少突出矛盾和问题，解决起来难度不小，突出表现为"五难"。

（1）知行合一难

近年来，生态文明理念日益深入人心，全社会对生态文明建设的重要性有了普遍共识。但生态文明实践涉及利益调整、行为规范、作风改进等深层次问题，知易行难、知行脱节等问题依然存在。比如，一些干部口头上重视生态文明建设，实践中却不以为然、不管不问；有的领导干部担当精神不足，碍于破坏环境行为背后的利益链条盘根错节，不敢较真碰硬动真格；一些地方干部能力不足、作风不实，以生态建设之名行开发破坏之实，违背自然规律，用"大跃进"方式搞生态建设。还有，一些企业和个人为了逐利，仍然我行我素甚至铤而走险破坏生态。比如，在中央环境保护督察"回头看"通报的典型案例中，就有企业搞"当面一套，背后一套"，把整改措施停留在方案里，搞表面整改、虚假整改。社会公众对环境问题，也是关注度高、参与度低，难以做到自觉践行。

（2）发展与保护平衡难

从主观方面看，一些领导干部不能正确认识和处理发展与保护的关系，常常把两者割裂开来、对立起来，一强调发展就认为没办法保护，一强调保护就认为没办法发展。有的"重发展轻保护"，习惯于铺摊子上项目、走"先污染后治理"的老路、以牺牲环境换取经济增长；有的只谈绿水青山，不谈金山银山，甚至把保护生态环境作为懒政、庸政和不作为的挡箭牌；还有一些干部推进绿色发展、将"绿水青山转化为金山银山"的办法不多、思路不活，把握不好发展与保护之间的"度"。从客观方面看，我国经济发展阶段总体上仍处于工业化中期，以高能耗、高排放、高污染行业为支柱的产业结构还未得到根本性改变，以粗放型方式占主导地位的"资源—产品—污染排放"单向线性经济模式所带来的消极影响和环境问题难以在短期内完全消除，实现"腾笼换鸟"、发展方式根本性转变还需一定时间。同时，我国相关科技水平尤其是生态文明领域的技术研发和应用水平较低，做到发展与保护双赢的难度还比较大。

（3）条块分治与系统治理协同难

生态是统一的自然系统，是相互依存、紧密联系的有机链条。生态文明建设特别是生态环境保护和治理，必须按照生态系统的整体性、系统性及其内在规律推进，统筹考虑各要素，进行整体保护、系统修复、综合治理，增强生态系统循环能力。当前，我们正在深化生态文明管理体制改革，但难以毕其功于一役。一是部门职能有待整合优化。新一轮机构改革后，我国组建了生态环境部，将分散在各部门的环境保护职责集中到一个部门，解决了职能交叉重复、相互掣肘、九龙治水、各管一摊的弊端，但仍存在职能重叠等问题，特别是在综合行政执法方面，还需整合优化部门职能、加强部门统筹协作。二是垂直管理体制改革落地生效还需时日。省以下环境保护机构监测监察执法垂直管理制度改革目前正在全国推开，但从根本上解决地方政府干预环境保护执法、环境保护监督责任落实难等问题仍需在实践中探索完善。三是跨区域、跨流域生态管理体制机制有待进一步完善。一些流域跨越多个省市或地区，生态环境治理需要不同空间和行政区域内的有效协作，但由于各地经济社会发展阶段不同，地方政府对生态环境和经济发展的权衡有所差异，尤其在水、大气等难以划定责任边界的环境要素管理上，往往难以形成统一意见、实现有效协作。

（4）需求与投入匹配难

随着我国社会主要矛盾的转化，生态环境在人民生活幸福指数中的权重不断提高。但是，由于种种原因，我国生态欠账较多、环境保护基础设施建设相对滞后；加上生态文明建设市场机制不完善，以及环境保护产业"投入多见效慢"、生态环境"破坏易修复难"的特点，社会资本投入积极性不高，导致生态环境保护的投入力度和效果与群众期盼、社会需求相比还存在较大差距。据统计，2016 年全社会环境保护投资占 GDP 的比例仅为 1.3%，其中污染治理设施直接投资占 GDP 比例为 0.6%，占全社会固定资产投资的比例为 0.73%；中央和地方政府环境污染治理支出占全国一般公共预算支出的比例为 1.2%。而从发达国家经验来看，环境保护投入高峰期最高可达到 GDP 的 6%～8%，平均水平也在 2%～3%。我国投入总量严重不足，与实践生态文明先进理念、实现生态文明建设目标不相适应。

（5）历史问题与现行政策衔接难

我国生态文明建设存在很多历史遗留问题，成因复杂。有些项目或企业在当时符合规划，但随着经济社会的发展、产业结构的调整、城镇布局的优化，滞后于新的规划和生态环境保护政策。比如，一些化工、冶炼、发电、采掘等高污染企业在建时布局城市郊区，但随着城镇化发展，这些企业被居民区包围，必须关停或搬迁。有的在当时是政府鼓励性项目，但随着生态环境保护标准和要求提高，成为限制或禁止产业。比如，围填海经历了政府鼓励开发到严格管控的转变，在宽松之时出现了盲目围填海和填而不用、围而不填等现象。有的工程项目是在过去我国法律法规、制度体系不健全或规划未到位的情况下建设的，比如，一些应急设施，以及一些农村地区随意布局、无序建设的住宅、学校、医院等，这些建筑如何处置是一个大问题。这些问题涉及多方利益，又缺乏相应法律法规、政策对策，短期内难以消化解决。

三、生态文明建设的重点

生态文明建设，是实现人与自然和谐发展的必然要求，是关系中华民族永续

发展的根本大计，在任何时候都不可松懈。当前，我国生态文明建设已进入提供更多优质生态产品以满足人民日益增长的优美生态环境需要的攻坚期，也到了有条件有能力解决生态环境突出问题的窗口期，我们必须把握五个"重点"，精准发力，攻坚克难，推动生态文明建设向纵深发展。

（1）重在真知笃行习近平生态文明思想

习近平生态文明思想从我国生态文明建设的实际出发，深刻回答了为什么建设生态文明、建设什么样的生态文明、怎样建设生态文明的重大理论和实践问题，提出了新时代推进生态文明建设必须坚持人与自然和谐共生、绿水青山就是金山银山、良好生态环境是最普惠的民生福祉、山水林田湖草是生命共同体、用最严格制度最严密法治保护生态环境、共谋全球生态文明建设等"六项原则"，这是对中华文明生态智慧的继承弘扬，是对马克思主义生态观的丰富发展，是新时代生态文明建设的根本遵循与最高准则。我们必须进一步学深悟透习近平生态文明思想，真学笃行、知行合一。要进一步深化学习，全面准确把握习近平生态文明思想的精髓要义、方针原则、目标任务、工作重点、科学方法，发自内心增进认同，与时俱进彻底改变老观念、老思维、老办法。要进一步狠抓落实，以钉钉子精神往实处干、往深里走，切实把习近平生态文明思想落实到具体行动中，决不能光喊口号、知行脱节，决不能装点门面、"挂空挡"，决不能图省事、怕吃苦、当懒汉，真正做到言行一致、久久为功。

（2）重在持续推进生态文明体制机制改革

生态文明建设爬坡过坎的关键，就在于持续深化改革、向改革要动力。推进生态文明体制机制改革，要坚持问题导向，始终奔着问题去，跟着问题走，哪里出现新问题，改革就跟进到哪里。对生态文明领域出现的各类问题要科学梳理排队，分清轻重缓急，针对当前最紧要、最迫切的问题，集中精力、穷尽办法，争取实质性突破，以此类问题的解决带动其他问题的解决。当务之急是不断完善市场机制，着力构建政府为主导、企业为主体的生态文明治理体系。生态文明建设和生态产品提供既具有公益性、普惠性，也具有市场性、经营性。所谓政府为主导，就是政府在建章立制、制定规划和政策等方面要尽到责任，用政府这只手来规范、引导社会和市场，但主导不是大包大揽，更不能简单靠行政命令。所谓企业为主体，就是挖掘各类生态产品的商业价值，打通绿水青山就是金山银山的路径，充分运用市场化手段，完善资源环境价格机制，建立利益引导、奖惩挂钩、损害补偿等长效机制，用市场这只手去激励、推动各类市场主体积极参与生态文明建设。比如，内蒙古库布其在荒漠治理中，探索政府政策性引导、企业产业化投资、农牧民市场化参与、技术持续性创新模式，利用名贵药材甘草改良土壤，实现了绿化沙漠、促进甘草产业、修复土壤、带动脱贫的一举四得。这一多赢模式很值得推广，可以有效改变过去由政府包揽，偏重约束而激励不足、投入甚巨而效益不佳的现象。

（3）重在学习借鉴世界各国的先进成果

向先进学习是通向成功的捷径。生态文明建设有其客观规律性，一些阶段很难跨越、一些问题无法回避。这方面，发达国家比我们更早面临生态环境压力，在生态保护法律体系、环境经济政策、绿色低碳循环经济模式、生态环境保护意识培养、产业结构升级等方面取得了不少成功经验。一方面，我们要发挥后发优势，汲取发达国家先污染后治理的教训，未雨绸缪避免走弯路；另一方面，我们可以学习借鉴发达国家的先进理念、科学技术和管理模式，高起点推进生态建设和绿色发展。比如，1872 年美国通过立法建立世界上第一个国家公园：黄石国家公园，使被认为是世界上最完整的北半球温带生态系统得以保存，在 1978 年被列为世界自然遗产。"国家公园"已经成为一项具有世界性和全人类性的自然文化保护运动，并形成了一系列逐步推进的保护思想和模式。2015 年，我国政府批准在 9 个省份开展"国家公园体制试点"，着力解决各类自然保护区、风景名胜区、自然遗产、森林公园、地质公园等多头管理的碎片化问题，这就是借鉴国外的先进做法。比如，城市建筑垃圾和废弃物处理是我国当前面临的一个突出问题，而一些发达国家如德国、日本、美国等，把城市建筑垃圾和废弃物称为"城市矿山"，将废物处理和再生利用作为循环经济的核心内容，发展成了一个新兴产业，不仅低成本解决了建筑垃圾占用土地、污染环境的问题，还催生了经济新亮点，实现经济、环境保护双赢。对各国生态文明建设经验完全可以采取"拿来主义"，充分吸纳借鉴，这可以说没有任何风险。

（4）重在提升生态文明建设的法治化程度

习近平总书记强调，只有实行最严格的制度、最严密的法治，才能为生态文明建设提供可靠保障。这要求我们必须把生态文明建设纳入法治化轨道，从立法、执法、司法、守法等各个环节切实加强，真正做到有法可依、有法必依、执法必严、违法必究。随着我国生态文明建设法律体系的不断完善，当前应着重在执法上下功夫，切实健全环境保护信用评价制度、理顺综合行政执法体制，进一步加大惩处力度，真正使法律长出钢牙，成为带电的"高压线"、燃烧的"火炉子"，从根本上改变"违法成本低、守法成本高"的倒挂局面。要深化环境资源审批改革，完善环境公益诉讼制度，加强生态环境行政执法和司法联动，健全生态环境部门与公检法机关相互衔接、相互配合、相互监督的生态环境保护新机制，切实提升法治水平。

（5）重在用好目标评价考核这个指挥棒

各级党委、政府及各级领导干部的政绩导向和行为追求，很大程度上取决于上级的评价考核。目前，中央已经制定印发了《生态文明建设目标评价考核办法》《绿色发展指标体系》《生态文明建设考核目标体系》等一系列文件，为开展生态文明建设目标评价考核提供了依据，我们要切实用好这个"指挥棒"。一是积极引导各级领导干部树立正确的政绩观，充分认识到抓好经济发展是政绩，抓好生态文明建设更是利国惠民、关系长远的政绩。要强化生态文明意识，督促地方党委、政府坚持在发展中保护、在保护中发展，坚决遏制"GDP 冲动"，要绿色GDP，不要白色 GDP、褐色 GDP，扎扎实实改变传统"大量生产、大量消耗、大量排放"的生产模式和消费模式。二是探索推进差异化考核，根据各地区主体功能定位，结合经济社会发展水平、资源环境禀赋等因素，合理设置考核目标，提升能体现新发展理念的指标权重。目前，福建、海南等省份已经取消部分市县的 GDP 考核，实行差异化考核，为生态文明建设考核提供了有益探索。三是强化考核结果运用，真正把考核指标完成情况与干部任免使用紧密结合起来，与财政转移支付、生态补偿资金安排结合起来，坚决实行"一票否决"，对做表面虚功、竭泽而渔、盲目决策并造成严重后果的领导干部，严格依法依规追究责任。四是研究探索经济、社会、生态环境协调发展的全社会综合评价体系，加强生态文明宣传教育，引导全社会树立正确的发展观念和价值取向，推动全民加快向节约适度、绿色低碳、文明健康的生活方式和消费模式转变，让每个人都成为生态环境的保护者、建设者、受益者。

关于习近平生态文明思想的理论思考

⊙ 任 勇

（生态环境部环境发展中心主任）

2018 年召开的全国生态环境保护大会正式确立了习近平生态文明思想。习近平生态文明思想的科学内涵集中体现在八个坚持上，即坚持生态兴则文明兴，坚持人与自然和谐共生，坚持绿水青山就是金山银山，坚持良好生态环境是最普惠的民生福祉，坚持山水林田湖草是生命共同体，坚持用最严格制度最严密法治保护生态环境，坚持建设美丽中国全民行动，坚持共谋全球生态文明建设。习近平生态文明思想，坚持历史唯物主义和辩证唯物主义普遍原理，扎根于国情，根植于优秀传统文化，是在我国 40 年改革开放之后进入社会主义现代化强国建设新时代下，对人类社会发展规律、社会主义建设规律和党的执政规律的新认识、新发展和新实践，是对中国特色社会主义理论的新贡献，对中国具有特殊重要的意义；是在人类社会经历了两个多世纪的工业文明之后进入可持续发展时代下对马克思主义的新发展，具有重要的世界意义。

习近平生态文明思想源自三个方面的理论与实践：一是源自对马克思主义关于人与自然关系思想的继承和发展，是对人类社会发展历史和中国发展历史中如何处理人与自然关系问题的经验教训的高度概括和理论升华，即坚持生态兴则文明兴和坚持人与自然和谐共生，这是生态文明建设的基本理念和方略；二是源自全面深化改革和依法治国思想及其实践，即坚持用最严格制度最严密法治保护生态环境，这是生态文明建设的制度和路径保障，必须通过完善生态环境治理体系和提升治理能力来实现；三是源自相关自然科学和社会科学理论。生态文明的逻辑起点是工业文明所带来的资源环境问题及其与经济、政治、文化、社会发展的关系问题。"两山论""生态环境民生福祉""生命共同体""全民行动""共谋全球建设"等思想是对环境与经济、环境与社会、环境与全球治理、环境与政治关系规律和生态环境科学理论的深刻把握，这是生态文明建设的方法、目标和制度。

习近平生态文明思想的重大价值，在于全面完成了生态文明建设在中国特色社会主义伟大事业中的战略布局和实践部署。有了这一战略布局和实践部署，推动生态环境保护发生了历史性、转折性、全局性变化。

一、"两山论"与环境经济规律

资源环境问题类型、程度及其影响状况与工业化和城市化进程息息相关。改革开放以来，我国经济发展或工业化进程大致经历了农业大发展（1978 年—1980 年代中期）、轻工业大发展（1980 年代中期—1990 年代中期）、重化先导（1990 年代中期）、重化工业（1990 年代末开始）和经济新常态等 5 个阶段。与不同时期产业特征相适应，我国资源环境与经济发展之间的矛盾是从 20 世纪 90 年代开始迅速恶化的。在 20 世纪 90 年代初（中）期之前，我国生态环境形势总体态势是"局部恶化、总体基本稳定"；进入高消耗、高排放的重化工阶段后，就转为"局部改善、总体恶化尚未遏制、压力持续增大"。

我国对环境与经济发展关系状况的认识进程与环境经济矛盾的演变状况是相适应的，并逐步深化。1997 年召开的党的十五大首次对环境与经济关系问题做出判断，指出，人口增长、经济发展给资源环境带来巨大的压力。党的十六大强调，生态环境、自然资源和经济社会发展的矛盾日益突出。党的十七大认为，经济增长的资源环境代价过大。党的十八大强调，发展中不平衡、不协调、不可持续问题依然突出。2014 年中央经济工作会认为，资源环境承载力已经达到或接近上限。2015 年十八届五中全会认为，生态环境特别是大气、水、土壤污染环境严重，已成为全面建成小康社会的突出短板。2018 年的全国生态环境保护

美丽中国
新中国 70 年 70 人论生态文明建设

大会对生态环境形势做出"稳中向好趋势、但成效并不稳定"的判断，这有两个含义，一是经过艰苦努力，生态环境总体恶化趋势得到遏制；二是以增速换挡、结构调整和动能转换为特征的经济新常态下，经济社会活动对资源环境压力的增量收窄、强度减弱。但从生态环境问题和质量状况看，目前仍处在压力最大、风险最大、问题最严重的高峰平台期，生态环境保护仍处压力叠加、负重前行的关键期。所以，党的十九大报告认为，生态环境保护任重道远。

与认识进程相一致，我国处理环境与经济发展关系的战略部署也是从 20 世纪 90 年代中期开始逐步展开的，并与国际环境发展进程基本同步。1992 年联合国环境发展大会之后，1994 年我国率先发布了《中国 21 世纪议程》，首次提出转变传统发展模式，走可持续发展道路。1996 年，"九五"计划和 2010 年远景目标规划纲要提出，实施科教兴国和可持续发展两大战略，实施社会主义市场经济体制和经济增长方式两个转变。

总体上，在全面落实科学发展观之前，我国对环境经济规律的认识及国家对环境经济协调发展的战略安排、特别是相关实践情况，基本还处在"重经济增长、轻环境保护"的状态，即"宁要金山银山、不要绿水青山"。例如，1989 年的《环境保护法》第四条规定，使环境保护工作同经济建设和社会发展相协调。在实践中，普遍存在环境保护严重滞后于经济发展的情况。2005 年，国务院发布的《关于落实科学发展观 加强环境保护的决定》，首次提出，使经济社会发展与资源环境相协调。2014 年新修订的《环境保护法》采用了该原则，其第四条规定"使经济社会发展与环境保护相协调"。

21 世纪初，在浙江、福建、江苏等东部沿海地区，出现了诸如安吉、张家港等一批环境与经济协调发展的典型地区，也就是"既要绿水青山，也要金山银山"的典型。当保护生态环境的成果转化为实实在在的经济社会效益时，"保护生态环境就是保护生产力""绿水青山就是金山银山"。

从党的十七大提出生态文明建设开始，特别是党的十八大以后，以"五位一体"总体布局、"四个全面"战略布局和绿色发展理念为标志，我国对环境与经济规律的认识及对环境与经济融合发展战略安排与实践发生了系统性飞跃。当经济进入新常态，从高速增长阶段转向高质量发展阶段，我国环境与经济关系状况

148

就发生了全局性和根本性变化。环境成为资源，具有自然资本的价值，是高质量发展的生产要素，与土地、技术等要素一样，是影响高质量发展的内生变量；同时，优美生态环境也是高质量发展的结果，是衡量高质量发展的标准；优美生态环境与高质量是发展的两个基本内涵，相辅相成，融为一体。这就是"绿水青山就是金山银山"的环境经济学理论内涵。

因此，总书记的"两山论"既是对我国环境与经济发展关系状况及规律的深刻揭示，也是对环境经济学理论的形象概括，更是处理好环境与经济融合发展的指导原则，成为习近平生态文明思想的重要组成部分。

关于生态环境与经济发展的辩证关系问题，习近平在2013年考察海南时就指出，生态环境保护的成败，归根结底取决于经济结构和经济发展方式。经济发展不应是对资源和生态环境的竭泽而渔，生态环境保护也不应该是舍弃经济发展的缘木求鱼。

关于正确处理好环境与经济关系的战略定位问题，习近平总书记在2014年指出，正确处理好生态环境保护和发展的关系，也就是绿水青山和金山银山的关系，是实现可持续发展的内在要求，也是我们推进现代化建设的重大原则。2017年，习近平总书记进一步阐述到，坚决摒弃损害甚至破坏生态环境的发展模式，坚决摒弃以牺牲生态环境换取一时一地经济增长的做法，让良好生态环境成为人民生活的增长点、成为经济社会持续健康发展的支撑点、成为展现我国良好形象的发力点。对于实践中出现的一些模糊认识，2019年全国"两会"期间，习近平总书记坚定地指出，要保持加强生态文明建设的战略定力。保护生态环境和发展经济从根本上讲是有机统一、相辅相成的。不能因为经济发展遇到一点困难，就是动铺摊子上项目、以牺牲环境换取经济增长的念头，甚至想方设法突破生态红线。在我国经济由高速增长阶段转向高质量发展阶段过程中，污染防治和环境治理是需要跨越的一道重要关口。我们必须咬紧牙关，爬过这个坡，迈过这道坎。要保持加强生态环境保护建设的定力，不动摇、不松劲、不开口子。

关于如何理解"绿水青山"与"金山银山"，或者说"保护生态环境"与"保护生产力"之间的经济理论问题，习近平总书记在2014年全国"两会"期间，曾形象地讲到，为什么说绿水青山就是金山银山？"鱼逐水草而居，鸟泽良木而

栖。"如果其他各方面条件都具备,谁不愿意到绿水青山的地方来投资、来发展、来工作、来生活、来旅游?从这个意义上说,绿水青山既是自然财富,又是社会财富、经济财富。2015 年,习近平总书记在中央扶贫开发工作会议上又一次讲到,要通过改革创新,让贫困地区的土地、劳动力、资产、自然风光等要素活起来,让资源变资产、资金变股金、农民变股东,让绿水青山变金山银山,带动贫困人口增收。

关于从全局上如何推动落实"绿水青山就是金山银山"原则,习近平总书记强调,就是要贯彻创新、协调、绿色、开放、共享的发展理念,加快形成节约资源和保护环境的空间格局、产业结构、生产方式、生活方式,给自然生态留下休养生息的时间和空间;就是建立以产业生态化和生态产业化为主体的生态经济体系;就是要全面推动绿色发展。绿色发展是构建高质量现代化经济体系的必然要求,是解决污染问题的根本之策。重点是调整经济结构和能源结构,优化国土空间开发布局,调整区域流域产业布局,培育壮大节能环境保护产业、清洁生产产业、清洁能源产业,推进资源全面节约和循环利用,实现生产系统和生活系统循环链接,倡导简约适度、绿色低碳的生活方式,反对奢侈浪费和不合理消费。

二、"生态环境民生福祉""全民行动"与环境社会规律

环境与社会的关系及规律,就是生态环境状况对公众生产生活的影响情况和公众对生态环境状况的认知、态度和行为的情况,以及这些情况所反映出的规律。

在我国,环境与社会的关系状况大体上经历了三个阶段。在 20 世纪 80 年代以前,植被破坏、水土流失和土地沙化对一些地区生产生活造成较大影响,环境污染还不严重。公众总体上还处在谋求"温饱"阶段,对生态环境问题尚处"漠视和不关心"的状态,甚至,在 20 世纪 70 年代初,还有"社会主义计划经济不会产生环境污染"的极左认识。

到 20 世纪 90 年代中期后,一方面,随着生活水平提高和宣传教育工作的展开,公众的环境意识不断提升,公众参与环境保护的行为开始趋向积极;另一方面,由于环境状况总体恶化加剧,许多地区的环境污染或环境突发事件对公众生

产生活产生明显影响，部分居民的环境维权意识被动增强。

到 21 世纪，特别近十年来，我国环境与社会的关系状况出现了三个显著的新特征。一是进入全面小康社会建设阶段，公众的环境意识显著提高，将良好生态环境作为美好生活质量的一部分的认识和期待越来越明显，从过去求"温饱"和"生存"的状态进入求"生态"和"环保"的状态，这是环境与社会关系发展的一般规律。二是除了水污染和土壤污染的局部影响外，以雾霾为特征的大气污染在全国大范围内对公众的生产生活造成严重影响，公众对环境质量不满意的情绪和对政府加大环境保护力度的要求强烈；同时，以 2005 年松花江水污染事件为标志，我国进入环境污染突发事件高发频发期，公众的环境维权意识普遍增强、维权行为普遍增多。三是以 2007 年厦门 PX 项目事件为标志，公众不但对现有的环境污染不满意，而且对可能造成污染的建设项目频繁出现激烈的反对行为，即明显进入环境"邻避"问题阶段，对正常的经济社会秩序造成严重影响，环境社会风险明显增大。

目前，我国经济社会发展在自媒体时代下进入深度调整转型时期，各种矛盾碰头叠加，信息流瀑效应显著，群体性行为动员成本低、影响大，这就决定了我国环境与社会关系状况进入一个敏感时期，总体稳定，但环境社会风险的灰犀牛危机不得不防。当然，用好这个敏感期公众对环境问题的热情和积极参与的力量，就可以全面改善环境社会治理的结构和效果。

时代是思想之母。习近平总书记高瞻远瞩，敏锐地把握到我国环境与社会关系发展变化的时代脉搏，深刻地揭示出了环境与社会发展的规律。

关于环境问题的经济社会及政治属性，习近平总书记在 2013 年就指出，经过 30 多年快速发展积累下来的环境问题进入高度频发阶段。这既是重大经济问题，也是重大社会和政治问题。经济上去了，老百姓的幸福感大打折扣，甚至强烈的不满情绪上来了，那是什么形势？所以，我们不能把加强生态文明建设、加强生态环境保护、提倡绿色低碳生活方式等仅仅作为经济问题。这里面有很大的政治。2013 年，习近平总书记在海南考察工作时指出，良好生态环境是最公平的公共产品，是最普惠的民生福祉。在 2017 年，习近平总书记进一步指出，如果经济发展了，但生态破坏了、环境恶化了，大家整天生活在雾霾中，吃不到安

全的食品，喝不到洁净的水，呼吸不到新鲜的空气，居住不到宜居的环境，那样的小康、那样的现代化不是人民希望的。在全国生态环境保护大会上，习近平总书记进一步强调到，生态环境是关系党的使命宗旨的重大政治问题，也是关系民生的重大社会问题。

关于环境与民生的关系问题，习近平总书记在 2013 年讲到，人民群众对环境问题高度关注，可以说生态环境在群众生活幸福指数中的地位必然会不断凸显。随着经济社会发展和人民生活水平不断提高，环境问题往往最容易引起群众不满，弄得不好也往往最容易引发群体性事件。在 2016 年，习近平总书记又指出，各类环境污染呈高发态势，成为民生之患、民心之痛。这样的状况，必须下大气力扭转。最直接、生动、形象地反映环境与民生关系规律的论断，就是习近平总书记 2015 年在参加十二届全国人大三次会议江西代表团审议时讲到的，"环境就是民生，青山就是美丽，蓝天也是幸福。要像保护眼睛一样保护生态环境，像对待生命一样对待生态环境。"

正是有了习近平总书记关于环境社会问题的科学论断，党的十九大将优美生态环境纳入中国特色社会主义新时代社会主要矛盾之中，强调指出，我们要建设的现代化是人与自然和谐共生的现代化，既要创造更多物质财富和精神财富以满足人民日益增长的美好生活需要，也要提供更多优质生态产品以满足人民日益增长的优美生态环境需要。对于如何保障人民的环境福祉，习近平总书记在全国生态环境保护大会上强调，要坚持生态惠民、生态利民、生态为民，重点解决损害群众健康的突出环境问题，不断满足人民日益增长的优美生态环境需要。

习近平关于环境与民生关系的理论判断，源自坚持以人民为中心的思想。坚持以人民为中心，是习近平新时代中国特色社会主义思想的核心内容，是马克思主义唯物史观的历史传承和创新发展，是我们党领导中国革命、建设和改革发展实践的经验总结，是中国共产党人不忘初心和使命的时代要求。习近平担任总书记伊始，就向中外记者讲到，"人民对美好生活的向往，就是我们的奋斗目标。"正因为总书记胸中始终装着人民的情怀、行动中始终体现为了人民的宗旨，才能系统深刻揭示出环境与社会发展的规律，指引着生态文明建设和生态环境保护的方向和重点。

　　基于对环境社会发展规律的科学把握,习近平总书记对完善环境社会治理体系提出了一系列创新性的制度。习近平在十八届中央政治局第四十一次集体学习时指出,要建立政府企业公众共治的绿色行动体系。在全国生态环境保护大会上,习近平总书记强调,生态文明是人民群众共同参与共同建设共同享有的事业,要把建设美丽中国转化为全体人民自觉行动。每个人都是生态环境的保护者、建设者、受益者,没有哪个人是旁观者、局外人、批评家,谁也不能只说不做、置身事外。

　　当前,防范与化解环境领域引发的社会风险也是环境社会治理的重要任务。习近平在全国生态环境保护大会上指出,要有效防范生态环境风险,生态环境安全是国家安全的重要组成部分,是经济社会持续健康发展的重要保障。要把生态环境风险纳入常态化管理,系统构建全过程、多层级生态环境风险体系,严密防控垃圾焚烧、对二甲苯(PX)等重点领域生态环境风险,推进"邻避"问题防范化解,破解涉环境保护项目"邻避"问题,着力提升突发环境事件应急处置能力。

三、山水林田湖草生命共同体与生态系统理论

　　生态系统是指由生物群落与无机环境构成的统一整体。生态系统之所以是一个统一整体,是由构成生态系统的各个要素之间的空间结构关系、物质交换关系、能量流动关系等相互联系所决定的,最终又形成特定的功能关系。所以,对生态环境的保护要采用生态系统方式的管理思路,才能从根本上取得整体性效果。

　　生态系统方式理论认为水、气、土、生物等各环境要素之间是一个普遍联系的整体,管理生态系统需要运用综合、系统方法;生态系统具有产品供给、环境调节和文化美学等多重服务价值,需要进行多目标的综合管理。所以,生态系统方式管理是一种运用生态系统整体性规律解决生态环境问题的综合管理策略。与传统管理方式相比,生态系统方式以维护生态系统健康为核心,统筹管理资源与环境、污染防治与生态保护,重视保护生态系统的整体性和多重服务价值;在管理方式上,以公共利益最大化为核心,进行多目标的综合管理,通过综合决策、统一规划和行动,实现跨部门、跨行政区之间的合作治理。

习近平总书记在十八届三中全会上提出了要坚持山水林田湖草是一个生命共同体的系统思想，并在 2014 年中央财经领导小组第五次会上进一步阐述到，"山水林田湖是一个生命共同体，形象地讲，人的命脉在田，田的命脉在水，水的命脉在山，山的命脉在土，土的命脉在树。金木水火土，太极生两仪，两仪生四象，四象生八卦，循环不已。"

对于在实践中如何坚持生态系统思想，习近平总书记在治水、生态修复、国土空间管制、城市管理等领域提出了一系列明确理念和制度要求。

在十八届中央政治局第六次集体学习时，习近平总书记指出，国土是生态文明建设的空间载体。从大的方面统筹、搞好顶层设计，首先要把国土空间开发格局设计好。要按照人口资源环境相均衡、经济社会生态效益相统一的原则，整体谋划国土空间开发，统筹人口分布、经济布局、国土利用、生态环境保护，科学布局生产空间、生活空间、生态空间，给自然留下更多修复空间，给农业留下更多良田，给子孙后代留下天蓝、地绿、水净的美好家园。2014 年，习近平总书记在中央财经领导小组第五次会议上强调，要统筹山水林田湖治理水。治水要统筹自然生态的各要素，不能就水论水。要用系统论的思想方法看问题，生态系统是一个有机生命躯体，应该统筹治水和治山、治水和治林、治水和治田、治山和治林等。在这次会议上，习近平总书记还指出，城市规划和建设要坚决纠正"重地上、轻地下""重高楼、轻绿色"的做法，既要注重地下管网建设，也要自觉降低开发强度，保留和恢复恰当比例的生态空间，建设"海绵家园""海绵城市"。2015 年，在中央城市工作会议上，习近平总书记强调，统筹生产、生活、生态三大布局，提高城市发展的宜居性。我国古人说："城，所以盛民也。"城市发展要把握好生产空间、生活空间、生态空间的内在联系，实现生产空间集约高效、生活空间宜居适度、生态空间山清水秀。对于农村建设，2015 年在考察云南工作时，习近平总书记指出，新农村建设一定要走符合农村实际的路子，遵循乡村自身发展规律，充分体现农村特点，注意乡土味道，保留乡村风貌，留得住青山绿水，记得住乡愁。

在全国生态环境保护大会上，习近平总书记进一步强调，要统筹兼顾、整体施策、多措并举，全方位、全地域、全过程开展生态文明建设。

四、共谋全球生态文明建设与全球环境治理

国际环境与发展进程（简称国际环发进程）起步于 1972 年联合国人类环境会议，之后，以 1992 年巴西里约热内卢联合国环境发展大会、2002 年南非约翰内斯堡可持续发展首脑峰会和 2012 年里约+20 首脑峰会为标志，不断推进和发展。国际环发进程的意义在于，环境问题进入国际合作议程，并通过合作推动环境问题的解决，特别是形成人类走可持续发展道路的共识和实践。全球环境治理，是在国际环发进程中国际社会建立的环境合作体系，包括各种环境相关公约与机制的制定与履行以及支撑国际环境合作的机构与非政府组织。

中国是国际环发进程建立和发展的重要推动者，全球环境治理的积极参与者，做出了重要贡献，也获得了很大收益。改革开放以来，通过多双边环境合作进程，我国在环境管理和可持续发展领域的政策学习、经验借鉴、资金引进、技术交流、人员培养等方面一直是很大的受益方，对推动我国生态环境保护和可持续发展进程、相关立法和管理政策形成、技术能力提升发挥了重要作用。

随着我国经济实力和综合国力进入世界前列，推动我国国际政治经济地位实现了前所未有的提升，我国在国际环发进程和全球环境治理体系中的地位和作用也出现了历史性、转折性的变化。这一变化意味着，在国际环发进程和全球治理体系中，我国从积极参与进程走向主动引领进程、从与国际接轨走向开创新机制、从遵守规则走向维护和制定规则、从"引进来"走向"走出去"的重大调整。

在这一重大转折的历史节点，习近平用全球的视野、以博大的胸怀提出了坚持推动构建人类命运共同体的思想，共谋全球生态文明建设就是人类命运共同体思想的具体体现。早在 2013 年，习近平就指出，保护生态环境，应对气候变化，维护能源资源安全，是全球面临的共同挑战。中国将继续承担应尽的国际义务，同世界各国深入开展生态文明领域的交流合作，推动成果分享，携手共建生态良好的地球美好家园。在 2015 年第 70 届联合国大会上，习近平提出，"建设生态文明关乎人类未来。国际社会应该携手同行，共谋全球生态建设之路。"中国不仅说了，也这么做了。2015 年，没有中国的主导性贡献，也不会有巴黎气候变化协定的诞生。"一带一路"倡议提出和实施五年来，"绿色"已成为相关实践的

基本原则和重要内容，并取得了诸多实质性进展。

在一个十几亿人口的现代化过程中，这么大的体量、这么快的速度、这么短的时间，我国面临的资源环境压力比世界上其他国家都大。我国的生态文明建设一方面需要依靠国际社会的合作，另一方面，我国的生态文明建设对全球的可持续发展进程具有重大的示范带动意义。习近平总书记在全国生态环境保护大会上强调，共谋全球生态文明建设，深度参与全球环境治理，形成世界环境保护和可持续发展的解决方案，引导应对气候变化国际合作。

五、习近平生态文明思想与社会主义生态文明建设总布局

党的十八大提出，要走向社会主义生态文明新时代。在习近平生态文明思想的指导下，逐步完善了社会主义生态文明建设在中国特色社会主义道路、理论、制度和文化以及战略目标和任务中的全面布局。全面布局形成的基础就是人民对优美生态环境的需要成为新的社会主要矛盾的重要方面。

在中国特色社会主义道路方面，党的十八大指出，在中国共产党领导下，立足基本国情，以经济建设为中心，坚持四项基本原则，坚持改革开放，解放和发展社会生产力，建设社会主义市场经济、社会主义民主政治、社会主义先进文化、社会主义和谐社会、社会主义生态文明，促进人的全面发展，逐步实现全体人民共同富裕，建设富强民主文明和谐的社会主义现代化国家。"五位一体"总体布局就是按照中国特色社会主义道路要求，在建设布局上做出的结构性安排。

在中国特色社会主义制度方面，十八届三中全会首次将生态文明体制与经济体制、政治体制、文化体制和社会体制一道作为中国特色社会主义制度体系中的具体制度，明确为国家治理体系和治理能力现代化的组成部分，纳入四个全面战略布局之中，并在全面深化改革和全面依法治国进程中取得前所未有的进展和成效。

在中国特色社会主义理论体系方面，习近平生态文明思想作为习近平新时代中国特色社会主义思想的重要组成部分，成为中国特色社会主义建设的指导思想。

在中国特色社会主义文化方面，党的十九大指出，中国特色社会主义文化，源自中华民族五千多年文明历史所孕育的中华优秀传统文化，熔铸于党领导人民在革命、建设、改革中创造的革命文化和社会主义先进文化，植根于中国特色社会主义伟大实践。习近平总书记在十八届中央政治局第六次学习时指出，我们中华文明传承五千多年，积淀了丰富的生态智慧。"天人合一""道法自然"的哲学思想，"劝君莫打三春鸟，儿在巢中望母归"的经典诗句，"一粥一饭，当思来之不易；半丝半缕，恒念物力维艰"的治家格言，这些质朴睿智的自然观，至今仍给人以深刻警示和启迪。很显然，中国古代丰富深刻的关于人与自然关系的文化必然是中国特色社会文化的组成部分，培育和养成中国特色社会主义的生态文化对建设生态文明发挥着基础性的作用。所以，习近平总书记在全国生态环境保护大会上强调，要加快建立健全以生态价值观念为准则的生态文化体系，并将其作为建立5大生态文明体系之首，要让生态文化在生态文明建设中发挥教化育人、转变观念和行为方式的基础性作用。

因此，关于生态文明建设与中国特色社会主义的关系问题，习近平在2019年全国"两会"期间参加内蒙古代表团审议时做出过这样的概括：党的十八大以来，我们党关于生态文明建设的思想不断丰富和完善。在"五位一体"总体布局中生态文明建设是其中一位，在新时代坚持和发展中国特色社会主义基本方略中坚持人与自然和谐共生是其中一条基本方略，在新发展理念中绿色是其中一大理念，在三大攻坚战中污染防治是其中一大攻坚战。这"四个一"体现了我们党对生态文明建设规律的把握，体现了生态文明建设在新时代党和国家事业发展中的地位，体现了党对建设生态文明的部署和要求。

参考文献

[1]　习近平. 推动我国生态文明建设迈上新台阶[J]. 求是，2019（3）.

[2]　中共中央文献研究室. 习近平关于社会主义生态文明建设论述摘编[M]. 北京：中央文献出版社，2017.

[3]　中国共产党第十九次全国代表大会文件汇编[M]. 北京：人民出版社，2017.

[4]　任勇. 加快构建生态文明体系[J].求是，2018（13）.

[5]　任勇. 抓住生态文明体制改革的关键[N].人民日报，2018-04-12.

[6]　任勇. 关于习近平生态文明思想的理论思考[N].中国环境报，2018-05-29.

[7]　中国环境与发展国际合作委员会首席顾问及其专家支持组. 促进中国绿色转型十年之路[M]. 北京：中国环境出版社，2017.

践行习近平生态文明思想，着力推进绿色发展①

⊙ 高世楫

（国务院发展研究中心资源与环境政策研究所所长）

一、鲜明的人民性、科学性、实践性、世界性和时代性

习近平生态文明思想具有鲜明的人民性。"坚持以人民为中心的发展思想，这是马克思主义政治经济学的根本立场"，"中国共产党人的初心和使命，就是为中国人民谋幸福，为中华民族谋复兴"，这是习近平新时代中国特色社会主义思想的全部出发点和归属。推进生态文明建设，目的是提高人民福祉，满足人民日益增长的美好生活需要。习近平谆谆教诲说："良好的生态环境是最公平的公共产品，是最普惠的民生福祉。对人的生存来说，金山银山固然重要，但青山绿水是人民幸福生活的重要内容，是金钱不能代替的。你挣到了钱，但空气、饮用水都不合格，哪有什么幸福可言。"在我国人均 GDP 超过 9000 美元、恩格尔系数（基本生活必需品支出比重）不断下降的同时，人民对良好生态环境的要求越来越高，对生态环境质量的关注度也越来越高。良好生态环境是最公平的公共产品，习近平总书记这些朴实的语言表达，丰富了现阶段我国民生福祉的内容，深刻地诠释了以人民为中心的发展思想。中央顺应人民意愿，坚持生态惠民、生态利民、生态为民，把生态环境保护当作优先事项处理，通过大气污染防治、水污染防治和土壤污染防治等一系列行动计划，着力解决损害群众健康的突出环境问题，以

---

① 此文基于《中国社会科学》2019 年第 9 期高世楫、李佐军的文章"建设生态文明，推进绿色发展"改写。

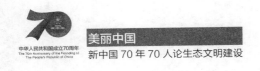
回应人民最迫切的民生关切。

党鲜明的人民性，还体现在习近平关于生态文明建设要动员全民参与、形成全面共治格局的系列论述中。遵循生态文明建设的人民性，就是要动员全体人民共同参与，把建设美丽中国转化为人民群众的自觉行动，人人从自身做起、从身边做起，方能以最小的经济成本和社会成本解决环境污染问题，方能持之以恒地推进生态文明建设，努力形成人与自然和谐发展的新局面。倡导简约适度、绿色低碳的生活方式，反对奢侈浪费和不合理消费，这是对人民负责，对中华民族的生存繁衍负责，也是对世界的可持续发展负责。

习近平生态文明思想，具有充分完整的科学性，体现了辩证法，是对马克思主义唯物史观的继承和发展。唯物史观认为，物质生产力是全部社会生活的物质基础，发展生产力必须尊重自然规律，不能以破坏生态环境为代价。习近平从人类文明发展史的高度，强调推进生态文明建设，强调保护和改善生态环境就是发展生产力。他指出，"人与自然是生命共同体，人类必须尊重自然、顺应自然、保护自然，人类只有遵循自然规律才能有效防止在开发利用自然上走弯路。"

习近平生态文明思想的科学性，体现在对大自然物质循环规律的把握，对人与自然生命共同体安危休戚关系的揭示。2013 年，习近平运用系统思维创造性地提出，山水林田湖草是一个生命共同体，必须对山水林田湖草进行统一保护、统一修复"。习近平生态文明思想遵循生态系统的整体性、系统性及其内在规律，丰富和发展了马克思主义的人化自然观、系统自然观和生态自然观，既体现了中华民族处理人与自然关系的传统智慧，也与现代生态学理论研究的成果，以及经济学对经济活动与生态环境关系分析的最新成果具有一致性。

习近平生态文明思想的科学性，还体现在对科技创新的重视上。绿色发展是生态文明建设的必然要求，产业绿色化和绿色产业化代表了当今科技和产业变革的方向，是最有前途的发展领域。无数事实证明，文明的发展离不开科技创新和科技进步，解决环境问题，建设生态文明，同样离不开科学发现、技术发明和产品创新。这就要求我们"依靠科技创新破解绿色发展难题，形成人与自然和谐发展新格局"。

习近平生态文明思想的科学性，更体现在对绿色发展中经济规律基础性作用的尊重和对美欧国家发展老路的反省上。习近平强调，"生态环境问题归根到底是经济发展方式问题"，生态环境必须系统治理、整体治理，从源头严防、过程严管，不能走先污染再治理的老路。中国现代化是绝无仅有、史无前例、空前伟大的。

习近平生态文明思想具有鲜明的实践性。习近平生态文明思想，植根于中国人民建设现代化国家的客观实践，致力于解决发展过程中的现实问题，充分体现了马克思主义的实践性、革命性和科学性的统一，是马克思主义同中国实践相结合的新发展。习近平在福建、浙江等地主政一方时，都强调要节约资源、保护环境，扎实推进绿色发展，实现可持续发展和人与自然的和谐。这是习近平"绿水青山就是金山银山"生态文明理念的实践之源，也铸就了习近平生态文明思想的实践性特征。党的十八大以来，在习近平总书记的亲自领导下，京津冀协同发展把环境保护协同作为三大协同战略之一；长江经济带发展强调共抓大保护、不搞大开发；在推进"一带一路"倡议中，突出绿色发展。这些实践表明，习近平生态文明思想在改造世界、推进中国现代化进程中，不仅具有普遍性的品格，而且还具有直接现实性的品格。相比之下，西方主流经济学或非主流的左翼经济学等流派的分析，或治标不治本掩盖制度影响的危害，或带有浓厚的经院哲学、生态乌托邦色彩，视其理念为"后现代追求"，都不重视可持续发展的现实可行性。

习近平生态文明思想具有鲜明的世界性。中国在推进史无前例的社会主义现代化建设的同时，不走西方和其他发展中国家先发展后治理的老路，在生态环境遭到严重破坏的逆境中力挽狂澜，冲破重重阻力，全力推进生态文明建设，为发展中国家提供了可资借鉴的中国经验和中国方案，对全球可持续发展大业做出了重大贡献。

中国实施《国家应对气候变化规划（2014—2020）》，率先发布了《中国落实2030年可持续发展议程国别方案》，并以一个发展中大国负责任的担当，实质性地推动了巴黎气候大会决议的形成，赢得了世界的尊重。在2013年2月召开的联合国环境规划署第27次理事会上，中国生态文明理念被正式写入决议案文。2016年5月，中国环境保护部和联合国环境规划署在第二届联合国环境大会上共同发布了《绿水青山就是金山银山：中国生态文明战略与行动》报告。中国还

推动把生态文明和绿色金融纳入 2016 年 G20 首脑峰会共同声明。习近平生态文明思想引领下的中国，正成为全球生态文明建设的参与者、贡献者和引领者，推动各国人民同心协力，建设持久和平、普遍安全、共同繁荣、开放包容、清洁美丽的新世界，构建新历史纪元的人类命运共同体。

习近平生态文明思想具有鲜明的时代性。习近平生态文明思想有来自中国灿烂文明的传统智慧，更反映了人类进入工业化、信息化时代，对人与自然和谐共生关系的最新要求，具备鲜明的时代特征。习近平生态文明思想体现的是，在满足人类对衣食住行高水平需求基础上，实现与自然新的和谐相处，确保生态环境能够支撑人类永恒的生存繁衍。过去半个世纪席卷全球的环境保护运动、"冷战"结束后全球追求和平发展的历程，使保护生态环境、应对气候变化成为与减少和消除贫困同样急迫的主题。发展，仍然是人类追求现代化的基本途径；绿色发展，则成为实现现代化和建设生态文明最基本的逻辑。习近平关于社会主义生态文明建设的思想，科学地回答了生态中心主义和人类中心主义之争中提出的时代难题，以明确的"社会主义生态文明建设的政治立场和价值取向，划清了社会主义生态文明和绿色资本主义的界限"。他指出，"实现可持续发展，要有新的全球视野。老路走不通，创新是出路。"我们应该遵循天人合一、道法自然的理念，寻求永续发展之路。

二、中国绿色发展的先进理念、制度保障和治理体系

习近平生态文明思想，集中体现在"绿水青山就是金山银山"的新财富观和价值观上。这种价值观，不但将山水林田湖草等自然资源的多重价值与人类财富形式、大众福祉联系在一起，而且指明了生态文明建设的最终方向。直观地看，良好生态环境最直接的经济价值，体现在旅游业、绿色农业、森林业等产业所带来的经济收益上，它们的交换价值是可用货币直接度量的。但更重要的是，良好生态环境有巨大的社会价值，因为人民群众享受了绿水青山、白云蓝天、饮食安全等良好生态环境，带来身体健康、情绪愉悦等，从而提高了个人福利水平，并增进了全社会福祉。绿水青山在市场经济劳动二重性及商品二重性的辩证关系

中，以其社会使用价值作为"最公平的公共产品"胜出，被工业文明异化的人化自然，通过绿色发展实践的洗礼和扬弃，重塑为金山银山般最宝贵的社会财富。习近平关于生态环境的新价值观，影响着人类看待自然资源和生态环境价值的方式，也影响着人类理解和度量国民财富的方式。

为了更好地理解良好生态环境的价值、寻找可持续发展的实现途径，国际组织和学者一直试图寻求更全面反映自然资源和生态环境价值的度量方法。世界银行等国际机构以及一些学者，提出了许多关于人类财富范围和计量的方式。生态环境的承载能力并不是固定不变的，它与技术发展水平、人类价值偏好、生产结构和消费模式有关，也与人类与生态环境的交互方式变化有关。通过提高资源效率、养成节俭的消费习惯、控制污染物排放、实施资源循环利用、注重生态修复，可以提高一个地区的生态环境容量，即提高生态系统的韧性（ecosystem resilience）。人类的发展就是管理和优化这些财富组合的过程；人类的永续发展，就是随着人口增长和技术进步，人均综合财富可以实现持续增长的发展或能力。诺贝经济学奖得主肯尼斯·约瑟夫·阿罗等经过计算表明，中国持续投资于人力资本和可替代的物质资本，同时将环境损害控制在一定程度（发展不超过环境容量），完全可以实现可持续发展，即在环境承载能力之内保持人均综合财富的不断增加。对生态环境价值的度量，有助于我们在宏观上判定一个国家经济是否可持续发展。在微观层面，计算自然资源和生态环境的价值，或者计算生态资本的存量和变化，有助于对生态环境服务价值或生态产品价格进行判断，以便通过直接交易或第三方补偿的方式，为生态产品或生态服务支付赔偿或提供补偿。自然生态是有价值的，保护自然就是增值自然价值和自然资本的过程，就是保护和发展生产力，就应得到合理回报和经济补偿。

人民对美好生活的向往，就是我们的奋斗目标。习近平指出，"在这方面，最重要的是要完善经济社会发展考核评价体系，把资源消耗、环境损害、生态效益等体现生态文明建设状况的指标纳入经济社会发展评价体系，使之成为推进生态文明建设的重要导向和约束。"习近平在对唯 GDP 英雄论的批判中形成的新自然资源价值观和新财富观，一定会带领中国走出一条不同于西方工业化国家老路的社会主义生态文明建设创新之路。"

习近平非常重视制度建设在绿色发展和生态文明建设中的保障作用,强调要以此加快推进生态文明领域国家治理体系与治理能力的现代化。"生态红线的观念一定要牢固树立起来。我们的生态环境问题已经到了很严重的程度,非采取最严厉的措施不可","只有实现最严格的制度、最严密的法治,才能为生态文明建设提供可靠保障。"正是在习近平生态文明思想指引下,生态文明体制建设的"四梁八柱"得以建立,从源头到末端的一系列改革措施得以实施,绿色发展有了坚实的制度保障。

《生态文明体制改革总体方案》确立了生态文明体制改革的原则:"坚持正确改革方向,健全市场机制,更好发挥政府的主导和监管作用,发挥企业的积极性和自我约束作用,发挥社会组织和公众的参与和监督作用。"这一原则不同于经济建设领域,强调更好发挥政府对生态文明建设的主导和监管作用,凸显了中国走创新之路的重要特征。在上述原则指导下,《生态文明体制改革总体方案》确立了生态文明体制改革的目标,就是要构建起由自然资源资产产权制度、国土空间开发保护制度、空间规划体系、资源总量管理和全面节约制度、资源有偿使用和生态补偿制度、环境治理体系、环境治理和生态保护市场体系、生态文明绩效评价考核和责任追究制度等八项制度构成的产权清晰、多元参与、激励约束并重、系统完整的生态文明制度体系,推进生态文明领域国家治理体系和治理能力现代化,努力走向社会主义生态文明新时代。

习近平生态文明思想,超越了市场与政府的两分法,走出了两分法带来的两难困境,中国可以比许多以私有制为基础的发展中国家更有效地解决"公地悲剧"问题。正是因为我们较好地处理了政府与市场的关系,我国重大生态环境保护工程的规划、实施和建设的效率,远高于大部分发展中国家和发达国家。在全球绿色发展和生态文明建设中,我国社会制度的优越性将会越来越充分地体现出来。

中国特色社会主义制度最本质的特征和最大的优势是中国共产党的领导。习近平总书记非常重视党在推进绿色发展中的领导作用,把方向、谋大局、定政策,推动生态文明体制改革落实生效。习近平生态文明思想提供了一整套行之有效的方法,正指导中国绿色发展伟大实践踔疾步稳地向前发展。同时,从"生态文明"入《宪法》,到健全法律法规、强化执法司法,中国正加快推进生态文明法治建设，把自上而下与自下而上的监督结合起来。这与依法治国、推进国家治理体系和治理能力现代化的目标是一致的。习近平强调必须强化党政同责、一岗双责的问责机制。中央出台了党政领导干部生态环境损害责任追究制度，建立了中央环保督察制度，以形成有效的制度执行机制。从政治学和行政管理角度看，这种自上而下的问责机制是中国制度体系的显著特点。国家又积极动员全民参与生态文明建设，鼓励人民群众对企业排污、环保机构执法等进行监督。地方防治污染、保护环境的很多创新做法，得到中央的及时鼓励和推广。注重顶层设计、鼓励地方首创、动员全民参与，形成推进生态文明建设的强大合力，在生态环境领域体现出中国制度的独特优势，正凝聚为治理严重环境污染的有效综合体系。习近平高瞻远瞩地从五个方面概述了构建生态文明体系的内容，以及在打赢污染防治攻坚战的基础上打好持久战的发展阶段性。"要加快构建生态文明体系，加快建立健全以生态价值观念为准则的生态文化体系，以产业生态化和生态产业化为主体的生态经济体系，以改善生态环境质量为核心的目标责任体系，以治理体系和治理能力现代化为保障的生态文明制度体系，以生态系统良性循环和环境风险有效防控为重点的生态安全体系。要通过加快构建生态文明体系，确保到 2035 年，生态环境质量实现根本好转，美丽中国目标基本实现。到本世纪中叶，物质文明、政治文明、精神文明、社会文明、生态文明全面提升，绿色发展方式和生活方式全面形成，人与自然和谐共生，生态环境领域国家治理体系和治理能力现代化全面实现，建成美丽中国。"

三、绿色发展是构建高质量现代化经济体系的必然要求

习近平在全国生态环境保护大会的重要讲话中指出："要全面推动绿色发展。绿色发展是构建高质量现代化经济体系的必然要求，是解决污染问题的根本之策。重点是调整经济结构和能源结构，优化国土空间开发布局，调整区域流域产业布局，培育壮大节能环保产业、清洁生产产业、清洁能源产业，推进资源全面节约和循环利用，实现生产系统和生活系统循环链接，倡导简约适度、绿色低碳的生活方式，反对奢侈浪费和不合理消费。"绿色发展是转变经济发展方式、构

美丽中国
新中国 70 年 70 人论生态文明建设
中华人民共和国成立70周年
The 70th Anniversary of the Founding of
The People's Republic of China

建高质量现代化经济体系的重要组成部分。没有绿色发展体系的建构，就没有高质量发展的现代化经济体系。坚决打好污染防治攻坚战，在全面建成的小康社会，绿色发展应当成为高质量发展现代化经济体系的普遍形态。

在创新、协调、绿色、开放、共享的新发展理念引领下，作为中国特色社会主义政治经济学的最新成果，绿色发展观是习近平新时代中国特色社会主义经济思想的重要组成部分。习近平强调，"现代化经济体系，是由社会经济活动各个环节、各个层面、各个领域的相互关系和内在联系构成的一个有机整体。"其整体包括创新引领、协同发展的产业体系，统一开放、竞争有序的市场体系，体现效率、促进公平的收入分配体系，彰显优势、协调联动的城乡区域发展体系，资源节约、环境友好的绿色发展体系，多元平衡、安全高效的全面开放体系，充分发挥市场作用、更好发挥政府作用的经济体制，以上几个体系是统一整体，要一体建设、一体推进。习近平概括的现代化经济体系的七个层面中的绿色发展体系，就是上述生态文明思想在经济建设领域中的体现。七个层面都要坚持以人民为中心的发展思想，坚持党对经济工作和生态文明的领导，强调统筹推进"五位一体"总体布局和协调推进"四个全面"战略布局，处理好政府与市场的关系。建设现代化经济体系，实现从高速度增长转向高质量发展，实现效率变革、质量变革和动力变革，必须要按照绿色发展理念，提高资源效率、保护生态环境，提供更多优质生态产品，满足人民群众物质文化生活和优美生态环境的需要。

从全球视角看，在可持续发展、绿色增长、绿色经济、包容性绿色增长等不同话语下，绿色发展已成为世界发展范式变革的重要内容，是当前世界发展理论创新的重要方向。这些理论和政策框架尽管在内涵、主要内容、评价体系等方面不尽相同，然而其落脚点都是在寻找通向生产发展、生活富裕、生态良好的绿色发展道路。习近平说："我们建设的现代化经济体系，要借鉴发达国家有益做法，更要符合中国国情、具有中国特色。"

加快推进我国的绿色发展，构建现代化经济体系，必须针对存在的制度障碍，按照全面深化改革的要求，加快落实《生态文明体制改革总体方案》。要以习近平生态文明思想为指导，对生态环境领域改革进展进行系统评估，辨识改革中存在的问题，创造更加有利于绿色发展的社会经济制度环境。一是要加快建立和完善健全支撑绿色发展的自然资源资产产权制度、自然资源资产管理新体制、自然资源资产产权交易制度。二是积极推进支撑绿色发展的能源经济体制改革，加快推进石油天然气、电力领域等关键领域改革，建立健全反映真实成本的能源市场价格机制，建设更好发挥政府作用的能源管理体，建立保障公平竞争与能源安全的能源监管体制，加快构建绿色低碳安全高效现代能源体系。三是理顺中央和地方关系，重点突破环境监管"垂直管理"体制改革的关键环节，按照现代市场经济中监管体系现代化的原则，建立公开、透明、专业、高效、可问责的现代监管体系，完善中央和地方两级监管的生态环境监管体系。四是完善绿色发展考核的总体框架，推进生态文明建设绩效评价及问责机制的制度化。按照《生态文明建设目标评价考核办法》，在实施中完善绿色发展考核内容，建立完整、系统、规范的绿色发展考核流程，强化绿色发展考核的结果应用。五是强化绿色发展的法治保障。加快绿色发展重点领域的立法工作，制定和完善自然资源法、环境法、促进绿色低碳转型的能源法等上位法及相关法律法规，深化环境司法体制改革，加快提升绿色发展的执法能力。

制度和政策能够提供推进绿色发展、建设生态文明的持久动力。除了加快推进制度建设，我们还需要制定一系列配套的经济政策，建立完整的政策体系，支持企业迅速获得参与绿色发展的技术能力，提高政府推动绿色发展的管理能力和有效监管能力，提升公众建设生态文明的参与意愿与参与能力。这对发展中国家走向绿色发展道路具有非常重要的意义。

建立绿色产业化和产业绿色化的绿色生产体系，是实现以产业生态化和生态产业化为主体的生态经济体系的核心。为此，需要加快推进资源环境领域的技术创新、商业模式创新，需要建立支撑绿色发展的产业集群和产业生态。对发展中国家而言，对传统产业进行升级改造，尤其需要在政府主导下制定和实施有效的产业政策，并注意与其他相关政策的有效协同。在绿色发展成为全球大趋势的今天，关于绿色产业政策的争议相对较少。从发达国家到发展中国家，目前都有相应的绿色产业政策支持可再生能源发展，促进能源向清洁低碳转型，推动经济社会转型。

中国成功实施绿色产业政策的实践，能够为全球发展带来双重红利。一是降

低产业绿色化和绿色产业化的成本，促进中国绿色发展，改善占人类人口近 19%
的中国人的福祉。二是产生巨大的技术外溢和消费者福利，为全世界提供性价比
最高的绿色产品，对其他国家绿色发展起示范作用。中国产业政策成功的重要意
义，已在信息通信技术（ICT）领域得到充分验证。在清洁能源领域，中国绿色
产业政策也取得了初步成效。目前中国领跑全球新能源发展，是世界风能设备、
太阳能光伏组件的最大生产国，也是风能装机、太阳能光伏装机容量最大的国家。
中国已成为推动全球能源清洁转型的引领者。中国实施绿色产业政策还有很大的
改进空间，今后应注意更好地利用市场机制，更加有效地使用激励手段与约束措
施，防范化解新能源投资的产能过剩，促进技术快速进步，使绿色领域技术突破
和商业模式创新为我国绿色发展提供有力支撑，对全球绿色发展和生态文明建设
作出更大的贡献。

习近平生态文明思想的内涵解读

⊙ 赵建军

［中央党校（国家行政学院）哲学部教授］

一、习近平生态文明思想的孕育和形成

通过对习近平成长经历的追寻和生平事迹的梳理，加之对习近平有关生态文明建设系列讲话的挖掘，初步认为可以将习近平生态文明思想的形成划分为以下几个重要时期：

（一）萌芽时期

1969 年至 1975 年，习近平扎根陕西延川县梁家河，在黄土地上度过了 7 年的知青生涯。为了改善梁家河脆弱的生态环境和人民的生活条件，习近平自费到四川绵阳地区考察沼气池建造技术，在全国刚刚试行沼气池建设的初期，就带领梁家河全村兴建了十几个沼气池，不仅改变了煤油灯照明、砍柴烧火做饭的旧貌，将资源循环利用的新观念传播到当地，同时还缓解了当地的生态环境压力，对脆弱的生态环境起到了保护作用。可以说，黄土高原是孕育习近平生态文明思想的重要土壤。

在正定，习近平同志结合实际提出"大农业"思想，转变种植观念，提高农业技术水平，建立合理的、平衡发展的经济结构，提高土地利用率。在他主持下，正定县委于 1985 年制订《正定县经济、技术、社会发展总体规划》，强调：保护

环境，消除污染，治理开发利用资源，保持生态平衡，是现代化建设的重要任务，也是人民生产、生活的迫切要求。该《规划》还提出 1986 年至 1990 年初步形成农、林、牧三业相辅相成、协调发展的生态农业体系的目标和 1991 年至 2000 年在全县"进一步完善优化生态系统、合理的经济系统、适应需要的能源系统、灵活的信息系统、先进的劳力系统和强大的科技系统"等战略目标。这些内容以鲜明通俗的语言，提出了新的发展理念和具体做法，表达了人与自然和谐的重要思想。

在宁德，习近平为改变闽东地区落后面貌、摆脱贫困持续思考、探求方法。他立足闽东地区主要靠农业吃饭、存在沿海与山区双重经济形态的实际，因地制宜，提出"靠山吃山唱山歌，靠海吃海念海经"的"山海经"，稳住粮食，山海田一起抓，农、林、牧、副、渔全面发展。他把开发林业资源作为闽东振兴的战略问题来抓，"什么时候闽东的山都绿了，什么时候闽东就富裕了"充分说明发展林业是闽东脱贫致富的主要途径。在资源开发中，习近平还特别重视科技的作用，多次提出要科技兴农，依靠科技的力量来开发、利用原来不能利用的资源，或者使现有的资源利用得以延伸等。习近平关于资源开发的论述，着眼于自然系统的良性循环和动态平衡，强调尊重和顺应自然规律，实现人类生产和消费活动与自然生态系统协调可持续发展。

（二）探索时期

习近平调任浙江后，生态文明理念和思想得到深广的丰富和发展。这一时期，习近平将其生态理念的涵盖范围拓展到海洋生态领域，在浙江省委提出"绿色浙江"建设目标基础之上进一步阐述了生态建设与文明发展的关系问题。这一阶段习近平生态文明思想已经形成了相对完善的体系，并开始转向生态环境保护和经济发展的双向互动，提出了具有地方特色的生态建设战略方针，具备了从个别到一般、从特殊到普遍的哲学意义。习近平同志担任浙江省委书记时就曾经讲过："我们追求人与自然的和谐，通俗地讲，就是既要绿水青山，又要金山银山。"他在《浙江日报》发表《绿水青山也是金山银山》，明确提出"生态环境优势转化为生态农业、生态工业、生态旅游等生态经济的优势，那么绿水青山也就变成了金山银山。"

（三）形成时期

党的十八大首次提出"美丽中国"概念，将生态文明建设融入"五位一体"的总体布局中。习近平在致力于美丽中国建设的系列讲话中，使生态文明建设话语逐渐由"生态文化"层面递升至"生态文明"。在美丽中国实践发展的背景下，习近平提出建设生态文明是完成美丽中国建设、实现伟大中国梦的重要内容。这一阶段，习近平开始从顶层设计的高度全方位思考生态系统的整体性和系统性，从十八届四中全会的决定中依法治理生态问题和保障生态建设的内容可以看出，习近平生态法治观念已经提升到了上层建筑的层面。此外，习近平在此阶段还提出了开展生态文明建设的国际合作、不越生态红线等观点。这些包含生态哲学思维的观点与美丽中国建设的实践相得益彰，在治国理政的整体视野和文明建设的系统思维中，使生态文明建设思想实现了从思想观念到上层建筑的递升和生态哲学层面的深化。

党的十九大把建设生态文明上升到中华民族永续发展的千年大计的高度，彰显了生态文明建设在中国社会主义现代化建设中的重要地位。在中国特色社会主义新时代条件下，习近平在党的十九大报告中着重强调："加快生态文明体制改革，建设美丽中国""推进绿色发展、着力解决突出环境问题、加大生态系统保护力度、改革生态环境监管体制"，党的十九大报告深刻而具体地解答了新时代我国生态文明建设道路怎么走的问题。习近平关于生态文明的论述，为新时代社会主义生态文明观的形成奠定坚实基础，开启我国建设生态文明的新篇章。

二、"两山"理论是习近平生态文明思想的重要组成部分

"绿水青山就是金山银山"（简称"两山"理论）是习近平生态文明思想的重要组成部分。这一发展理念为人与自然由冲突走向和谐指明了发展的方向，是人与自然双重价值的共同实现。

（一）"两山"理论的提出与发展

2005 年，时任浙江省委书记的习近平同志在安吉县天荒坪镇余村考察时，首次提出"绿水青山就是金山银山"。2006 年，习近平同志对"两山论"做出了更为精彩的论述："在实践中对绿水青山和金山银山这'两座山'之间关系的认识经过了三个阶段：第一个阶段是用绿水青山去换金山银山，不考虑或很少考虑环境的承载能力，一味索取资源；第二个阶段是既要金山银山，但也要保住绿水青山，这时候经济发展和资源匮乏、环境恶化之间的矛盾开始凸显出来，人们意识到环境是我们生存发展的根本，要留得青山在，才能有柴烧；第三个阶段是认识到绿水青山可以源源不断地带来金山银山，绿水青山本身就是金山银山，我们种的常青树就是摇钱树，生态优势变成经济优势，形成了浑然一体、和谐统一的关系。"

2013 年 9 月 7 日，习近平总书记在哈萨克斯坦纳扎尔巴耶夫大学发表演讲，进一步阐述了"绿水青山"和"金山银山"的辩证关系，提出："我们既要绿水青山，也要金山银山。宁要绿水青山，不要金山银山，而且绿水青山就是金山银山。"短短几句话，全面解释了"两山论"的重要含义。首先在整体上体现了两者的辩证统一，提出经济发展与环境保护是可持续发展的重要组成部分，是不可分割的两个相辅相成的部分；随后又提出，当经济发展和环境保护产生矛盾时，必须遵循生态优先的原则，宁可损失部分经济利益，也不可以拿绿水青山去换金山银山。2015 年 3 月 24 日，中央政治局会议通过了《关于加快推进生态文明建设的意见》，正式把"坚持绿水青山就是金山银山"的理念写进中央文件，使其成为推进生态文明建设的重要指导思想。2017 年 10 月 18 日，"绿水青山就是金山银山"被写入党的十九大报告，成为新时代坚持和发展中国特色社会主义的基本方略的重要内容之一。

（二）"两山"理论的科学内涵

第一，绿水青山就是自然资产。绿水青山泛指自然环境中的自然资源，包括水、土地、森林、大气、化石能源以及由基本生态要素形成的各种生态系统。生态资源首先具备的是生态属性，即自然资源可以提供生态产品和服务，如对气候的调节作用、对土壤的保护作用、对生物多样性的促进作用等。除此之外，生态资源还具备经济属性，即通过开发和利用自然资源，为人类的生产和消费提供支持。所以保护绿水青山，就是为保护其经济价值和增值提供了可能。

第二，绿水青山就是竞争力。绿水青山可以带来金山银山，生态环境对于一个地区来说，不仅仅是人类生存和经济发展的基础，更是凸显区域竞争力的重要组成部分。良好的生态环境是建立和发展城市的必要条件，更是吸引更多外部资金、优秀人才的一大亮点。越来越多的高竞争力地区，已经通过提升当地的生态环境来增强自身的竞争优势，在中国的生态文明建设阶段，这将逐步成为越来越主流的发展趋势。保持住自身的绿水青山，是将金山银山握在手中的必要条件。

第三，绿水青山就是产业基础。在我国大力推行绿色发展、生态产业的背景之下，绿水青山就是发展生态产业的基础。生态农业、生态工业、生态旅游业，无一不是依托美丽而丰富的自然资源，绿水青山就是发展新型生态产业的基础和核心。每个地区应根据当地的实际情况，探索渠道，打通绿水青山与金山银山之间的通道。保护当地的生态环境，就是保障了生产力。要发展和保护两手抓，实现经济和环境保护的双赢局面。

第四，绿水青山就是幸福之源。美丽中国应该是什么样子？每个人心目中都有自己的标准。但是用天蓝、地绿、水净来表达百姓对美丽中国的诉求，肯定能够获得广泛的认同。今天中国的"旅游热"，一方面反映了人们对精神生活的追求，另一方面也反映了人们对城市生活的不满，人们渴望摆脱城市的喧嚣、浑浊以及钢铁、水泥森林的单调、乏味，走进大自然，寻找那难得的静谧、清新和秀丽。面对如此复杂而恶劣的生态环境问题，把绿水青山就是金山银山的要求融入发展战略之中，全面推进生态文明建设，改善生态环境，提高人民的生活质量，让每个人都得以在蓝天下、立于绿色的大地上，呼吸着新鲜的空气、吃着放心的食物、喝着干净的水，与自己的亲人朋友一起欣赏着壮美的锦绣山河。

（三）"两山"理论的理论价值

第一，"两山"理论是绿色发展理念的体现。"金山银山"和"绿水青山"既是矛盾的，也是相互依存的，是对立统一的双生概念。"绿水青山"和"金山银

山"既有本质上的区别,又存在相互转化的可能,而这种转化的途径必然是绿色发展。只有通过绿色发展,才能实现绿水青山源源不断向金山银山转化,否则都是"竭泽而渔"式的暂时利益。同时,"绿水青山"持续不断地转化为"金山银山"需要良好的生态环境的支持,因此,兼顾生态环境的绿色发展成为满足人类社会发展需求的先决条件和必要途径。"绿水青山就是金山银山"是对如何正确处理快速发展与持续发展关系所作出的理性考量。因此,要想实现"绿水青山"就是"金山银山"的转变,建设人与自然高度和谐的生态文明社会,就必须坚持走既有生机盎然的"绿水青山",又有物质丰富的"金山银山"的绿色发展道路。

第二,"两山"理论是人与自然双重价值的实现。人类自身价值与生态环境的自然价值如"鸟之双翼,车之双轮",在人类社会发展的过程中不可偏废。人类在过去的社会发展模式下或者只看到自身的价值所在,犯下"人类中心主义"的错误,或者在发现自然价值以后只保护环境而不谋取发展,错失了社会前进的大好时机,这都不是人类社会与自然环境和谐一致持续发展的正确模式。因此,摆在人类面前的就是一条可以实现人与自然双重价值的发展道路。绿色价值观下,"两山论"体现的就是生态文明的社会形态,"绿水青山"是自然,"金山银山"是发展,二者之间源源不断持续转换。绿色价值观不仅仅是对自然价值的关注,更是对人类科技发展方向、生产方式选择等一切生态价值的考量。人类在推动文明发展的过程中,除了关注社会经济增长,同时还要看到生态指标的发展;对于科技的发展除了考量其对生产力的发展,还要考量其对自然的影响;对于生态环境,不再将其视为人类发展取之不尽、用之不竭的仓库,而是将其视为自身发展的一部分,也是未来人类财富的重要组成。"绿水青山就是金山银山"的论断对人类社会进行了全方面的价值观重构,实现了人类价值观与自然价值观的和谐统一,进而通过绿色发展实现了人与自然的双重价值。

三、人与自然和谐共生是习近平生态文明思想的本质

人与自然和谐共生是基于新时代我国生态环境、社会发展、人民需求而提出的处理人与自然关系的全新要求。在 21 世纪初提出"人与自然和谐相处"是社

会主义和谐社会的基本特征之一，其内涵就是生产发展、生活富裕、生态良好。"人与自然和谐共生"是"人与自然和谐相处"的发展和提升，更加饱含着人与自然辅车相依、唇亡齿寒的命运共同体关系以及人与自然的互动关系。新时代坚持人与自然和谐共生必须努力达到"四个统一"的要求。

（一）坚持理念培育与制度完善相统一

坚持人与自然和谐共生需要理念和制度的双重作用，理念指导人们的行为，制度规范人们的行为，两者需要协同发力，不可只谓其一。在党的十九大报告中，习近平总书记明确指出，坚持人与自然和谐共生，必须树立和践行"绿水青山就是金山银山"的理念。早在2005年习近平同志便提出"绿水青山就是金山银山"的科学论断，这一理念实则强调和突出了自然的价值性，自然生态是有价值的，保护自然就是提升自然价值和累积自然资本的过程，就是保护和发展生产力的过程。值得注意的是，自然的价值性不是因为人的实践活动而产生的，而是通过人的实践体现的，不同的实践方式改变的只是自然价值性的体现方式。工业文明时期，囿于观念局限、技术不成熟等人类社会的因素，人类选择用粗放的方式，以牺牲资源和环境为代价，粗暴地用绿水青山换取金山银山，以前人们常说的"靠山吃山、靠水吃水"便是这个道理。要真正践行"绿水青山就是金山银山"，必须在理念进步和技术发展基础上，从根本上改变人们作用于自然的实践方式，变卖矿石为卖风景、变靠山吃山为养山富山、变美丽风光为美丽经济。

理念培育不是一朝一夕之事，想要生态意识入脑、入心，需要长此以往地坚持去做这项事业。在生态文明建设异常紧迫的当前，还需挺制在前。党的十八大报告指出，保护生态环境必须依靠制度。十八届三中全会又突出强调，建设生态文明，必须建立系统完整的生态文明制度体制，用制度保护生态环境。党的十九大报告更是花大量篇幅讲述深化生态文明体制改革以实现美丽中国。当前应当制定和实行最严格的生态环境保护制度，构建生态文明建设制度体系的四梁八柱，为坚持人与自然和谐共生提供坚实的制度保障。

（二）坚持经济发展与生态保护相统一

要想实现"两个一百年"奋斗目标、实现中华民族伟大复兴的中国梦，不断提高人民生活水平，就必须坚定不移把发展作为党执政兴国的第一要务，坚持解放和发展社会生产力。目前我国国内生产总值已经远超日本，稳居世界第二，对世界经济增长贡献率超过 30%，是世界经济增长的第一引擎，这巨大成就源于一直将发展作为第一要义。中国特色社会主义进入新时代，社会主要矛盾已经转化为人民日益增长的美好生活需要和不平衡不充分发展之间的矛盾，我国社会生产力水平总体上显著提高，在很多方面进入世界前列，更加突出的问题是发展不平衡不充分，这已经成为满足人民日益增长的美好生活需要的主要制约因素。社会主要矛盾虽然已经发展转化，但是归根结底，仍然是人民需求同社会生产之间的矛盾，化解这一矛盾的关键仍在于发展，在于更加注重质量和效益的发展，在于协调人与自然和谐共生的发展。

协调经济发展与生态保护相统一与人与自然和谐共生实则是一个问题的不同方面，经济发展是人类社会的经济发展，人与自然和谐共生也不可能只是单个人与自然的和谐，而是人类社会与自然界的和谐共生，这也正是马克思所强调的，人和自然的关系实际是人类社会和自然的关系，而不是单个的人和外部世界的关系。可以说，坚持经济发展与生态保护相统一是协调人与自然和谐共生的题中之义，前者是后者的必要条件。经济发展与生态保护协调统一：一是指只有坚持经济发展与环境保护相协调，才能保持经济的持续稳定发展。经济发展是人类生活水平高低的问题，而生态环境的保护则是人类能否生存发展的问题。因此，后者是更为根本性的，经济的持续发展必须服从和依赖于生态保护。二是指在经济发展过程中，正确处理好经济与环境生态的关系，通过转变发展方式，优化经济结构、转换增长动力，努力建设现代化经济体系，经济发展与生态保护完全可以走向协调统一。

（三）坚持绿色生产与绿色生活相统一

社会的生产方式以及人的生活方式也是衡量人与自然和谐共生与否的重要

标准。生产方式具有物质生产方式和社会生产方式的双重意义,绿色生产方式相对以往的生产方式也将具有双重意义。在物质生产方式方面,相对传统的生产方式,绿色生产方式将循环、低碳的思想引入物质生产的全过程以及产品生命的全周期,使其在整个生命周期内做到对环境影响最小化、资源消耗最低化;在社会生产方式方面,绿色生产方式将生产关系由单纯的社会关系加入其与自然关系,从单纯考量人类自身的生产发展到考量人与自然的全面发展。绿色生产方式是一种人与自然和谐、可持续的生产方式,是一种积极的生产方式,是一种惠民的生产方式。

绿色生活指通过倡导使用绿色产品、参与绿色志愿服务,引导民众树立绿色、低碳、环境保护、共享的理念,进而使人们自觉养成绿色消费、绿色出行、绿色居住的健康生活习惯,创建绿色家庭、绿色学校、绿色社区,以期在全社会形成一种自然、健康的生活方式,让人们在充分享受绿色发展所带来的便利和舒适的过程中,实现人与自然的和谐共生。绿色生产和绿色生活是密切联系、相辅相成的。绿色生产是绿色生活的前提和基础,只有生产出绿色的产品,人们才有可能实现绿色消费、绿色出行,只有提供更多优质生态产品,才能满足人们日益增长的对优美生态环境的需要;绿色生活的需求又反作用于绿色生产,绿色生活中所形成的需求往往能够调整和引导生产,带动绿色产业的发展,为绿色生产提供源源不断的动力。

（四）坚持当代发展与永续发展相统一

党的十九大报告强调,生态文明建设功在当代、利在千秋,是中华民族永续发展的千年大计。习近平总书记呼吁我们,要牢固树立社会主义生态文明观,推动形成人与自然和谐发展现代化建设新格局,为保护环境作出我们这代人的努力!坚持人与自然和谐共生必须要处理好当代发展与永续发展的关系,发展不能局限于眼前和当代,而是要立足中华民族发展的永续发展。永续发展实则是代际发展的问题,当代人的发展不能以牺牲、挤压后代人的生存资源和空间为代价,从而影响后世的发展。回顾历史,曾经创造一时辉煌的美索不达米亚文明、古巴比伦文明、古埃及文明等都由于没有处理好人与自然的关系,而湮没在历史的长

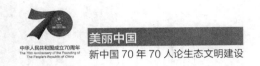

河中，没能实现永续发展。人与自然和谐共生是实现永续发展所必须坚持的重要思想，这里的"人"不是指一国之人，也不是指当代之人，而是指无止境的世代人类。这就要求我们必须用永续发展的思维来进行当代发展，处理好人与自然的关系，与自然达成一种世代和谐、共存共生的状态，以实现人类社会与自然界的永续发展。

参考文献

[1] 习近平难忘知青生活"曾经几回梦里回延安" [EB/OL]. 西部网，2012-11-15.http：//news. cnwest.com/ content/20I2-II/15/content_767695_3.htm.

[2] 哲欣. 让生态文化在全社会扎根[N].浙江日报，2004-05-08（01）.

[3] 习近平. 之江新语[M].杭州：浙江人民出版社，2015：125，257.

[4] 习近平. 习近平谈治国理政[M].北京：外文出版社，2014：211.

[5] 霍小光. 习近平"两座山论"的三句话透露了什么信息[EB/OL].（2017-08-09）. [2015-08-06]. http：//news.xinhuanet.com/politics/2015-08/06/c_1116159476.htm

对生产力理论的重大发展①

⊙ 黎祖交

（原国家林业局经济发展研究中心主任、党委书记）

　　党的十八大以来，习近平总书记在多个场合反复强调："要正确处理好经济发展同生态环境保护的关系，牢固树立保护生态环境就是保护生产力、改善生态环境就是发展生产力的理念"。这一重要论述不仅从全局和战略的高度对我国经济社会可持续发展提出了新的要求，是全党和全国人民建设美丽中国、实现中华民族伟大复兴中国梦的行动指南，而且从思想和理论的高度深刻揭示了生态环境与生产力之间的关系，是对生产力理论的重大发展。

一

　　习近平总书记关于"保护生态环境就是保护生产力、改善生态环境就是发展生产力"的论述对生产力理论的重大发展，首先体现在该论述蕴含的"生态环境生产力也是生产力"的思想，传承和发展了"自然生产力也是生产力"的马克思主义观点。

　　众所周知，地球表面是人类活动的场所，这里存在着人类生活的两个高度相关的世界，一个是由社会圈、技术圈和智慧圈组成的人类社会，一个是由岩石圈、

---

① 此文原载于国家林业局编、中国林业出版社出版的《建设生态文明　建设美丽中国——学习贯彻习近平总书记关于生态文明建设重大战略思想》一书，后在《绿色中国》杂志发表并由作者做了个别修改。

大气圈、水圈和生物圈组成的自然界。根据马克思主义生产力理论，在人类生活的这两个世界中，同时存在着社会物质生产过程和自然物质生产过程，并相应存在着推动这两种物质生产过程的社会生产力和自然生产力。也就是说，生产力是社会生产力与自然生产力相互作用的统一体，它不仅仅指社会生产力，还包括自然生产力。正如马克思曾经指出的：在人类社会发展的任何一个水平上，社会物质生产过程不仅包括人的生产活动，而且包括自然界本身的生产力（《马克思恩格斯全集》，第 26 卷，人民出版社 1972 年版，第 500 页）。简言之，自然生产力也是生产力。

作为马克思主义理论创始人的马克思把自然生产力也视为生产力，是有充分科学根据的。这是因为：社会物质生产和再生产来源于社会物质生产力和自然物质生产力的结合，如果没有自然物质生产力，社会物质生产和再生产就无从谈起；社会物质生产和再生产的过程包括自然物质生产和再生产的过程，甚至在社会物质生产中的人类劳动的间歇期间，作为自然物质生产的物理过程、化学过程和生物过程等过程仍在发生作用；在社会物质生产过程以外，自然物质生产过程提供的物质产品在满足人类需要方面具有同人类劳动产品一样的价值。

令人遗憾的是，长期以来"自然生产力也是生产力"这一马克思主义的重要观点并没有引起人们应有的重视。在传统主流经济学的语境中，往往只承认人的劳动产品的价值，不承认自然界即自然生态系统为人类提供生产生活资料等生态产品与服务的价值，因而只承认社会物质生产和社会生产力，不承认自然物质生产和自然生产力。在这种理论的影响下，人们一方面将地球生态系统为人类提供的各种自然资源视为无价和无限，另一方面又认为自然环境的自我调节和自净能力是无限的，其承载和接纳人类生产生活废弃物的能力和容量也是无限的，从而不断加剧对自然资源的掠夺和无节制地向自然环境排放废弃物，结果造成资源耗竭、环境污染、生态退化等一系列生态和环境问题，乃至出现全球性的生态和环境危机。

正是在全球性生态和环境危机日益凸显的大背景下，习近平总书记适时提出"保护生态环境就是保护生产力，改善生态环境就是发展生产力"的科学论述，不仅使人们看到了人类在推动经济社会发展的同时保护和改善生态环境、遏制全球性生态和环境危机的新的希望，还使人们透过该论述蕴含的"生态环境生产力也是生产力"的深刻思想看到了"自然生产力也是生产力"这一马克思主义观点的真理之光。

这是因为，从现代生态学的视角看，马克思所说的"自然界本身的生产力"就是"自然生态系统的生产力"，也可以简称为"生态生产力"，这在生态学理论日趋成熟的今天已经成为人们的共识。只是在马克思所处的那个年代生态学还没有诞生，因而在马克思的著作中还没有出现"生态系统"或"生态"的用语。而习近平总书记所说的"生态环境"即生态与环境，包含了人类赖以生存、从事生产和生活的地球表面的各类生态系统及其环境、资源在内的所有外部条件，正是生态学语境中"自然生态系统"的应有之义。这就不难看出，习近平总书记论述中蕴含的"生态环境生产力也是生产力"的思想即是"生态生产力也是生产力"，它同马克思提出的"自然生产力也是生产力"的科学含义在本质上是一样的。只是习近平总书记在人类面临全球性生态和环境危机的今天所揭示的"生态环境生产力也是生产力"的深刻思想，比马克思当年提出的"自然生产力也是生产力"的观点更具当今时代的特色，更具现实指导意义。正是从这个意义上，我们说习近平总书记的科学论述传承和发展了"自然生产力也是生产力"的马克思主义观点。

二

习近平总书记关于"保护生态环境就是保护生产力、改善生态环境就是发展生产力"的论述对生产力理论的重大发展，也体现在该论述蕴含的"保护和改善生态环境的能力也是生产力"的思想，深化和丰富了"生产力"概念的内涵。

长期以来，主流经济学界一直把生产力定义为"人类认识自然、利用自然、改造自然，从自然界获得物质资料的力量"或"人类利用自然、改造自然的力量"。据此，人们通常把生产力归结为人与自然界的关系，并在此基础上强调人类改造自然、征服自然、战胜自然的力量。事实上，自工业革命以来，在整个工业文明阶段，人们都是这样理解"生产力"概念的含义的。

　　基于对"生产力"概念的这种理解，人们一直将自己置身于自然界之外，甚至凌驾于自然界之上，把自然当成异己的力量，把发展生产力作为人类向大自然索取的单向活动，而无视大自然向人类提供各种产品与服务的意义以及自然生态系统自身的承载力，无视人类保护和改善自然界提供产品与服务功能的意义。其结果是，人类经济社会的发展取得了日新月异的巨大成就，人们的物质文化生活水平也得到极大提高，但是自然生态系统却遭受到日益严重的破坏，造成各类矿产资源、水资源和土地资源耗竭，森林与湿地面积锐减，水土流失严重、土地荒漠化和石漠化加剧，空气、水和土壤严重污染，生物多样性日益减少，酸雨危害加重，臭氧层破坏和损耗，全球温室气体增加导致气候变暖等一系列愈演愈烈的生态与环境问题，严重影响了人类经济社会的可持续发展和人们物质文化生活质量的可持续提高，乃至直接影响到人类自身的健康。事实证明，这种对"生产力"概念的传统定义在实际上是不可行的，也是不可持续的。

　　而且，从哲学的观点看，这种对"生产力"概念的传统定义也是不符合马克思主义唯物辩证法的对立统一规律的。这是因为：

　　首先，既然生产力表现为人与自然的关系，它就不仅存在人与自然对立的一面，而且存在人与自然统一的一面，即：一方面是人对自然界的利用和改造，另一方面人又在利用和改造自然的同时保护和改善自然，通过人对自然的调节达到人与自然的和谐，使自然界更适合于人类的生存和发展，更好地满足人类生产与生活的需要。

　　其次，生产力作为人的主体能动性主要是通过人和自然之间的物质、能量交换实现的。自然生态系统结构的完整性和功能的可持续性是这种物质、能量交换的前提和基础。人类只有在利用和改造自然的同时尊重自然、顺应自然、保护自然，才能为自身的生存和发展取得必需的、可持续利用的物质、能量和自然环境。

　　因此，运用马克思主义唯物辩证法的对立统一规律全面、完整地理解生产力概念的科学内涵，应该是"人类利用自然、改造自然、保护自然、改善自然，从自然界永续获得物质资料的力量"。换句话说，不仅利用和改造自然的力量是生产力，保护和改善自然的力量也是生产力。

　　必须指出的是，基于生态学语境中"自然界即自然生态系统"的认知和前述习近平总书记所称"生态环境"即"自然生态系统"的理解，这里所说的"保护和改善自然的力量也是生产力"的思想，与习近平总书记论述中蕴含的"保护和改善生态环境的力量也是生产力"的重要观点，其含义是完全一样的。

由此也就可以看出，相对于既有的"生产力"概念而言，习近平总书记这一重要观点确实赋予了其新的科学的内涵。也正是从这个意义上，我们说习近平总书记的重要论述是对"生产力"概念的丰富和发展。

还值得指出的是，习近平总书记论述中蕴含的"保护和改善生态环境的力量也是生产力"的观点在很大程度上也体现了人类对自身面临的全球性生态和环境危机的觉醒及正确应对危机的态度。正如《斯德哥尔摩人类环境宣言》指出的："现在已达到历史上这样一个时刻：我们在决定世界各地的行动的时候，必须更加审慎地考虑它们对环境产生的后果。由于无知或不关心，我们可能给我们的生活和幸福所依靠的地球造成巨大的无法挽回的损害。""保护和改善人类环境是关系到全世界各国人民的幸福和经济发展的重要问题；也是全世界各国人民的迫切希望和各国政府的责任。"

这也进一步告诉我们，习近平总书记的论述不仅对我国经济社会发展具有重要指导意义，也是顺应"保护和改善人类环境"的世界潮流对全人类做出的重大贡献。人们有理由相信，在人类面临全球性生态和环境危机的今天，这一重要观点的提出对于推动人类经济社会的可持续发展所具有的重大理论与实践意义，必将随着时间的推移日益凸显出来。

三

习近平总书记关于"保护生态环境就是保护生产力、改善生态环境就是发展生产力"的论述对生产力理论的重大发展，还体现在该论述蕴含的"生态环境也是生产力的重要因素"的思想，强化和提升了人们对生态环境与生产力关系的认识。

"人类在生产过程中把自然物改造成为适合自己需要的物质资料的力量，包括具有一定知识、经验和技能的劳动者，以生产工具为主的劳动资料，以及劳动

对象。其中劳动者是首要的能动的因素。"这是主流经济学对生产力概念的经典表述。长期以来，尽管人们对生产力概念的含义进行过许多有意义的探索，包括提出"科学技术是第一生产力"的科学论断，为人们深刻理解生产力的科学含义提供了新的视角，但是对于生态环境与生产力之间的关系却少见有人提及。正因为如此，人们在发展生产力的同时往往把生态环境的因素抛之脑后，特别是有些地方、有些领域以无节制消耗资源、污染环境、破坏生态换取经济发展，导致能源资源、生态环境问题越来越突出。正如习近平总书记指出的："我们在生态环境方面欠账太多了，如果不从现在起就把这项工作抓起来，将来会付出更大的代价。"

正是在这种生态环境因素被严重忽略并直接影响我国经济社会可持续发展的严峻形势下，习近平总书记提出"保护生态环境就是保护生产力，改善生态环境就是改善生产力"的科学论断，揭示出生态环境与生产力之间的正确关系，其中蕴含的"生态环境也是生产力的重要因素"的深刻思想，更使我们懂得了生态环境所涉及的方方面面无不与生产力密切相关。

首先，良好的生态环境是作为生产力第一要素的劳动者生存生活的前提条件。这是因为，根据人类生态学原理，人类的生存生活依赖于自然生态系统功能的持续发挥，以保证能源和养料的供应为前提。正如马克思所言："一切人类生存的第一个前提……就是：人们为了能够'创造历史'，必须能够生活，但是为了能够生活，首先就需要衣、食、住以及其他东西。"而这里所说的"衣、食、住以及其他东西"无一不是来自良好的生态环境，而且，用习近平总书记的话来说，"良好的生态环境是最公平的公共产品，是最普惠的民生福祉"，它对于每个人都同样起作用。如果没有良好的生态环境，譬如没有清新的空气、洁净的饮用水和健康的食物，劳动者的生存生活都将成为问题，更谈何发展社会生产力？

其次，作为人类劳动对象的生态环境状况是决定生产力发展的重要因素。这是因为，作为劳动对象的物质资源，不管是土地资源、矿产资源、水资源，还是以森林为主体的生物资源，无一不是来自自然生态系统，即来自生态环境。生态环境的状况如何将直接影响和决定生产力的发展。其中，全球的资源总量和全球生态系统的总承载力将决定全球生产力发展的极限；不同区域的资源总量和生态系统承载力将决定不同区域生产力发展的规模和速度；不同区域所处生态空间、拥有资源品种及其数量的不同将决定不同区域生产力发展的结构和布局，如此等等。

最后，生态环境状况还是影响以劳动工具为主的劳动资料发挥作用的重要因素。这是因为，任何劳动资料只有在适宜的条件下才能发挥应有的作用，一旦缺乏这种适宜的条件，就将导致其作用的失灵。人们熟知的异常气象灾害导致相关区域某些劳动资料作用的失灵就集中反映了这一点。譬如，2008 年初我国南方一些省区的冻灾，不仅导致高速公路严重冰冻、汽车无法开动、交通陷入瘫痪，还导致电力和通信线路严重损毁、电力机车无法使用、工厂设备无法运转、居民生活用电中断和部分通信中断；2009 年我国华北、黄淮、西北、江淮等地 15 个省市遭遇连续 3 个多月的严重干旱，不仅造成冬小麦告急、大小牲畜告急、农民生产生活告急，还造成城市工业生产和城市居民生活用水等诸多方面的全面告急。

综上所述，习近平总书记关于"保护生态环境就是保护生产力、改善生态环境就是发展生产力"的论述，不仅以"生态环境生产力也是生产力"的思想传承和发展了"自然生产力也是生产力"的马克思主义观点，还以"保护和改善生态环境的能力也是生产力"的思想深化和丰富了"生产力"概念的内涵，并以"生态环境也是生产力的重要因素"的思想强化和提升了人们对生态环境与生产力关系的认识。这对于主流经济学生产力理论的发展无疑是一个重大的突破，对于正确处理经济发展同生态环境保护的关系更具有十分重大的现实指导意义。我们一定要认真学习，深刻领会，努力贯彻执行。

习近平生态文明思想：
核心要义、内在特征与时代意义

⊙ 俞　海
（生态环境部环境与经济政策研究中心环境战略部主任）

　　2018 年 5 月 18 日召开的全国生态环境保护大会是我国生态文明建设和生态环境保护历程中具有划时代里程碑意义的重要会议。大会的一个重大标志性成果和最大创新就是首次正式提出和确立了习近平生态文明思想。习近平总书记传承中华民族优秀传统文化、顺应时代潮流、世界趋势和人民意愿，着眼"五位一体"总体布局和"四个全面"战略布局，站在坚持和发展中国特色社会主义、实现中华民族伟大复兴中国梦的战略和历史高度，深刻回答了为什么建设生态文明、建设什么样的生态文明、怎样建设生态文明等重大理论和实践问题，形成了科学系统的习近平生态文明思想，集中体现了我们党的历史使命、执政理念、责任担当，成为习近平新时代中国特色社会主义思想的重要组成部分，是我们党在生态文明建设和生态环境保护领域重大理论和实践问题的有机结合以及集体智慧的结晶，有力指导生态文明建设和生态环境保护取得历史性成就、发生历史性变革。准确把握和理解习近平生态文明思想的核心要义、内在特征和时代意义对于指导我们打好污染防治攻坚战、建设美丽中国十分重要。

一、核心要义

习近平生态文明思想涵盖了生态文明建设的历史定位、基本理念、本质关系、政治要求、目标指向、实践方法、根本保障、国际视野等诸多方面，体现了对人与自然关系的科学认识，体现了对人类文明发展规律、自然规律和经济社会发展规律的深刻洞察，体现了对中华民族永续发展根本大计的清醒认识，为推进美丽中国建设提供了方向指引、根本遵循和实践动力，为树立"四个自信"提供了强大支撑，为世界可持续发展提供了中国理念、中国方案和中国贡献。习近平生态文明思想内涵丰富、系统完整、博大精深，可以从八个方面予以理解和把握。

（一）坚持生态兴则文明兴

这充分体现了习近平生态文明思想的深邃历史观。习近平总书记强调，生态文明建设是中华民族永续发展的千年大计，功在当代、利在千秋，关系人民福祉，关乎民族未来，是实现中华民族永续发展与伟大复兴的根本保证。生态环境是人类生存最为基础的条件，是持续发展最为重要的基石。无论从世界还是从中华民族的文明历史看，生态环境的变化直接影响文明的兴衰演替。必须坚持节约资源和保护环境的基本国策，像对待生命一样对待生态环境，坚定走生产发展、生活富裕、生态良好的文明发展道路，为中华民族永续发展留下根基，为子孙后代留下天蓝、地绿、水净的美好家园。这个深邃的历史观来源于对生态兴衰则文明兴衰历史教训的深刻洞察。这一观点既蕴含着中国传统文化的哲学思想，又贯穿了马克思主义历史唯物主义和辩证唯物主义的哲学思维。纵观历史，放眼世界，人类文明都不可能脱离这条社会发展的普遍定律。

（二）坚持人与自然和谐共生

这充分体现了习近平生态文明思想的科学自然观。习近平总书记在党的十九大报告中强调："坚持人与自然和谐共生。建设生态文明是中华民族永续发展的千年大计。"同时强调，"人与自然是生命共同体。生态环境没有替代品，用之不觉，失之难存"。全国生态环境保护大会更是将生态文明建设上升为"根本大计"。

人生活在天地之间，以天地自然为生存之源、发展之本，在与自然的相互作用中，创造和发展了人类文明。在这个历程中，人与自然关系经历从依附自然到利用自然、再到人与自然和谐共生的发展过程。今天，人类社会正日益形成这样的普遍共识：人因自然而生，人与自然是一种共生关系，对自然的伤害最终会伤及人类自身。人类必须尊重自然、顺应自然、保护自然，否则就会遭到大自然的报复，这个客观规律谁也无法抗拒。

（三）坚持绿水青山就是金山银山

这充分体现了习近平生态文明思想的绿色发展观。习近平总书记反复强调："要正确处理好经济发展同生态环境保护的关系，牢固树立保护生态环境就是保护生产力、改善生态环境就是发展生产力的理念，更加自觉地推动绿色发展、循环发展、低碳发展，决不能以牺牲环境为代价去换取一时的经济增长。"绿水青山就是金山银山，深刻揭示了发展与保护的本质关系，阐明了保护生态环境就是保护生产力、改善生态环境就是发展生产力的道理，指明了实现发展与保护内在统一、相互促进、协调共生的方法论和新路径。坚持绿色发展是发展观和价值观的一场深刻革命。绿水青山既是自然财富、生态财富，又是社会财富、经济财富。保护生态环境就是保护自然价值和增值自然资本的过程、保护经济社会发展潜力和后劲的过程，把生态环境优势转化为经济社会发展优势，绿水青山就可以源源不断地带来金山银山。必须树立和贯彻新发展理念，处理好发展与保护的关系，推动形成绿色发展方式和生活方式，努力实现经济社会发展和生态环境保护协同共进。

（四）坚持良好生态是最普惠民生福祉

这充分体现了习近平生态文明思想的基本民生观。习近平总书记强调，环境就是民生，青山就是美丽，蓝天也是幸福；生态环境是关系党的使命宗旨的重大政治问题，也是关系民生的重大社会问题；良好生态环境是最普惠的民生福祉，坚持生态惠民、生态利民、生态为民；要把解决突出生态环境问题作为民生优先领域。习近平总书记这些意蕴深远的重要论述，升华了我们对生态文明建设重要性的认识，指明了新时代推进生态文明建设必须坚持的重大原则，诠释了以人民为中心的发展思想，对于大力推进生态文明建设、不断满足人民群众日益增长的优美生态环境需要，具有重要指导意义。

（五）坚持山水林田湖草是一个生命共同体

这充分体现了习近平生态文明思想的整体系统观。生态环境是统一的自然系统，是各种自然要素相互依存实现循环的自然链条。这个生命共同体是我们人类生存与发展最根本的物质基础。秉持山水林田湖草是一个生命共同体的理念，就要从系统工程和全局角度寻求新的治理之道，不能头痛医头、脚痛医脚，必须按照生态系统的整体性、系统性及内在规律，统筹兼顾、整体施策、多策并举，全方位、全地域、全过程开展生态环境保护，统筹考虑自然生态各要素、山上山下、地表地下、陆地河流海洋以及流域上下游等，进行整体保护、宏观管控、综合治理，增强生态系统循环能力，维护生态平衡，达到系统治理的最佳效果。

（六）坚持用最严格制度、最严密法治保护生态环境

这充分体现了习近平生态文明思想的严密法治观。2013 年 5 月，习近平总书记在中央政治局第六次集体学习时指出，只有实行最严格的制度、最严密的法治，才能为生态文明建设提供可靠保障。要建立责任追究制度，对那些不顾生态环境盲目决策、造成严重后果的人，必须追究其责任，而且应该终身追究。习近平总书记提出的"实行最严格的制度、最严密的法治"的"最严"生态"法治观"，充分表达了中央的坚决态度，同时也牢牢抓住了生态文明建设的"牛鼻子"。实行最严格的生态环境保护制度，就是按照"源头预防、过程控制、损害赔偿、责任追究"十六字思路，建立健全严守资源环境生态红线、健全自然资源资产产权和用途管制制度、健全生态保护补偿机制、完善政绩考核和责任追究制度等重大制度。

（七）坚持建设美丽中国全民行动

这充分体现了习近平生态文明思想的全民行动观。习近平总书记强调，生态

文明建设同每个人息息相关，每个人都应该做践行者、推动者。优美生态环境为人民群众和全社会共同享有，需要全社会共同建设、共同保护、共同治理。每个人都是生态环境的保护者、建设者、受益者，每个人都不是旁观者、局外人、批评家，都不能只说不做，置身事外。建设生态文明和美丽中国是一项长期而艰巨的系统工程，需要全体中华儿女团结奋斗，每个人积极参与。生态环境保护是生态文明建设的主阵地和根本措施，全民行动是生态文明建设和环境保护工作的基础和保障。只有加快构建全民参与生态环境保护的社会行动体系，人人担负起建设生态文明的责任，从我做起，珍惜资源，保护环境，建设美丽中国、实现人与自然和谐共处的美好目标才能真正变为现实。

（八）坚持共谋全球生态文明建设之路

这充分体现了习近平生态文明思想的全球共赢观。习近平总书记强调，人类是命运共同体，建设绿色家园是人类的共同梦想，保护生态环境，应对气候变化，维护能源资源安全，是全球面临的共同挑战，任何一国都无法置身事外，需要各国同舟共济、共同努力。国际社会应该携手同行，构筑尊崇自然、绿色发展的生态体系，共建清洁美丽的世界，保护好人类赖以生存的地球家园。作为负责任的大国，我国已成为全球生态文明的重要参与者、贡献者、引领者，建设生态文明既是我国作为最大发展中国家在可持续发展方面的有效实践，也是为全球环境治理提供的中国理念、中国方案和中国贡献。

二、内在特征

习近平生态文明思想是习近平总书记个人深邃思想、科学认识、生动实践和中国特色社会主义建设事业伟大工程紧密结合、相辅相成、螺旋上升而产生的智慧结晶，经历了从"朴素"的思想萌芽到系统的生态文明思想的嬗变过程，具有深厚的理论基础和实践支撑。习近平生态文明思想之所以能够成为指导我国生态文明建设和生态环境保护工作的根本思想，是因为其具有深刻的、内在的、区别于其他或以往相关理念的特征要素，这些特征要素决定了习近平生态文明思想作为生态文明建设和生态环境保护工作的根本遵循和行动指南具有强大的生命力，是我们必须长期坚持的指导思想。

（一）理论的创新性

习近平生态文明思想，基于人类文明发展经验教训的历史总结以及人类文明发展意义的深邃思考，深刻洞察新时代我国生态环境保护新形势、新目标、新矛盾、新问题、新要求，秉承天人合一、顺应自然的中华优秀传统文化理念，对传统生态环境保护理论进行了扬弃和升华，对世界可持续发展理论进行了传承和深化，对中国特色社会主义建设理论进行了丰富和发展，是马克思主义生态观和发展观的最新理论成果。比如，习近平总书记提出的"绿水青山就是金山银山"这一思想指明了绿水青山和金山银山绝不是对立的，是辩证统一、相辅相成、互动共赢的关系，这就摒弃和突破了过去把生态环境与经济发展关系对立起来的传统僵化思想和思维，为实现生态优先和绿色发展协同共进指明了方向、路径和方式。

（二）论断的科学性

习近平生态文明思想是习近平同志在长期工作实践中不断积累和深刻思考中形成的，是对人类文明发展规律、自然规律、经济社会发展规律以及新时代生态环境保护工作规律的最新认识，是经得起实践检验、历史检验、人民检验的科学真理。比如，习近平总书记提出的"生态兴则文明兴"论述，就是对人与自然关系历史演进规律的科学认识。又比如，习近平总书记"生态环境质量出现稳中向好趋势，但成效并不稳固"以及"三期叠加"的论断就是对我国当前生态文明建设和生态环境保护基础、形势、挑战和机遇的清醒认识和科学判断，为我们科学决策、科学施策、科学打好污染防治攻坚战描绘了科学坐标。

（三）指导的全局性

习近平生态文明思想是从统筹推进"五位一体"总体布局和协调推进"四个全面"战略布局的宏观视野上对生态文明建设和生态环境保护的系统性、整体性和全局性的思考和判断，是指导生态文明建设和生态环境保护宏观全局工作的方

针路线、世界观和方法论，不是局部的、片面的、部分的理念和政策。比如，习近平生态文明思想中的深邃历史观、科学自然观、绿色发展观、全民行动观、全球共赢观等，都充分体现了对生态文明建设和生态环境保护不同维度和视角思考的全局性，体现了在习近平新时代中国特色社会主义思想指导下对生态文明建设和生态环境保护基本方略和行动纲领思考的全局性，体现了生态文明建设和生态环境保护在实现全面建成小康社会和建设社会主义现代化强国目标下角色和作用的全局性。特别是"山水林田湖草是一个生命共同体"的论述，是强调自然资源和生态环境保护整体系统观和方法论思想的生动表达。

（四）影响的长期性

生态文明建设和生态环境保护任重道远，是一个需要长期努力、爬坡过坎、久久为功的过程。习近平总书记强调，建设生态文明是中华民族永续发展的千年大计和根本大计，生态文明建设功在当代、利在千秋。习近平生态文明思想基于历史、立足当下、面向全球、着眼长远，不仅是指导当前打好污染防治攻坚战的根本遵循和行动指南，也是指导我国建设美丽中国、实现社会主义现代化强国生态文明目标、共谋全球生态文明之路的思想指引，其作用和影响是根本的、长远的，是具有历史性意义的光辉思想。

（五）实践的有效性

实践是检验真理的唯一标准。习近平生态文明思想之所以成为全党全国全社会共同遵循和坚持的指导思想，就是因为其在过去指导具体实践中产生的重大成果，是源于实践，又指导实践，经过实践检验的真理思想。党的十八大以来，在习近平生态文明思想指导下，我国生态文明建设力度空前，美丽中国新图景徐徐展现，开展了一系列根本性、开创性、长远性工作，推动生态环境保护发生历史性、转折性、全局性变化。过去5年，我国生态文明建设和生态环境保护领域思想认识程度之深、污染治理力度之大、制度出台频度之密、执法督察尺度之严、环境改善速度之快前所未有。未来，习近平生态文明思想仍将继续指导我们，推动我国生态文明建设迈上新台阶。

（六）内容的体系性

习近平生态文明思想的特征还在于它本身规范严整的体系,在于深刻回答了为什么建设生态文明、建设什么样的生态文明、怎样建设生态文明等重大理论和实践问题。比如,为什么建设生态文明?是因为生态兴则文明兴、建设生态文明是中华民族永续发展的千年大计、良好的生态环境是普惠的民生福祉,建设生态文明就是为了国家、民族、人民的长治久安和幸福生活。建设什么样的生态文明?就是要建设人与自然和谐共生的现代化强国,在经济建设不断取得新发展的同时,保持良好的环境和完备的生态系统,为当代和后代留下天蓝、地绿、水净的美好家园。同时,生态危机、环境危机成为全球挑战,没有哪个国家可以置身事外,独善其身。国际社会应该携手同行,共谋全球生态文明建设之路。怎样建设生态文明?就是坚持绿水青山就是金山银山,探索生态优先和绿色发展协同共进的新路子,处理和平衡好发展与保护的关系,让良好生态环境带来更多绿色财富;就是坚持以严密的法治和严格的制度保护生态环境,按照源头严防、过程严管、后果严惩的思路,制定与执行并重,惩处与激励并举,让制度成为刚性的约束和不可触碰的高压线,为生态文明建设和生态环境保护提供制度保障;就是坚持山水林田湖草是一个生命共同体,遵循生态系统的整体性、系统性及其内在规律,进行整体保护、系统修复、综合治理、统筹考虑自然生态各要素、山上山下、地上地下、陆地海洋和流域上下游,增强生态系统循环机能,维护生态平衡;就是坚持生态文明建设全民行动,构建全民参与环境保护的社会行动体系,人人担负起建设生态文明的责任,从我做起,珍惜资源,保护环境,建设美丽中国、实现人与自然和谐共处。

三、时代意义

习近平生态文明思想主题鲜明、逻辑严密、系统完整、内涵丰富,为我们在新的历史起点上推进生态文明和建设美丽中国提供了思想武器、方向指引、根本依据、行动遵循和实践动力。习近平生态文明思想集中体现了我们党的历史使命、

执政理念和责任担当，对决胜全面建成小康社会、建设美丽中国、建成现代化强国具有创新的理论意义、深远的历史意义、重大的现实意义和鲜明的世界意义。

（一）习近平生态文明思想创新的理论意义是进一步丰富和发展了马克思主义人与自然观

习近平总书记以马克思主义政治家、理论家的深刻洞察力、敏锐判断力和战略定力提出的新时代中国特色社会主义生态文明思想，继承了马克思主义关于人与自然关系思想的理论、精神和品质，准确深刻地把握了新时代我国人与自然关系的新形势、新矛盾、新特征、新问题，与时俱进，提出了新时代建设我国人与自然和谐共生的现代化要遵循的一系列新理念、新思路、新战略，为我国走出一条生产发展、生活富裕、生态良好的文明发展道路指明了方向，通篇闪耀着马克思主义真理的光辉。习近平生态文明思想源于实践又指导实践，为推进新时代生态文明建设和生态环境事业发展提供了基本遵循，开辟了马克思主义人与自然关系思想的新境界，是 21 世纪马克思主义人与自然关系思想的一次极大跃升，为丰富和发展马克思主义人与自然关系思想作出了决定性的历史贡献，是马克思主义基本原理与中国具体实际相结合的又一次生动实践。

（二）习近平生态文明思想深远的历史意义是成为习近平新时代中国特色社会主义思想的有机组成和重要内容

习近平总书记以巨大的政治勇气和强烈的责任担当，站在坚持和发展中国特色社会主义、实现中华民族伟大复兴中国梦的战略高度，高举旗帜、立论定向、把握大势、总揽全局，把生态文明建设和坚持中国特色社会主义、实现社会主义现代化、实现中华民族伟大复兴有机贯通起来，深刻揭示了生态文明建设的本质、特征、规律和路径，开辟了生态文明建设理论和思想的新境界，开辟了生态文明建设实践和行动的新境界，开辟了全球生态文明建设参与、引领和贡献的新境界，为新时代生态文明建设和生态环境事业发展提供了科学的行动指南和强大的精神力量。习近平生态文明思想是党和人民在生态文明建设和生态环境领域实践经验和集体智慧的结晶，集中体现了社会主义生态文明观，是全党全国人民为实现中华民族美丽中国梦而奋斗的行动指南，成为习近平新时代中国特色社会主义思想不可分割的有机组成部分，为打好污染防治攻坚战、推进生态文明、建设美丽中国、引领全球生态文明建设提供了共同思想根基、凝聚了磅礴精神力量，是我们必须长期坚持和不断发展的指导思想。

（三）习近平生态文明思想重大的现实意义是成为我国生态文明建设和生态环境事业的根本遵循和行动指南

习近平总书记从世界观和方法论的高度，用"八个坚持"的理论支撑，阐述了新时代社会主义生态文明观的逻辑内涵和方略，具有很强的政治性、战略性和指导性，是引领我们实现建成人与自然和谐的现代化强国和中华民族美丽中国梦的光辉旗帜和思想灵魂。我们要牢固树立"四个意识"，深刻领会这一思想的精神实质和丰富内涵，持之以恒用这一伟大思想武装头脑、指导实践、推动生态文明建设和生态环境事业开创新局面。

（四）习近平生态文明思想鲜明的世界意义是为全球可持续发展贡献了中国思想、方案和价值观

习近平生态文明思想从人类文明进步的新高度来清醒把握和全面统筹解决资源环境等一系列问题，从经济、政治、文化、社会、环境等领域全方位着眼着力，在更高层次上实现人与自然、环境与经济、人与社会的和谐，不仅为实现中华民族永续发展提供了更科学的理念和方法论指导，而且也是对世界可持续发展理论和实践的巨大贡献。习近平生态文明思想坚持共谋全球生态文明建设之路，立足国内，着眼全球，不仅要为中国人民创造良好生产生活环境，而且也为全球生态安全做出贡献，构建清洁美丽的世界，成为全球生态文明建设的重要参与者、贡献者、引领者。习近平生态文明思想以及我国推动的生态文明建设与联合国的目标协调一致，许多宝贵理念和最佳实践等得到国际社会的高度关注和积极评价，已经逐步成为世界性语言和全球价值观。

参考文献

[1] 习近平. 推动我国生态文明建设迈上新台阶[J]. 求是，2019（3）.

[2] 求是编辑部. 在习近平生态文明思想指引下迈入新时代生态文明建设新境界[J]. 求是，
     2019（3）.

[3] 中共中央 国务院关于全面加强生态环境保护坚决打好污染防治攻坚战的意见（2018 年
     6 月 16 日）.

[4] 全国干部培训教材编审指导委员会. 推进生态文明 建设美丽中国[M]. 北京：人民出版
     社，党建读物出版社，2019.

深入学习领会习近平生态文明思想的实践品格和实践要求

⊙ 胡勘平

（中国生态文明研究与促进会研究与交流部主任）

实践是认识的来源，也是认识发展的动力。实践为认识发展提供必要的条件，也锻炼和提高主体认识能力。实践是检验真理的标准，也是认识的根本目的。马克思主义认识论的核心要义，就是坚持"实践第一"的观点，强调一切从实际出发，尊重实践对认识的决定性作用。

在 2018 年 5 月举行的全国生态环境保护大会上，习近平总书记全面总结了党的十八大以来我国生态文明建设和生态环境保护工作取得的历史性成就、发生的历史性变革，科学分析了当前面临的任务挑战，深刻阐述了加强生态文明建设的重大意义，对推进新时代生态文明建设确立了重要原则，对加强生态环境保护、打好污染防治攻坚战进行了具体部署。这次大会的一个标志性成果，就是确立了习近平生态文明思想。习近平生态文明思想传承中华民族传统文化，顺应时代潮流和人民意愿，站在坚持和发展中国特色社会主义、实现中华民族伟大复兴中国梦的战略高度，有力指导生态文明建设和生态环境保护取得历史性成就、发生历史性变革。习近平生态文明思想深刻回答了为什么建设生态文明、建设什么样的生态文明、怎样建设生态文明的重大理论和实践问题，是中国共产党的重大理论

和实践创新成果，是"新时代推动生态文明建设实践的根本遵循"①。这一"来源于实践并且已经得到实践证明"②的思想具有鲜明的实践品格，体现了问题导向、时代导向和人民导向。深入学习认识习近平生态文明思想的实践品格，深刻理解把握习近平生态文明思想的实践要求，对于全面推进绿色发展、加快建设美丽中国具有重要意义。

一、习近平生态文明思想：源于实践，证于实践

习近平新时代中国特色社会主义思想是在实践经验的基础上提炼、升华而成的，在指导实践、推动实践中发挥出巨大威力。一方面，这一思想是实现历史性变革的根本指针，以其深刻的理论性、实践性和鲜明的战略性、前瞻性，从根本上引领了党和国家事业全面开创新局面。另一方面，这一思想的实践价值是作用于现实的，更是影响长远的，必将随着实践的发展而更加充分彰显。《中国共产党章程》指出，习近平新时代中国特色社会主义思想是"党和人民实践经验和集体智慧的结晶"。作为这一思想的重要组成部分，习近平生态文明思想同样植根于党和人民的实践，是在建设生态文明的探索实践中生根、发芽、开花、结果的，有着"源于实践""证于实践"的重要特征。

从实践角度来看，习近平生态文明思想的一个重要来源，就是在从政实践经历中的思考和感悟。习近平同志历来高度重视研究解决生态文明建设中的实践课题。无论是在地方还是在中央工作期间，他都提出了一系列富有战略远见和理论创见的新论断。这些新论断接地气、得民心，无不来自生态文明建设的探索实践，是对实践进行总结提炼的产物和结晶，成为习近平生态文明思想中带有标志性的重要理念。

研究者按照习近平从地方到中央工作过的地域范围，将习近平生态文明思想的形成大致划分为以下几个阶段。一是延安梁家河时期。20 世纪六七十年代，

① 中共中央　国务院 2018 年 6 月 16 日发布的《关于全面加强生态环境保护 坚决打好污染防治攻坚战的意见》。
② 全国干部培训教材编审指导委员会. 推进生态文明 建设美丽中国[M]. 北京：人民出版社，党建读物出版社，2019.

习近平在陕北延安的梁家河插队任党支部书记时，就开始思考黄土高原的生态变迁。他带领群众改善生态、打坝造田，发展生产，利用秸秆和禽畜粪便，成功建起了陕西第一口沼气池。这是他在生态环境保护方面实践经验的最初来源之一。二是河北正定时期。习近平结合当地实际提出要树立"大农业"思想，实现农业生态平衡，生态目标和经济目标相统一，建立良性循环生产结构。他在主持编制《正定市经济、技术和社会发展规划》时强调，"保护环境，消除污染，保持生态平衡，是现代化建设的重要任务，也是人民生产、生活的迫切要求"，坚持把"宁肯不要钱，也不要污染，严格防止污染搬家、污染下乡"这句话写了进去。这些内容以鲜明通俗的语言，提出了新的发展理念和具体做法，表达了人与自然和谐的重要思想。三是福建工作时期。习近平同志提出闽东地区"靠山吃山唱山歌，靠海吃海念海经"的"山海经"，强调要达到社会、经济、生态三者效益的协调；提出"城市生态建设"的战略构想和生态文明理念，主张利用当地的生态环境优势来发展经济，以自然优势推动相关产业的发展，以此推动经济增长，带动当地生产力的解放和发展；担任福建省长期间，习近平同志亲自担任省生态建设领导小组组长，启动了福建有史以来最大规模的生态保护工程，极富前瞻性地提出建设"生态省"的战略构想。四是主政浙江时期。习近平在提出"绿色浙江"建设目标基础之上进一步阐述了生态建设与文明发展的关系问题，多次强调要加强生态保护和建设的政绩考核和其他相关制度建设，提出要"探索建立鼓励发展循环经济的政绩考核体系和相应的激励导向及约束机制""逐步将发展循环经济纳入法制化轨道"。他在《浙江日报》发表《绿水青山也是金山银山》，明确提出"生态环境优势转化为生态农业、生态工业、生态旅游等生态经济的优势，那么绿水青山也就变成了金山银山"。五是美丽中国建设时期。习近平开始从顶层设计的高度全方位思考生态系统的整体性和系统性，一系列包含生态哲学思维的观点与美丽中国建设的实践相得益彰，在治国理政的整体视野和文明建设的系统思维中，习近平生态文明思想实现了丰富和升华。

习近平生态文明思想最为深厚的实践基础，是党的十八大以来在推进生态文明建设伟大实践中形成的认识成果。我国在经济社会发展上创造了举世瞩目的"中国奇迹"，同时也积累了大量生态环境问题，人民群众对清新空气、安全饮食

和优美环境的呼唤日渐迫切。党的十八大提出努力建设美丽中国，实现中华民族永续发展，把生态文明建设放在突出地位，融入经济建设、政治建设、文化建设、社会建设各方面和全过程，将"中国共产党领导人民建设社会主义生态文明"写入党章。十八届三中全会提出加快建立系统完整的生态文明制度体系，十八届四中全会要求用严格的法律制度保护生态环境，十八届五中全会将绿色发展纳入新发展理念。党的十九大报告提出建设富强民主文明和谐美丽的社会主义现代化强国，把"坚持人与自然和谐共生"作为新时代坚持和发展中国特色社会主义的基本方略之一，强调"提供更多优质生态产品以满足人民日益增长的优美生态环境需要"。2018 年 3 月 11 日，十三届全国人民代表大会第一次会议通过《中华人民共和国宪法修正案》，生态文明正式写入国家根本大法，实现了党的主张、国家意志、人民意愿的高度统一。随着一系列重大战略举措和方针政策发布推行，全党全国贯彻绿色发展理念的自觉性和主动性显著增强，在生态文明建设实践中迈出了坚实步伐，取得了显著成效。习近平生态文明思想集中反映了党中央对经济社会发展规律认识的深化和对自然规律认识的升华，是我们党关于生态文明建设和社会主义现代化建设规律性认识的最新成果，指导我们党的发展理念、发展方式和执政理念、执政方式发生着深刻变革。党和国家在推进生态文明建设实践探索中所采取的举措、取得的成效和积累的经验，都为习近平生态文明思想的创立和发展提供了重要根据和坚实基础。

二、习近平生态文明思想具有鲜明的实践品格

习近平在党的十九大报告中指出，"时代是思想之母，实践是理论之源"。这一重要论断既体现了马克思主义的实践观点，也反映了长期以来我们党推进理论创新的宝贵经验，是对理论创新规律的深刻揭示。

实践性是马克思主义的鲜明品格，也是其科学性和生命力之所在。马克思主义是具有实践品格的科学体系，从实践中产生，在实践中发展，以改变现实世界为目的，不断被新的实践所补充、修正和完善，成为一种以实践性为本质特征的理论学说。理论联系实践、实践反哺理论、理论再指导实践，是马克思主义认识

论和唯物辩证法的重要特征。

习近平生态文明思想是以实践为标准检验真理，根据时代变化和实践发展，不断深化认识，不断总结经验，不断进行理论创新，坚持理论指导和实践探索辩证统一，实现理论创新和实践创新良性互动，在这种统一和互动中形成和发展的，有着鲜明的实践品格。主要体现在：

坚持实践第一观点。实践决定认识，是认识的源泉，也是认识的归宿。荀子的"知之不若行之"，陆游的"绝知此事要躬行"，王阳明的"知行合一"，强调的都是认识和实践的关系。理论一旦脱离了实践，就会成为僵化的教条，失去活力和生命力。实践如果没有正确理论的指导，也容易"盲人骑瞎马，夜半临深池"。习近平生态文明思想的形成和发展中，始终突出实践理性，注重实践效果，坚持实践标准，在正确认识世界的基础上有效改造世界，坚持马克思主义方法论中的"实践第一"的观点和基本要求。

坚持突出问题导向。习近平同志指出："问题是创新的起点，也是创新的动力源""理论创新只能从问题开始。从某种意义上说，理论创新的过程就是发现问题、筛选问题、研究问题、解决问题的过程"习近平同志生态文明思想深刻回答了为什么建设生态文明、建设什么样的生态文明、怎样建设生态文明的重大理论和实践问题，注重深入研究解决改革发展过程中重大问题，当今时代面临的紧迫课题和人民群众普遍关心的热点问题，有着很强的现实针对性和指导性。

坚持注重调查研究。对客观实际情况做深的调查了解和分析研究，是做好各项工作的基本功。习近平同志关于生态文明建设和生态环境保护的重要论述，以把事情的真相和全貌调查清楚、把问题的实质和规律把握准确、把解决问题的思路和对策研究透彻为前提，注重从调查了解到的真实情况中把握脉络、提炼真知，推动理论创新。

坚持人民是实践主体。生态文明建设是人民群众共同参与和共同建设的事业。习近平生态文明思想坚持人民是实践的主体，站在人民的立场上思考和认识问题，反映最广大人民群众的利益和意志，以人民对美好生活的向往为出发点和落脚点，集中广大人民群众的智慧，把蕴藏在人民群众中的新创造、新经验发掘出来并充分吸纳。

坚持朴素实在的表达。列宁曾写过一个简单的公式:"最高限度的马克思主义=最高限度的通俗和简单明了。"习近平同志关于生态文明建设的重要论述,特别善于从具体事实和经验当中提炼出一些重要结论,口语化、形象化的表述,如"保护生态环境就是保护生产力,改善生态环境就是发展生产力""绿水青山就是金山银山""良好生态环境是最公平的公共产品,是最普惠的民生福祉""要像保护眼睛一样保护生态环境,像对待生命一样对待生态环境""环境就是民生,青山就是美丽,蓝天也是幸福"……这些重要观点用语浅显直白、简洁明快、非常口语化和形象化,很容易被群众所理解和运用。

三、深刻把握和全面贯彻习近平生态文明思想的实践要求

深入学习和践行习近平生态文明思想,就要深刻理解其实践品格,准确把握其实践要求,学思用贯通,知信行统一,自觉用习近平生态文明思想武装头脑、指导实践、推动工作,在推进生态文明实践创新中注重结合实际、落到实处、取得实效。

生态文明建设是一项长期、复杂、艰巨的系统工程。习近平总书记在全国生态环境保护大会上指出要加快构建生态文明体系,强调要加快建立健全以生态价值观念为准则的生态文化体系,以产业生态化和生态产业化为主体的生态经济体系,以改善生态环境质量为核心的目标责任体系,以治理体系和治理能力现代化为保障的生态文明制度体系,以生态系统良性循环和环境风险有效防控为重点的生态安全体系。这是从理论与实践结合的层面对生态文明建设做出的总体部署,提出的具体要求。

推进生态文明建设,既要全面推进,又要根据不同时期的不同情况,分步实施、突出重点。笔者认为,当前全面贯彻习近平生态文明思想,应重点把握好以下几个方面的实践要求:

全面加强党的领导,扛起推进生态文明建设实践的政治责任。党政军民学,东西南北中,党是领导一切的。党的领导是加强生态文明建设和生态环境保护的根本政治保证。习近平生态文明思想深刻体现着中国共产党人为中国人民谋幸

福、为中华民族谋复兴的初心和使命。党的十八大以来，生态文明建设发生历史性变革、取得历史性成就，一个根本的原因，就是有以习近平同志为核心的党中央的坚强领导。把习近平生态文明思想落到实处、见到实效，关键在于以党的建设推动生态文明建设，以党的领导统领生态文明建设，坚决扛起生态文明建设的政治责任。这既从历史观的维度把握了中国共产党的立党之本、执政之基、力量之源，又立足于当代中国发展的阶段性特征和新时代人民群众对美好生态环境的需求，体现了强烈的宗旨意识，顺应了人民群众的美好期待。各级党委和政府都要严格落实"党政同责、一岗双责"，压实领导干部生态文明建设责任，强化对生态文明建设的总体设计和组织领导，统筹协调处理重大问题，指导、推动、督促各地各部门落实党中央、国务院重大决策部署和政策措施。

坚决打赢、打好污染防治攻坚战，夯实生态文明建设的实践基础。随着我国经济持续快速发展和人民生活水平大幅提高，人民群众对清新空气、清澈水质、安全食品、清洁环境等生态产品的需求日益迫切。要以改善生态环境质量为核心，以解决人民群众反映强烈的大气、水、土壤污染等突出问题为重点，坚决打赢、打好污染防治攻坚战，集中力量攻克生态环境方面的难题：以空气质量明显改善为刚性要求，强化联防联控，基本消除重污染天气，还老百姓蓝天白云、闪烁繁星；深入实施水污染防治行动计划，保障饮用水安全，基本消灭城市黑臭水体，还老百姓清水绿岸、鱼翔浅底；全面落实土壤污染防治行动计划，突出重点区域、行业和污染物，强化土壤污染管控和修复，让老百姓吃得放心、住得安心；持续开展农村人居环境整治行动，打造美丽乡村，为老百姓留住鸟语花香、田园风光。

深化生态环境监管体制改革，用最严格制度、最严密法治保护生态环境。习近平总书记指出："只有实行最严格的制度、最严密的法治，才能为生态文明建设提供可靠保障。"党的十八大以来，以习近平同志为核心的党中央推动生态文明体制改革全面提速，形成了"四梁八柱"的生态文明制度体系，内容涵盖了自然资源资产产权、国土空间开发保护、空间规划、资源总量管理和全面节约，资源有偿使用和生态补偿、环境治理和生态保护市场体系，生态文明绩效评价考核和责任追究等方方面面。在 2018 年党和国家机构改革中，国务院新组建了自然资源部和生态环境部，有力解决了我国生态环境领域长期存在的九龙治水、多头

治理及所有者与监管者职责不清晰等问题，理顺了生态文明管理体制机制，生态文明建设翻开了历史性的一页。当前，我国生态环境保护中存在的突出问题大多同体制不健全、制度不严格、法治不严密、执行不到位、惩处不得力有关。因此，要加快制度创新，建立起产权清晰、多元参与、激励约束并重、系统完整的生态文明制度体系，完善源头严防、过程严管、后果严惩的法治体系，着力破解制约生态文明建设的体制机制障碍。当务之急是抓好已出台的生态文明建设改革举措的落地，及时制定新的改革方案，不断健全自然资源资产管理体制，改革生态环境监管体制，推进生态文明领域国家治理体系和治理能力现代化。要强化制度执行，让制度成为刚性约束和不可触碰的高压线。在生态环境保护问题上，就是要不能越雷池一步，否则就应该受到惩罚。这为我们划出了一条清晰的、明确的、不可逾越的底线。

坚持创新引领，发挥科技第一生产力的作用。习近平同志指出："绿色循环低碳发展，是当今时代科技革命和产业变革的方向，是最有前途的发展领域，我国在这方面的潜力相当大，可以形成很多新的经济增长点。"生态文明建设不仅仅需要理论创新、制度创新，更需要绿色科技作为动力支撑。绿色科技创新在污染治理、优化能源、生态修复中都扮演着重要角色，提供着不竭动力。要构建市场导向的绿色技术创新体系，围绕战略性新兴产业发展方向和重点，发展绿色金融，壮大节能环境保护产业、清洁生产产业、清洁能源产业。要坚持把汇聚创新资源作为重要抓手和战略举措，着力创新机构、人才和资金三种重要资源的汇聚。

全面推动绿色发展，加快实现发展方式和生产生活方式的绿色化。加快建立绿色生产和消费的法律制度和政策导向，建立健全绿色低碳循环发展的经济体系；构建市场导向的绿色技术创新体系，发展绿色金融，壮大节能环境保护产业、清洁生产产业、清洁能源产业；推进能源生产和消费革命，构建清洁低碳、安全高效的能源体系；推进资源全面节约和循环利用，实施国家节水行动，降低能耗、物耗，实现生产系统和生活系统循环链接。

习近平同志强调，"生态文明建设同每个人息息相关，每个人都应该做践行者、推动者"。在生态文明建设中，每个人都不应该做旁观者、局外人。必须加强生态文明宣传教育，强化公民环境意识，构建全民行动体系，推动形成节约适度、绿色低碳、文明健康的生活方式和消费模式，反对奢侈浪费和不合理消费，深入开展节约型机关、绿色家庭、绿色学校、绿色社区和绿色出行等创建活动，推动形成全社会共同参与的良好风尚，把建设美丽中国化为人民自觉行动。

习近平生态文明思想的治理之维

⊙ 林 震

（北京林业大学文学院院长）

　　到 21 世纪中叶把我国建设成为富强民主文明和谐美丽的社会主义现代化强国是中国共产党不变的初心和使命。实现生态文明领域的治理体系和治理能力现代化是建设美丽中国的必由之路和必要保障。新中国成立 70 年来，我国在生态文明领域探索出了诸多富有创新性的经验做法，走出了富有中国特色的生态文明建设之路，形成了习近平生态文明思想，在生态环境保护方面取得了历史性的成就。习近平生态文明思想的形成，得益于他从事生态环境建设和保护的经历和体会，得益于他对生态文明和可持续发展的系统思考。本文从治理体系和治理能力现代化的维度，梳理习近平在地方从政期间开展绿色治理的过程，阐释生态文明治理体系的内涵，提出提升生态文明治理能力的建议。

一、习近平地方绿色治理的形成和实践历程

（一）梁家河：陕北第一口沼气池

　　1969 年 1 月，15 岁半的习近平离开北京，来到了自然环境恶劣的陕北黄土高原。从 1969 年到 1975 年，习近平一共在梁家河待了 7 年时间。正是这 7 年的磨砺，改变了习近平的人生。他曾深情地回忆说："15 岁来到黄土地时，我迷惘、

彷徨；22 岁离开黄土地时，我已经有着坚定的人生目标，充满自信。作为一个人民公仆，陕北高原是我的根，因为这里培养出了我不变的信念：要为人民做实事！无论我走到哪里，永远是黄土地的儿子。"据梁家河村民武晖回忆，"1972 年到 1973 年这两年，是近平人生的一个转折点……我记得近平跟我聊过：'我为什么就不能在梁家河扎根呢？我为什么就不能留在这里为老百姓干好事呢？自己的路自己走，自己的事情自己干！'可以说，近平那个时候的世界观和价值观就开始奠定了。"

在这期间，世界和我国环境保护历史也都发生了一个里程碑的事件。1972 年 6 月，我国派代表团参加了在瑞典首都斯德哥尔摩召开的首届联合国人类环境会议。1973 年 8 月，第一次全国环境保护会议在北京召开，揭开了我国环境保护事业的序幕，会议确定了环境保护的 32 字工作方针，即"全面规划，合理布局，综合利用，化害为利，依靠群众，大家动手，保护环境，造福人民"。对于平时坚持读书看报的习近平来说，这些天下大事他是有所了解的，也或多或少地影响了他的行为。

1974 年 1 月，正是《人民日报》报道的四川大办沼气的消息吸引了习近平。春节刚过，习近平就借了路费去四川考察学习发展沼气技术，回到延川后结合当地气候等条件进行研究、施工，终于在梁家河试验成功了陕西省第一口沼气池，点燃了第一盏沼气灯，他带领村民建起了几十口沼气池，基本解决了烧饭、照明的问题。习近平也成了远近闻名的建沼气的"专业户"。在他的带动下，被称为"能源革命"的沼气建设在延川县迅速形成热潮。截至 1975 年 9 月 30 日，全县建成沼气池 3200 多口，15 个公社均建有沼气池，47 个大队基本实现了沼气化。

（二）正定：宁肯不要钱，也不要污染

1982 年 4 月，习近平到河北省正定县工作，1983 年 7 月出任正定县委书记。20 世纪 80 年代初，我国的环境保护进入了一个新的阶段。1982 年 3 月，国家成立城乡建设环境保护部，内设环境保护局。1983 年 12 月 31 日，第二次全国环境保护会议工作召开，将环境保护确立为我国的一项基本国策。当时，中国社会科学院副院长于光远提出了类似今天一二三产融合的"大十字农业"设想，以及

建设"生态县"和"生态省"的想法。主政正定的习近平在深入调查县情的基础上，提出了"依托城市，引进智力，加速'两个转化'"的新战略，请来于光远等专家做顾问，结合当地实际提出树立"大农业"思想，确立了"半城郊型"经济模式，建立合理的、平衡发展的经济结构和良性循环的生产结构，提高土地利用率，实现农业生态平衡、生态目标和经济目标相统一的战略措施，一举改变了正定高产穷县的历史。针对发展乡镇企业和商品经济可能带来的环境污染问题，他主持制订了 1985 年《正定县经济、技术、社会发展总体规划》，明确提出正定县在 20 世纪末之前环境保护工作的基本目标是：制止对自然环境的破坏，防止新污染发生，治理现有污染源。《规划》特别强调："宁肯不要钱，也不要污染，严格防止污染搬家、污染下乡。"《规划》还把发展林业作为建设生态农业、保持生态平衡的一项重点；同时就节制用水、保护地下水资源，积极开展能源研究、抓好新能源推广等提出了具体措施。

（三）保护自然资源建设美丽厦门

1985 年 6 月至 1988 年 6 月，习近平同志先后任厦门市委常委、副市长、常务副市长，作为厦门经济特区初创时期的领导者、开拓者、建设者，他不仅注重特区发展的顶层设计，主持编制了《1985—2000 年厦门经济社会发展战略》，为厦门发展指明了方向；而且重视城市建设过程中对生态环境和历史文化的保护。针对当时自然资源过度开采问题，习近平态度鲜明："能不能以局部的破坏来进行另一方面的建设？我自己认为是很清楚的，厦门是不能以这种代价来换取其他方面的发展。""由于愚昧造成的破坏已经不是主要方面了，现在是另一种倾向，就是建设性的破坏，这种破坏不一定就是没有文化的人做的，但反映出来的又是一种无知，或者说是一种不负责任。"他从全局高度提出了切合实际的举措，"总的原则是：对于岛内要采取最大限度的保护，对于岛外、郊县，也要加强管理、规划和审批。……过去讲'靠山吃山、靠水吃水'，但破坏资源的做法要坚决管住，这是各级政府的职责。"针对鼓浪屿万石山乱砍滥伐的问题，习近平指出，鼓浪屿上的树木很多是华侨引种进来的，要保护这些树种，这里面有很多稀有品种，一定要把工作做细，把这些古树名木保护起来。他指示要做好万石山片区的总体规划，"能把自然景观和人文景观十分和谐地结合在一起者为数并不多，很有必要视鼓浪屿为国家的一个瑰宝，并在这个高度上统一规划其建设和保护。"针对筼筜湖水污染问题，1988 年 3 月 30 日，习近平主持召开关于加强筼筜湖综合治理专题会议，打响了厦门整治环境污染的一场大硬仗。会议明确建立综合治理机制，组建由相关职能部门和专家组成的筼筜湖治理领导小组，创造性地提出"依法治湖、截污处理、清淤筑岸、搞活水体、美化环境"的 20 字方针。习近平的远见和坚持，为把厦门建设成为"经济繁荣、社会文明、布局合理、环境优美的现代化国际性花园城市"奠定了坚实的基础。

（四）从生态脱贫到生态省建设

1988—1990 年，习近平担任宁德地委书记。为了改变闽东地区落后面貌，他提出要因地制宜，念好"山海经""森林是水库、钱库、粮库"，闽东经济发展的潜力在于山，兴旺在于林，把开发林业资源作为闽东振兴的一个战略问题来抓。同时他又指出，"这种开发不是单一的，而是综合的；不是单纯讲经济效益的，而是要达到社会、经济、生态三者的效益的协调。"在担任福州市委书记期间，他倡议并主持编定了《福州市 20 年经济社会发展战略设想》，科学谋划了福州 3 年、8 年、20 年经济社会发展的战略目标、步骤、布局、重点等，简称"3820"工程，在谋求福州经济实现高速度、高效益、跳跃式前进和超常规发展的同时，提出了"城市生态建设"的理念，要把福州建设成为"清洁、优美、舒适、安静，生态环境基本恢复到良性循环的沿海开放城市"。

在担任省委副书记、省长期间，习近平治水秀山，积极推进福建生态省建设。他高度重视闽江流域整体性保护，提出要加强闽江上游的植被保护和生态林建设；他提出要根治西湖污染，给人民群众创造一个美好、舒适的生活环境；他多次关心、调研木兰溪的治理工作，根治了木兰溪水患；他关注并指导长汀水土流失治理，使"长汀经验"成为我国水土流失治理的样板和典范。

1999 年，海南省在全国率先作出建设生态省的决定。2000 年，时任福建省省长的习近平就提出建设生态省的战略构想，并亲自担任生态省建设领导小组组长，指导编制了《福建生态省建设总体规划纲要》。这一前瞻性的规划为福建保

住了绿水青山，也为日后成为第一个国家生态文明试验区留下了最宝贵的资源和最具竞争力的优势。

（五）推进生态建设，打造"绿色浙江"

2002 年，习近平由闽入浙，当时浙江经济在全国名列前茅，如何破解发展难题、让经济社会更上一层楼是习近平经常思考的问题。12 月 18 日，履新省委书记不到一个月的习近平主持召开省委十一届二次全体（扩大）会议，提出"以建设生态省为重要载体和突破口，加快建设'绿色浙江'，努力实现人口、资源、环境协调发展"。2003 年，浙江正式启动生态省建设，习近平要求一任接着一任干，一年接着一年抓，努力使浙江率先建成经济繁荣、山川秀美、社会文明的生态省。他在当年第 13 期《求是》杂志发表《生态兴则文明兴——推进生态建设　打造"绿色浙江"》一文，提出了"生态兴则文明兴，生态衰则文明衰"的著名论断。他把推进生态建设，打造"绿色浙江"，看作是一项事关全局的宏大的系统工程，是功在当代的民心工程、利在千秋的德政工程。在 7 月召开的省委十一届四次全体（扩大）会议上，习近平作出了进一步发挥"八个方面优势"、推进"八个方面举措"的重大决策部署，包括进一步发挥浙江的生态优势，创建生态省，打造"绿色浙江"。此后，"八八战略"成为浙江全面深化改革的路线图。

主政浙江期间，习近平同志对生态文明建设有了更深入、多方面的思考和论述。一是"两山论"的逐步形成。2005 年 8 月 15 日，他在安吉县天荒坪镇余村调研时指出："生态资源是最宝贵的资源，绿水青山就是金山银山。不要以牺牲环境为代价推动经济增长。要有所为有所不为，当鱼和熊掌不可兼得时，要知道放弃，要知道选择，要走人与自然和谐发展之路。"此后他又多次就"两山"之间的关系做了深刻的阐述，认为二者既会产生矛盾，又可辩证统一；实践中对这"两座山"之间关系的认识经过了过度索取、倒逼保护和实现双赢三个阶段。二是环境治理的城乡统筹。通过深入调研，习近平发现，广大农村还普遍存在"室内现代化、室外脏乱差""垃圾无处去、污水到处流"等现象。在他的直接推动下，浙江启动"千村示范、万村整治"工程，开启了村庄整治建设大行动。他亲自抓"千万工程"的部署落实，每年都召开一次全省现场会做示范指导和案例分析。如今，这一示范工程已在全国推广，成为各地争相学习的样板。三是生态省建设的体系观。习近平提出，生态省建设要努力构建"五大体系"：以循环经济为核心的生态经济体系，可持续利用的自然资源保障体系，山川秀美的生态环境体系，与资源、环境承载力相适应的人口生态体系，以及科学高效的能力支持保障体系。此外，他还注重陆海统筹，注重生态治水，注重制度和文化建设等。

二、习近平生态文明思想的治理之维

2018 年 5 月 18 日召开的全国生态环境保护大会宣告习近平生态文明思想的确立。习近平总书记在大会上指出，新时代推进生态文明建设，必须坚持好以下六个原则：一是坚持人与自然和谐共生，坚持节约优先、保护优先、自然恢复为主的方针，像保护眼睛一样保护生态环境，像对待生命一样对待生态环境，让自然生态美景永驻人间，还自然以宁静、和谐、美丽；二是绿水青山就是金山银山，贯彻创新、协调、绿色、开放、共享的发展理念，加快形成节约资源和保护环境的空间格局、产业结构、生产方式、生活方式，给自然生态留下休养生息的时间和空间；三是良好生态环境是最普惠的民生福祉，坚持生态惠民、生态利民、生态为民，重点解决损害群众健康的突出环境问题，不断满足人民日益增长的优美生态环境需要；四是山水林田湖草是生命共同体，要统筹兼顾、整体施策、多措并举，全方位、全地域、全过程开展生态文明建设；五是用最严格制度、最严密法治保护生态环境，加快制度创新，强化制度执行，让制度成为刚性的约束和不可触碰的高压线；六是共谋全球生态文明建设，深度参与全球环境治理，形成世界环境保护和可持续发展的解决方案，引导应对气候变化国际合作。习近平总书记还特别强调要加快构建生态文明体系，加快建立健全：以生态价值观念为准则的生态文化体系，以产业生态化和生态产业化为主体的生态经济体系，以改善生态环境质量为核心的目标责任体系，以治理体系和治理能力现代化为保障的生态文明制度体系，以生态系统良性循环和环境风险有效防控为重点的生态安全体系。

党的十八届三中全会把完善和发展中国特色社会主义制度，推进国家治理

体系和治理能力现代化，作为全面深化改革的总目标。国家治理体系指的是党领导人民管理国家的制度体系，包括经济、政治、文化、社会、生态文明和党的建设等各领域的体制、机制和法律法规安排，也就是一整套紧密相连、相互协调的国家制度。国家治理能力，是国家运用制度管理社会各方面事务的能力。习近平总书记指出，改革开放以来，我们党认识到并始终强调领导制度、组织制度问题更带有根本性、全局性、稳定性和长期性。国家治理体系和治理能力是一个国家的制度和制度执行能力的集中体现，两者相辅相成。而治理体系和治理能力的现代化，是一个极为宏大的过程，是要推动中国特色社会主义制度更加成熟、更加定型，为党和国家事业发展、人民幸福安康、社会和谐稳定、国家长治久安提供一整套更完备、更稳定、更管用的制度体系，是要实现党、国家、社会各项事务治理制度化、规范化、程序化，不断提高运用中国特色社会主义制度有效治理国家的能力。

生态文明领域的治理体系和治理能力现代化是国家治理体系和治理能力现代化的重要组成部分。党的十八大以来，习近平总书记亲自指导和推动生态文明制度建设和生态文明体制改革，取得了历史性的成就，也使我国的生态环境面貌发生了历史性的转变。

对生态文明治理体系的认识，可以有不同的角度。从治理的主体来说，一般包括国家（政府）、市场（企业）和社会（公众）。在我国，生态文明建设是在党的集中统一领导下，各级党委、政府发挥主导作用，当然不同部门之间也有决策、执行、监督等职能的分工；企业要做到自觉、自律，同时要积极发挥市场机制和科技创新的作用，为节能减排做出贡献；社会组织和公众个人要牢固树立节约意识、环境保护意识、生态意识，践行绿色生活方式，同时积极发挥社会的监督作用，形成人人、事事、时时崇尚生态文明的社会氛围。从治理的对象来看，生态是统一的自然系统，山水林田湖草是一个生命共同体。要按照生态的内在规律，统筹兼顾、整体施策、多措并举，全方位、全地域、全过程开展生态文明建设。

从纵向的角度来看，生态文明治理体系主要包括全球治理、区域治理（国际）、国家治理、区域治理（省际）、地方治理和基层治理（社区）六个层级。其中居于核心地位的是国家层面的生态文明制度体系建设。从横向的角度来看，我国是按照源头严防、过程严管、后果严惩的思路，构建产权清晰、多元参与、激励约束并重、系统完整的生态文明制度体系，建立有效约束开发行为和促进绿色发展、循环发展、低碳发展的生态文明法律体系，实现用最严格的制度、最严密的法治保障生态文明的目标。2015 年出台的《生态文明体制改革总体方案》提出，到 2020 年构建起由自然资源资产产权制度、国土空间开发保护制度、空间规划体系、资源总量管理和全面节约制度、资源有偿使用和生态补偿制度、环境治理体系、环境治理和生态保护市场体系、生态文明绩效评价考核和责任追究制度等八项制度构成的生态文明制度"四梁八柱"的完整体系。

生态文明治理能力的现代化，对于当前我国各级党委和政府来说，主要应从顶层设计、统筹协调、攻坚克难、制度建设、文化养成等五个方面着手，全面提升系统治理、合作治理、科学治理、依法治理、持续治理能力。

提升生态文明系统治理的能力，就是要认识到生态文明建设是一项系统工程，牵一发而动全身，必须科学谋划、做好顶层设计，统筹推进、做到多规合一；要认识到山水林田湖草是一个生命共同体，人的命脉在田，田的命脉在水，水的命脉在山，山的命脉在土，土的命脉在树和草，生态治理要统筹兼顾，不能顾此失彼，要善于综合运用经济、行政、工程、技术、法律、宣传等手段，而不是简单的单兵突进；要认识到人类只有一个地球，世界各国是一个人类命运共同体，需要统筹国内外因素，积极引领全球生态文明建设。

提升生态文明合作治理的能力，就是要坚持优美生态环境需要由全社会共同建设、共同保护、共同治理、共同享有。在政府内部，要加强各部门、各层级、各地区之间的配合协调，发挥团结协作的正能量，避免推诿扯皮、争权夺利。在国际层面，要加强各国和其他国际组织在气候变化、生态修复、节能减排、生物多样性保护等领域的交流合作，共享经验、共迎挑战，不断开拓生产发展、生活富裕、生态良好的文明发展道路，为实现联合国 2030 年可持续发展议程目标而共同努力。

提升生态文明科学治理的能力，就是要遵循生态学原理，遵循自然和社会发展规律，实事求是，科学规划，因地制宜，统筹兼顾，打造多元共生的生态系统。要树立绿色、低碳、可持续发展理念，尊重自然、顺应自然、保护自然，推动形

成人与自然和谐发展现代化建设新格局。要优化国土空间开发格局,严格控制开发强度,严守生态保护红线,促进生产空间集约高效、生活空间宜居适度、生态空间山清水秀。

提升生态文明依法治理的能力,就是要推动生态文明领域的制度化、法制化、规范化、程序化,不断完善生态文明的法律制度体系,同时强化法律和制度的执行,让制度成为刚性的约束和不可触碰的高压线。要强化生产者环境保护的法律责任,大幅度提高违法成本。要建立以改善生态环境质量为核心的目标责任体系,构建科学合理的考核评价体系,对那些损害生态环境的责任人,要真追责、敢追责、严追责、终身追责。

提升生态文明持续治理的能力,就是要看到,生态文明建设任重而道远,要弘扬艰苦奋斗精神,持之以恒,驰而不息,一年接着一年干,一代接着一代干,绵绵用力,久久为功,实现在 21 世纪中叶建成富强民主文明和谐美丽的社会主义现代化强国的宏伟目标。

习近平生态文明思想的理论品格和实践引领

⊙ 黄茂兴①

（全国人大代表、福建师范大学经济学院院长）

生态文明是实现人与自然和谐发展的必然要求，生态文明建设是关系中华民族永续发展的根本大计。在 2018 年 5 月召开的全国生态环境保护大会上，习近平总书记发表重要讲话，着眼人民福祉和民族未来，从党和国家事业发展的全局出发，全面总结党的十八大以来我国生态文明建设和生态环境保护工作取得的历史性成就、发生的历史性变革，深刻阐述加强生态文明建设的重大意义，提出加强生态文明建设必须坚持的重要原则、要求、途径和举措等一系列重大问题，为加强社会主义生态文明建设提供了根本遵循，引领着中华民族在建设社会主义现代化强国的伟大复兴征途上奋勇前行。习近平总书记深邃的历史视野，宽广的世界眼光，对人类文明发展经验教训的历史总结和思考，大大丰富和发展了马克思主义生态观，是习近平生态文明思想的重要内容，为新时代推进生态文明建设提供了重要遵循。

一、习近平生态文明思想的重大理论创新

习近平总书记坚持马克思主义生态思想的传承与创新，对处于生态文明建设核心地位的人与自然关系进行深度总结和高度升华，把"坚持人与自然和谐共生"

---

① 叶琪对本文亦有贡献。

作为新时代坚持和发展中国特色社会主义基本方略的重要组成部分，以此为出发点，系统地回答了为什么建设生态文明、建设什么样的生态文明以及怎样建设生态文明等重大问题，形成了"顶天、立地、横拓、纵延"的生态文明思想体系。

（一）顶天：生态文明建设担负着中华民族伟大复兴的历史使命

实现中华民族伟大复兴是中华民族近代以来最伟大的梦想，然而，复兴之路充满了荆棘和挑战，保护生态环境、应对气候变化、维护能源资源安全就是其中之一。在生态文明贵阳国际论坛 2013 年年会开幕式上，习近平总书记强调，走向生态文明新时代，建设美丽中国，是实现中华民族伟大复兴的中国梦的重要内容，把生态文明建设融入经济建设、政治建设、文化建设、社会建设各方面和全过程。习近平总书记多次在主持中央政治局集体学习和进行考察时强调，要清醒认识保护生态环境的紧迫性和艰巨性，清醒认识加强生态文明建设的重要性和必要性，以高度负责的态度和责任真正下决心把环境污染治理好。习近平总书记在 2016 年底对生态文明建设的重要指示中再次强调，生态文明建设是"五位一体"总体布局和"四个全面"战略布局的重要内容。党的十九大报告中把生态文明上升到中华民族永续发展的千年大计，并把"美丽"纳入建设社会主义现代化强国的奋斗目标。可见，习近平总书记早已把生态文明建设视为中国特色社会主义事业的重要组成部分，视为是关乎中国前途和命运的关键抉择，这也是对中国特色社会主义理论体系的重要发展和贡献。

（二）立地：生态文明建设夯实了国家富强人民富裕的发展基础

国家富强、人民富裕是社会稳定、国家长治久安的根本，强本固基要以高度发达的生产力水平和和谐稳定的社会关系为保障。习近平总书记突破了传统认为生产力水平主要依靠要素投入和技术创新的狭隘思维，独辟蹊径地提出"保护生态环境就是保护生产力、改善生态环境就是发展生产力"，这是对生产力理论的重大创新。习近平总书记还辩证统一地概括了经济发展和环境保护的关系，"绿水青山就是金山银山""良好生态环境是最公平的公共产品，是最普惠的民生福祉"等鲜明地指出了环境保护并不必然以牺牲经济发展为代价，生态文明建设可以产生巨大的生态效益、经济效益、社会效益，造福人类。习近平总书记把生态文明建设提高到政治高度，指出"建设生态文明，是民意，也是民生""广大人民群众热切期盼加快提高生态环境质量。我们要积极回应人民群众所想、所盼、所急，大力推进生态文明建设，提供更多优质生态产品，不断满足人民群众日益增长的优美生态环境需要。"习近平总书记创新性地把生态文明建设作为解决我国当前社会主要矛盾的重要途径，作为实现国强民富的重要手段，这是对其绿色治国思想和生态民生观的生动诠释。

（三）横拓：生态文明建设拓展了生态环境保护的战略视野

生态环境是由人、自然、社会组成的复合系统，牵一发而动全身，生态环境保护要追根溯源，而不能头痛医头、脚痛医脚。习近平总书记指出，环境治理是一个系统工程，要按照系统工程的思路要求，抓好生态文明建设重点任务的落实。要把生态文明建设融入经济建设、政治建设、文化建设、社会建设的各方面和全过程。可见，生态文明是人类文明建设中取得的物质成果、精神成果和制度成果的总和，生态文明作为人类文明发展的高级阶段，是原始文明、农业文明和工业文明发展演进中的集大成者。习近平总书记还创新性地在生态环境领域提出了"生命共同体"的思想，"人的命脉在田，田的命脉在水，水的命脉在山，山的命脉在土，土的命脉在树"用"命脉"突出各要素之间的命运相依。党的十九大又加入了"草"，形成"山水林湖田草是生命共同体"的理念，形象地强调了生态系统的各个要素和各个环节都是维持生命的不可或缺的部分。要统筹进行生态治理，共同维护生态平衡，这种系统观和全局观突破了生态环境的狭隘意识，为我们认识生态环境和生态文明建设拓展了新视野和新空间，有利于形成人与自然和谐共生的现代化建设新格局。

（四）纵延：生态文明建设体现了人类永续发展的不懈追求

习近平总书记以发展的眼光来看待生态文明建设问题，既对人类文明发展的经验教训进行历史总结，又对未来提出了新的思考，他深刻认识到"我国生态环境矛盾有一个历史积累过程，不是一天变坏的"，面对严重的生态环境问题提出

"中华文明已延续了 5000 多年，能不能再延续 5000 年直至实现永续发展？"同时，他还着眼于人类文明的延续，指出"生态环境保护是功在当代、利在千秋的事业，是一项长期任务，要久久为功""共产党人应该有这样的胸怀和意志"推动生态文明建设。习近平总书记深谋远虑地指出了生态文明建设不是一个阶段性的任务，而是伴随着人类可持续发展的永恒任务。随着我国生态文明建设的不断推进，习近平总书记对如何实现生态文明的认识也日臻深刻，从党的十八大首次把生态文明建设作为"五位一体"总体布局，到党的十八届三中、四中全会把生态文明建设上升到制度层面，指出"要深化生态文明体制改革，尽快把生态文明制度的'四梁八柱'建立起来，把生态文明建设纳入制度化、法治化轨道"，再到党的十八届五中全会提出绿色发展以及党的十九大提出加快生态文明体制改革，生态文明认识的不断提升与思想创新正引领着全国人民走进社会主义生态文明新时代。

二、习近平生态文明思想的实践引领

我国生态文明建设进入关键期、攻坚期和窗口期的特殊时刻，在习近平生态文明思想指导下，党的十八大以来，党中央和国务院对生态文明建设先后做出了一系列重大决策和部署，形成了当前和今后一个时期我国生态文明建设的顶层设计、制度架构和政策体系，通过开展有重点、有力度、有成效的环境整治运动，系统推进生态文明制度体系建设，带领广大人民为建设良好的生态环境而进行新的伟大实践，在全社会逐渐形成"像保护眼睛一样保护生态环境，像对待生命一样对待生态环境"的环境保护行动。

（一）绿色发展成为引领我国生态文明建设的新指针

绿色发展是我国五大发展理念之一。习近平总书记在全国生态环境保护大会中强调，绿色发展是构建高质量现代化经济体系的必然要求，是解决污染问题的根本之策。绿色发展成为我国经济转向高质量发展阶段的重要实现路径。立足我国经济发展进入新常态的时代特征，在生产方面，通过实施创新驱动发展战略、供给侧结构性改革、加大产能过剩治理等，积极推进科技创新、调整优化产业结构、发展绿色产业、发展循环经济等，构建节约资源保护环境的产业体系，形成绿色化的生产方式；在生活方面，我国积极倡导文明、节约、绿色、低碳的消费理念，通过开展绿色出行、垃圾分类等推动人们生活方式和消费模式向勤俭节约、绿色低碳、文明健康的方向转变，反对奢侈浪费，努力构建绿色化的生活方式。绿色发展已经渗透到我国经济社会发展的方方面面，成为引领生态文明建设的新路径。

（二）生态修复和污染治理成为美丽中国的新航程

生态文明建设要坚持以人为本，"天蓝、地绿、水清"的美好环境是人民群众最切身的感受，也是美丽中国建设的目标。为了恢复绿水青山，我国将生态文明建设思想落到实处，"对症下药"地开展生态修复和环境污染治理，把解决突出生态环境问题作为民生优先领域，以实现最普惠的民生福祉。着眼于打好污染防治攻坚战，深入实施大气、水、土壤污染防治行动计划，以 $PM_{2.5}$、PM_{10} 等防治为重点，发布实施《大气污染防治行动计划》；以保障饮用水安全为重点，发布实施《水污染防治行动计划》；以推进农村土地污染防治、保障农产品质量和人居环境安全为重点，发布实施《大气污染防治行动计划》。我国全面深化林业改革，提高森林覆盖率，增加森林碳汇；积极调整能源结构，已成为水电、风电、太阳能发电装机世界第一大国，清洁能源消费比重不断提升，有效地控制了温室气体排放。此外，我国各个省市区和地方政府还积极开展有针对性的生态环境治理行动，如防治沙漠化、生物多样性保护等。生态环境的改善切实提升了人民群众的生活质量和获得感。

（三）生态文明体制改革成为绿色发展和生态福利的新动力

党的十八届三中全会把加快生态文明制度建设纳入全面深化改革的重大战略部署。2015 年党中央、国务院印发了《生态文明体制改革总体方案》，明确了生态文明体制改革的顶层设计方案。党的十九大对加快生态文明体制改革进行了进一步部署。改革是我国生态文明建设重要的动力源泉，党的十八大以来我国已经开展了一系列的改革探索，如加快实施主体功能区战略，优化国土空间开发

格局，实施分类管理的区域政策；出台《国有林场改革方案》和《国有林区改革指导意见》，大力推进国有林场林区改革；出台建立国家公园体制试点方案，并积极推进试点工作，等等。2016 年 8 月，党中央决定把福建、江西和贵州列为首批国家生态文明试验区。近两年各地试验区以体制创新、制度供给、模式探索为重点，在构建生态文明建设责任体系、完善国土开发保护制度、强化生态监管、生态产品价值实现等方面集中开展一系列的改革探索，涌现出了一批典型，形成一批可复制、可推广的经验。实践已经证明：生态文明的改革试验，让绿水青山的守护者有更多获得感，让老百姓享受更多生态红利。

（四）环境保护责任和意识成为全民生态共治的新号角

为了增强各级领导干部保护生态环境、发展生态环境的责任意识和担当意识，我国加快制度创新，强化制度执行，坚决用最严格制度、最严密法治保护生态环境。党的十八届三中、四中全会都提出要建立生态环境损害责任终身追究制，为此，还专门出台了《党政领导干部生态环境损害责任追究办法（试行）》，通过强调有权必有责、党政同责、行为追责、后果追责等在广大领导干部中形成强大的约束。完善经济社会发展考核评价体系，逐步摒弃传统简单以 GDP 论英雄的传统政绩观，把资源消耗、环境损害、生态效益等体现生态文明建设状况的指标纳入考核评价范围，突出生态文明导向。加强中央对地方的环境保护督察，2017年完成全国范围内的环境保护督察全覆盖，推动地方政府落实环境保护责任。此外，生态环境保护大会提出加快建立健全以生态价值观念为准则的生态文化体系，形成全民生态环境保护的软约束体系。一系列严格的督察和问责制度以及生态文化价值观的引导从"硬"和"软"两个方面强化了各级领导干部、各企业主体以及全社会的生态责任意识，有力地保障了我国生态文明建设中各主体从被动参与到深刻认识和自觉行动的转变。

三、习近平生态文明思想的全球贡献

习近平生态文明思想是对新时期人与自然关系规律的深刻把握和高度总结。

这一思想的开放性和包容性，是中国在长期生态环境建设中凝结而成的"中国经验"，不仅为美丽中国建设规划了宏伟蓝图和战略指引，而且也为全球可持续发展奉献了"中国方案"，体现了中国维护全球生态安全的使命和担当，有助于更好地推动构建人类命运共同体。

（一）习近平生态文明思想极大地唤起全球生态觉醒

习近平生态文明建设思想超越了物质利益体系的束缚，从人类文明的价值观角度系统地梳理了生态环境问题产生的根源及其相互作用的逻辑体系，既有理论高度，又有说服力，更有行动指引，极大地唤起全球生态环境保护的意识，引导全球人民形成自觉保护环境的行动。中国生态文明建设的命题一经提出便受到了全球瞩目，2012年2月，联合国环境规划署第27次理事会通过了推广中国生态文明理念的决定草案，生态文明思想开始在全球范围内传递。2016年5月，联合国环境规划署发布《绿水青山就是金山银山：中国生态文明战略与行动》报告，标志着中国生态文明建设的有益探索不仅在国际社会得到认可与支持，而且为其他国家应对经济、环境和社会挑战提供了经验借鉴。

（二）习近平生态文明思想丰富了全球环境治理体系

中国作为全球第二大经济体和主要温室气体排放国积极参与全球环境治理，秉承生态文明建设思想中"人类命运共同体"的理念积极推动全球环境合作，不仅发挥了沟通发达国家和发展中国家的桥梁作用，还极力平衡了大国之间的利益关系。如积极开展大国气候外交，努力推动和引导建立公平合理、合作共赢的全球气候治理体系。同时，中国在促成《巴黎协定》的最终签署中发挥了重要作用。2016年G20杭州峰会上，中国携手美国先于其他国家批准《巴黎协定》，有力促进《巴黎协定》正式签订。2017年6月1日，在特朗普突然宣布将退出《巴黎协定》之际，中国坚决表达了自己始终坚持履行《巴黎协定》的立场。中国还加强应对气候变化的南南合作，出资200亿元人民币成立"中国气候变化南南合作基金"，用于支持其他发展中国家应对气候变化，巩固发展中国家的团结。中国还积极推动国际环境治理体制和法治的完善，积极签署并批准了《巴黎协定》《水

侯公约》《蒙特利尔议定书》《名古屋议定书》诸多重要环境协定，为全球环境治理做出了重要表率。

（三）习近平生态文明思想为世界其他国家生态发展奉献中国方案

中国视维护全球生态安全为己任，向世界发出了"作为世界上最大的发展中国家，我们还要为全球生态问题的解决作出中国特有的贡献"的庄严承诺。习近平生态文明建设思想的开放性和包容性不断向全球传递中国方案。习近平总书记在 2017 年"一带一路"国际合作高峰论坛上就强调"我们要践行绿色发展的新理念，倡导绿色、低碳、循环、可持续的生产生活方式，加强生态环境保护合作，建设生态文明，共同实现 2030 年可持续发展目标。"我国还积极开展对外生态援助，如支持"一带一路"沿线，还出台了《关于推进绿色"一带一路"建设的指导意见》，致力于建设生态环境保护合作交流体系、支撑与服务平台和产业技术合作基地，共同防范环境风险。中国正与"一带一路"沿线国家建立环评联动机制，用绿色的产业输出、投资建设、技术合作，与沿线国家共享绿色收益。生态文明和绿色发展理念融入绿色"一带一路"建设之中，不仅更加体现出中国的责任担当，成为国际生态文明建设的"区域样板"，也彰显了"一带一路"建成利益共同体、责任共同体和命运共同体的神圣使命。

论习近平生态文明思想的永续发展观的价值蕴涵

⊙ 方世南

（苏州大学教授）

习近平站在中华民族世世代代永续发展和全人类世世代代永续发展的战略高度，以努力应对全球性资源能源短缺、气候变化、重大自然灾害、荒漠化、核扩散等生态风险、生态危机、生态灾难的勇气和胆魄，以建设美丽中国和美丽世界为价值目标，以切实维护好人民的生态权益和实现人民对美好生活的向往为价值导向，完整地、系统地阐述了以加强生态文明建设推动人与自然和谐共生达到永续发展的重大价值愿景，形成了习近平生态文明思想的永续发展观。从价值论的视角看，习近平生态文明思想的永续发展观是一种具有丰富价值诉求和有效协调多样性价值关系从而充分彰显价值实现方式根本变革的新型发展观。

一、习近平生态文明思想的永续发展观是具有深刻价值意蕴的新型发展观

发展是为了实现价值，永续发展追求的是在人与自然和谐共生中通过世世代代持续不断发展而实现持续不断的价值。永续发展观是对于什么是发展的价值、为什么要追求发展的价值以及如何实现发展的价值的深思熟虑的观点，实质上就是一种关于价值实现方式根本变革的新型发展观。从传统的工业文明走向新时代的生态文明，从单个人走向人类命运共同体的"类"，从单一的追求经济价值到

将追求经济价值与追求政治价值、文化价值、社会价值和生态价值有机地结合起来，从争取民族的、区域的、国家的价值走向追求全人类的共同价值，就是价值实现方式的根本变革。把握这些在价值实现方式上所发生的根本变革，就能把握习近平生态文明思想永续发展观的价值论真谛。

党的十八大以来，习近平对于什么是永续发展、为什么要强调永续发展、如何推动永续发展等事关全人类、事关全局性和长远性的重大发展战略问题做了一系列重要论述，形成了推动价值实现方式发生根本性变革并且将新时代持续健康发展与世世代代永续发展紧密地结合起来的新型发展观——永续发展观。

从哲学层面看，价值是反映认识活动和实践活动的主体与客体之间所具有的一种对象性和双向生成性、互益性关系之契合程度的一个范畴，价值体现出认识活动和实践活动的主体与客体在对象性关系之中具有一定的功能和意义。永续发展就是追求价值和实现价值的过程，永续发展追求的价值是多样而丰富的、完整而系统的、全面而持久的。党的十八大将经济价值、政治价值、文化价值、社会价值和生态价值紧密地结合起来考察价值实现方式问题，把生态文明建设纳入中国特色社会主义事业"五位一体"总体布局，进一步突出了生态价值的取向和生态文明建设的重要地位，向全党和全国人民提出了"建设美丽中国，实现中华民族永续发展"的重大任务。2017 年 10 月 18 日，习近平在党的十九大报告中全面论述了中华民族永续发展问题，并提出了通过永续发展实现价值的主要路径："坚持人与自然和谐共生。建设生态文明是中华民族永续发展的千年大计。必须树立和践行绿水青山就是金山银山的理念，坚持节约资源和保护环境的基本国策，像对待生命一样对待生态环境，统筹山水林田湖草系统治理，实行最严格的生态环境保护制度，形成绿色发展方式和生活方式，坚定走生产发展、生活富裕、生态良好的文明发展道路，建设美丽中国，为人民创造良好生产生活环境，为全球生态安全作出贡献。"在 2018 年 5 月 18—19 日召开的全国生态环境保护大会上，习近平又从全局性、战略性高度强调了"生态文明建设是关系中华民族永续发展的根本大计。" 2019 年 1 月 16 日，习近平在雄安新区考察时强调，要规划好雄安新区永续发展的"千年大计"。习近平说：蓝天、碧水、绿树，蓝绿交织，将来生活的最高标准就是生态好。雄安新区过去有一定的基础，现在搞"千年秀林"，将来这里一定是最宜居的地方。绿水青山就是金山银山，雄安新区就要靠这样优美的生态环境来体现价值，塑造良好形象，增加吸引力。

二、习近平生态文明思想的永续发展观是在兼顾多样性价值诉求中促进价值实现方式根本变革的新型发展观

习近平生态文明思想的永续发展观作为追求价值实现方式根本变革的新型发展观，建立在由各种价值关系所构成的自然有机体和社会有机体辩证运动的条件和态势所表现出的基本规律基础上，具有多样性价值诉求，坚持了生态价值和人的价值的可持续性统一、生态公正和社会公正的可持续性统一、经济民生和生态民生的可持续性统一、生态权益和经济权益的可持续性统一。

人与自然的关系是永续发展的核心关系，自然界是人类生存和发展的前提条件和基础，人类依靠自然界生活，人类又能以改造自然界的实践活动为自己和自然界创造价值。人与自然是在互馈性、互益性关系不断实现过程之中达到永续发展的。因此，生态价值和人的价值的可持续实现是永续发展必须兼顾的价值关系。人类价值和自然价值的双向生成是永续发展的目标和价值判断标准。由于人是最首要的生产力，人是创造价值的价值，是促进所有价值产生和发展的价值之源，因此，发展必须以人为本，就是要以人的价值实现为本。但是，人的价值无法单独创造和实现，人的价值是在与自然界发生对应性关系中实现的，在实现人的价值的过程中必须将人赖以生存和发展的生态环境的价值充分兼顾起来。在注重人的价值的时候，如果轻视、忽视或者无视了人赖以生存和发展的生态环境的价值，人的价值就成了抽象物和虚无，而如果只注重生态价值而无视人的价值，永续发展就会迷失了人这个价值创造的主体，也就失去了获得价值的终极性意义。

习近平关于"生态兴则文明兴，生态衰则文明衰"的论述，揭示了生态与文明之间具有的内在必然联系，指出了生态价值和人的价值的内在关联性。所谓生态兴则文明兴，就是人的价值和生态价值都能实现的结果。所谓生态衰则文明衰，就是失去了人的价值和生态价值的结果。为此，习近平要求人们"像保护眼睛一样保护生态环境，像对待生命一样对待生态环境。"

习近平生态文明思想的永续发展观追求生态公正和社会公正的可持续性统一。追求公正和实现公正是社会主义制度的首要价值。公正作为人类社会向往的一种美好理想和价值目标，是通过制度和道德规范来协调各种利益关系所达到的一种相对公平状态。与人具有多样性关系和多样性属性一样，公正具有多样性，在人与自然关系中表现出生态公正。生态公正本质上是社会公正在人与自然关系上的表现，是人们在满足生态资源方面达到相对合理以及实现动态平衡，表现在平等地享受生态环境这个公共产品以及接受生态公共服务等方面。习近平关于良好生态环境是最公平的公共产品和最普惠的民生福祉的论述就深刻地体现了生态公正思想。

生态公正既在代内关系、区域关系、国内关系上反映出来，又在代际关系、国际关系上反映出来。习近平多次强调，良好生态环境作为最公平的公共产品和最普惠的民生福祉，是通过高质量的生态文明建设获得的。

习近平生态文明思想的永续发展观追求生态民生和经济民生的可持续性统一。民生既包括经济，但又不限于经济。经济民生只是民生中的一个内容，不能将人当作单纯的经济人，不能将人的多样性价值诉求简单地归结为经济诉求，即使经济民生解决了也不能简单地认为民生问题就解决了。人本身是自然界的产物，要与自然界发生对象性关系，人来自自然界，同样是具有自然属性和自然本质的生态人，具有生态民生，有着不断增长的对于优美生态环境的需要。将生态民生与经济民生有机统一起来，就是既要温饱又要环境保护，既要小康又要健康。习近平从经济民生和生态民生相结合的角度多次讲过，环境就是民生，青山就是美丽，蓝天也是幸福。大量的生态环境问题频发，成了经济发展和社会进步的明显短板，成为人民群众反映突出的民生问题，是民生之患和民心之痛。因此，注重生态民生，就要着眼于提高环境质量这个广大人民群众的热切期盼，将其作为必须高度重视并切实予以认真解决的一项重要工作。习近平说，要让良好生态环境成为人民生活的增长点、成为经济社会持续健康发展的支撑点、成为展现我国良好形象的发力点。他的这"三个点"的高度概括，突出了推动永续发展的价值之所在。

三、习近平生态文明思想的永续发展观是在有效协调多样性复杂价值关系中实现价值的新型发展观

习近平生态文明思想的永续发展观作为体现出价值实现方式根本变革的新型发展观，是在协调多样性复杂价值关系中达到价值均衡和价值持续实现的新型发展观。在由人—自然—社会所组成的社会有机体中，始终存在着多样性的复杂价值关系，协调好这些价值关系，是促进永续发展的重要前提条件。历史和现实的生态问题以及人们对此的理念和态度所引发的文明兴衰之结果，都以无可辩驳的事实说明，能否协调好和平衡好影响人类社会发展的复杂而多样的价值关系，是直接关系到能否实现永续发展的根本问题。

习近平生态文明思想的永续发展观作为一种具有价值目标、价值诉求、价值愿景的新型发展观，反映了现实的人的价值以及未来子孙后代的价值与生态价值永续利用、永续实现的对立统一关系，坚持了民族性价值、区域性价值与全球性、整体性价值的对立统一，体现了生态文明建设的阶段性价值目标和连续性价值目标的统一。习近平生态文明思想的永续发展观所反映的多样性复杂价值关系在时间上所经历的历时性价值协调和在空间上所展示的并存性价值协调，表现出生态文明建设通过辩证的运行过程，推动多样性复杂价值关系达到协调平衡的实践逻辑。

习近平生态文明思想的永续发展观作为对价值实现方式和价值关系协调进行深层次思考的产物，是在生态危机严重影响当代人以及子孙后代人的生存发展的强烈问题意识、危机意识中形成和发展的。习近平生态文明思想的永续发展观吸取了 20 世纪 80 年代初由世界自然保护联盟、联合国环境规划署及世界野生动物基金会三个国际保育组织在世界自然保育方案报告中提出的永续发展概念，继承和发展了马克思主义关于人与自然关系思想，诞生于中国坚决打赢污染防治攻坚战的蓝天、碧水、净土保卫战之中，是为了满足人民群众呼吸上清新的空气、喝上干净的水、吃上放心的食品的基本生态权益需要，也是为了应对人与自然关系紧张这一全新矛盾，以及由此派生出的人的价值与生态价值、经济价值与自然价

值、近期价值与长期价值、区域价值与国家价值、民族价值与全球价值等多样性复杂价值的所组成的矛盾群，从整体性和全局性的战略高度对天时、地利、人和以及未来发展趋势予以综合性思考而形成的一种生态文明新观点。

习近平生态文明思想的永续发展观，是一个包括永续发展的主体、永续发展的目标、永续发展的价值、永续发展的基础、永续发展的条件、永续发展的保障、永续发展的基本要求等内容的有机体系，构成永续发展的这些基本要素之间具有复杂多样的价值关系，只有协调和平衡好这些多样性要素构成的复杂价值关系，才能达到永续发展的理想价值目标。就以生态与文明之间的价值关系而言，习近平生态文明思想的永续发展观指出，永续发展的主体是人，是现实的人和未来的人，是全体中国人和全人类居民，生态文明建设实质上就是建设生态文明人，实现人的价值。永续发展的价值目标是实现当代人和子孙后代人不断增长的美好生活需要，促进当代人以及子孙后代人永续地实现好、维护好、发展好作为人权重要内容的生态权益，达到平等地享有生态产品和生态服务的生态公正，促进人的自由和全面发展。永续发展的实现方式是在经济增长、资源环境优化、社会全面进步中达到均衡协调发展，永续发展的落脚点是发展，是追求经济增长和生态环境优美的持续高质量发展。

参考文献

[1] 中共中央文献研究室. 习近平关于社会主义生态文明建设论述摘编[M]. 北京：中央文献出版社，2017：5.

[2] 习近平. 决胜全面建成小康社会，夺取新时代中国特色社会主义伟大胜利[M]. 北京：人民出版社，2017：23.

[3] 习近平出席全国生态环境保护大会并发表重要讲话. 新华社，2018-05-19.

[4] 习近平. 在省部级主要领导干部学习贯彻党的十八届五中全会精神专题研讨班上的讲话[M]. 北京：人民出版社，2016：19.

试论习近平生态文明思想的传播途径

⊙ 史　春

（安徽省阜阳市生态环境局调研员）

2019 年 2 月 1 日出版的《求是》杂志第 3 期发表了习近平总书记的重要文章《推动我国生态文明建设迈上新台阶》，即 2018 年 5 月 18 日在全国生态环境保护大会上的讲话。习近平总书记这篇重要讲话集中展现了习近平生态文明思想，是新时代生态文明建设的根本遵循和行动指南。

习近平生态文明思想基于马克思主义哲学、辩证唯物主义和历史唯物主义，系统地回答了为什么建设生态文明、建设什么样的生态文明和如何建设生态文明等一系列基础性理论与实践问题。习近平生态文明思想继承和发展了马克思主义，内涵丰富、博大精深，开辟了马克思主义人与自然关系理论的新境界。习近平生态文明思想根植于中华文明，传承中华生态文化，将引领中华民族实现永续发展，具有深远历史意义。

习近平生态文明思想是习近平新时代中国特色社会主义思想的重要组成部分，对于指导中国特色社会主义建设，特别是新时期生态文明建设，具有十分重要的现实意义。

当前和今后一个时期，我们要大力传播、宣传习近平生态文明思想，推进美丽中国建设。让习近平生态文明思想深入人心，成为广大干部群众的自觉行动。

习近平生态文明思想的传播途径主要有以下五个方面。

一、利用各级党校平台传播、宣传习近平生态文明思想

利用党校作为培训党政领导干部的平台，传播、宣传习近平生态文明思想。我国各级党校是中国共产党对党员和党员干部进行培训、教育的学校。其任务是，通过有计划地培训，提高学员用马克思主义立场、观点、方法观察和处理问题的能力；结合新的形势，提高学员的政治思想和科学文化水平，增强党性，进一步发挥先锋模范作用。基层党校还承担对入党积极分子的培训工作，党校基本是每位党员必须经历的一个培训场所。同时，党校还承担着党的建设理论的研究任务。对习近平生态文明思想的研究，要作为新时期党校工作的一项重要任务。

党校要发挥自身优势，积极宣传习近平生态文明思想。让每个党员干部都能理解习近平生态文明思想的深刻内涵。老师和专家在讲解时，要全面地讲习近平生态文明思想，重点讲习近平总书记关于生态文明的重要论述、绿水青山就是金山银山的"两山"理论等。

首先，要结合十七大以来党代会的报告讲生态文明。2007 年 10 月 15 日至 21 日召开党的十七大。在十七大报告中首次提出"生态文明"。党的十七大将"建设生态文明"作为全面建设小康社会的新要求，提出"建设生态文明，基本形成节约能源资源和保护生态环境的产业结构、增长方式、消费模式。循环经济形成较大规模，可再生能源比重显著上升。主要污染物排放得到有效控制，生态环境质量明显改善。生态文明观念在全社会牢固树立。"

2012 年 11 月 8 日召开的党的十八大，将"生态文明"进行理论化和系统化。党的十八大报告，首次将生态文明列入中国特色社会主义"五位一体"总布局，要求把生态文明建设放在突出地位，融入经济建设、政治建设、文化建设、社会建设各方面和全过程，努力建设美丽中国，实现中华民族永续发展。不仅将生态文明建设提高到与物质文明精神文明并列的新高度，同时也提出了生态价值等若干新的概念以及新的建设目标，是一个重要的理论突破和实践创新，具有重大的现实意义和深远历史意义。

在 2017 年 10 月 18 日至 24 日召开的十九大，将"生态文明"的理念进行深化和进一步的阐述。十九大报告在总结十八大以来一系列生态文明建设理论和实践基础上，对生态文明建设和生态环境保护，又提出了一系列新思想、新要求、新目标和新部署。在新思想方面，提出生态文明建设是中华民族永续发展的千年大计、人与自然是生命共同体等重要论断；提出必须树立和践行绿水青山就是金山银山的理念，坚持节约资源和保护环境的基本国策。在新要求方面，明确了在"新社会矛盾"下既要创造更多物质财富和精神财富以满足人民日益增长的美好生活需要，也要提供更多优质生态产品以满足人民日益增长的优美生态环境需要。在新目标方面，提出到 2035 年建成美丽中国的目标。在新部署方面，提出要推进绿色发展，着力解决突出环境问题，加大生态系统保护力度，改革生态环境监管体制。

其次，要深入解读习近平生态文明思想，必须让广大干部群众深刻认识加强生态文明建设的重大意义。在 2018 年 5 月 18 日召开的全国生态环境保护大会上，首次总结阐释了习近平生态文明思想。这是继习近平新时代中国特色社会主义经济思想、习近平强军思想之后，在全国性工作会议上全面阐述、明确宣示的又一重要思想。

习近平总书记提出，生态文明建设是关系中华民族永续发展的根本大计。中华民族向来尊重自然、热爱自然，绵延 5000 多年的中华文明孕育着丰富的生态文化。这些观念都强调要把天地人统一起来、把自然生态同人类文明联系起来，按照大自然规律活动，取之有时，用之有度，表达了我们的先人对处理人与自然关系的重要认识。生态兴则文明兴，生态衰则文明衰。

我们解读习近平生态文明思想时，要告诉广大干部群众，习近平总书记之所以反复强调要高度重视和正确处理生态文明建设问题，就是因为我国环境容量有限，生态系统脆弱，污染重、损失大、风险高的生态环境状况还没有根本扭转，并且独特的地理环境加剧了地区间的不平衡。生态文明建设正处于压力叠加、负重前行的关键期，已进入提供更多优质生态产品以满足人民日益增长的优美生态环境需要的攻坚期，也到了有条件、有能力解决生态环境突出问题的窗口期。

习近平总书记说，到 2020 年全面建成小康社会，是我们党向人民作出的庄严承诺。各级党委和政府要自觉把经济社会发展同生态文明建设统筹起来，坚持

党委领导、政府主导、企业主体、公众参与，坚决摒弃"先污染、后治理"的老路，坚决摒弃损害甚至破坏生态环境的增长模式。

最后，要讲清习近平总书记以底线思维、战略思维、系统思维、法治思维、辩证思维对新时代推进生态文明建设做出的顶层设计，讲清习近平总书记提出的加强生态文明建设必须坚持的原则。

坚持人与自然和谐共生。几千年来，我国就有天人合一的文化传承。习近平总书记强调，在整个发展过程中，我们都要坚持节约优先、保护优先、自然恢复为主的方针，不能只讲索取不讲投入，不能只讲发展不讲保护，不能只讲利用不讲修复，要像保护眼睛一样保护生态环境，像对待生命一样对待生态环境，多谋打基础、利长远的善事，多干保护自然、修复生态的实事，多做治山理水、显山露水的好事，让群众望得见山、看得见水、记得住乡愁，让自然生态美景永驻人间，还自然以宁静、和谐、美丽。习近平总书记给我们展示了美丽中国的美好蓝图。

绿水青山就是金山银山。绿水青山就是金山银山是习近平总书记提出的重要发展理念，是推进现代化建设的重大原则。绿水青山就是金山银山阐述了经济发展和生态环境保护的关系，揭示了保护生态环境就是保护生产力、改善生态环境就是发展生产力的道理，指明了实现发展和保护协同共生的新路径。

良好生态环境是最普惠的民生福祉。环境就是民生，青山就是美丽，蓝天也是幸福。习近平总书记强调，良好生态环境是最普惠的民生福祉。发展经济是为了民生，保护生态环境同样也是为了民生。既要创造更多的物质财富和精神财富以满足人民日益增长的美好生活需要，也要提供更多优质生态产品以满足人民日益增长的优美生态环境需要。

山水林田湖草是生命共同体。山、水、林、田、湖、草都是整个生态系统的重要组成部分，它们共同构成生命共同体。人的命脉在田，田的命脉在水，水的命脉在山，山的命脉在土，土的命脉在林和草，这个生命共同体是人类生存发展的物质基础。一定要算大账、算长远账、算整体账、算综合账，如果因小失大、顾此失彼，最终必然对生态环境造成系统性、长期性破坏。

用最严格制度、最严密法治保护生态环境。习近平总书记强调，保护生态环境必须依靠制度、依靠法治。要加快制度创新，增加制度供给，完善制度配套，强化制度执行，让制度成为刚性的约束和不可触碰的高压线。要严格用制度管权治吏、护蓝增绿，有权必有责、有责必担当、失责必追究，保证党中央关于生态文明建设决策部署落地生根见效。

共谋全球生态文明建设。生态保护和生态文明建设无国界，需要全球共同努力。习近平总书记强调，生态文明建设关乎人类未来，建设绿色家园是人类的共同梦想，保护生态环境、应对气候变化需要世界各国同舟共济、共同努力，任何一国都无法置身事外、独善其身。我国已成为全球生态文明建设的重要参与者、贡献者、引领者，主张加快构筑尊崇自然、绿色发展的生态体系，共建清洁美丽的世界。

二、利用学校传播、宣传习近平生态文明思想

传播习近平生态文明思想，要从学校抓起，从娃娃抓起。根据不同年龄孩子的接受程度，在幼儿园、小学，用一些生动的图画，展示"绿水青山，就是金山银山"等，直观展现习近平生态文明思想；在中学，建议系统地介绍习近平生态文明思想，并结合一些具体案例进行阐述。在中学传播习近平生态文明思想，建议采取请专家进校园讲与培训学校师资力量相结合的方法，让孩子从小全面接受习近平生态文明思想教育。

在大学，建议把习近平生态文明思想与现实的案例相结合，引导大学生深入浙江安吉等地实习，体会绿水青山就是金山银山的深刻内涵，深入挖掘习近平生态文明思想的现实意义和历史意义。建议在高校中重点培养一部分大学生，在深入了解、熟练掌握习近平生态文明思想的基础上，让这些大学生利用假期或者实习期，深入基层，深入农村，深入山区，宣传习近平生态文明思想。

在修订教材时，要与时俱进把习近平生态文明思想写进小学、初中、高中和大学教材，并成为学生的必修课。在幼儿园、小学要结合学生年龄小的特点，制作一些反映习近平生态文明思想的图片用于教学。

三、在社区传播习近平生态文明思想

社区是城市的细胞，我国城市的社区众多，一个个社区构成了一座城市。社区是"聚居在一定地域范围内的人们所组成的社会生活共同体"。通过社区办事处和居委会在本社区开办培训班、张贴宣传画、宣传标语等，传播、宣传习近平生态文明思想。在居民小区的宣传栏，可以系统介绍习近平生态文明思想。

四、在广阔的农村宣传、传播习近平生态文明思想

广大农村居住着我国 14 亿人口中的大多数，在农村宣传、传播习近平生态文明思想大有可为，意义重大，是一重要阵地。通过各级乡镇党员干部的宣传，使农民朋友了解习近平生态文明思想。建议结合农村的特点，把习近平生态文明思想写入戏曲，编成小品、快板等，以农民喜闻乐见的形式传播、宣传习近平生态文明思想。也可以通过办培训班的形式，介绍浙江安吉生态文明建设的鲜活案例，向农民朋友讲解，阐述习近平生态文明思想。

五、生态环境保护部门要深入学习习近平生态文明思想，并作为行动的指南

习近平生态文明思想既是重要的价值观又是重要的方法论，是做好生态环境保护工作的指南。生态环境部门要把学习贯彻习近平生态文明思想放在重要位置，摆上议事日程。生态环境保护部门是生态文明建设的一支重要力量。

生态环境部门要准确理解和把握习近平生态文明思想的丰富内涵、精神实质，掌握贯穿其中的马克思主义立场观点方法，以此武装头脑、指导实践、推动工作。要把深入学习贯彻习近平生态文明思想作为各级生态环境部门一项长期坚持的重要政治任务。要学懂弄透、真正理解习近平生态文明思想是一个协同严密的逻辑体系，从整体上把握生态文明建设在实现中华民族永续发展、履行党的使

命宗旨、增强民生福祉等方面的重大意义和内在联系。学懂弄透、真正理解习近平生态文明思想是一个完整关联的理论体系，全面把握生态文明建设的基本内核、本质要求、价值取向、制度保障等。学懂弄透、真正理解习近平生态文明思想是一个开放鲜活的思想体系，不断从习近平总书记关于生态文明建设的最新论述中汲取营养、提升认识，推动在实践中不断丰富和发展。学懂弄透、真正理解习近平生态文明思想是一个指导工作的科学体系，把握这一重要思想的方针原则、实践要求、科学方法。学懂弄透、真正理解"绿水青山就是金山银山"的思想内涵和实践路径，正确处理经济发展与生态环境保护的关系，协同推进经济高质量发展和生态环境高水平保护。生态环境部门不断推进生态文明示范创建，把习近平生态文明思想的内涵要求转化为具有特色的实践探索任务。在生态环境保护工作中，在习近平生态文明思想指导下，探索出一条以生态优先、绿色发展为导向的高质量发展新路子，把习近平生态文明思想描绘的宏伟蓝图转化成美丽中国天蓝、地绿、水净的现实景象。

中华人民共和国成立70周年
The 70th Anniversary of the Founding of
The People's Republic of China

第三篇

绿色发展与生态产业体系

努力实现"十四五"中国经济绿色转型

⊙ 郑新立

（中央政策研究室原副主任）

中国发展的绿色转型，是建设资源节约型、环境友好型经济的必然要求。"十四五"时期，就是 2022 年中国人均 GDP 预计将达到 1.26 万美元，进入高收入国家行列，这在人类社会发展史上是具有划时代意义的大事。目前全球高收入经济体的人口仅占全球人口的 15.7%，中国的进入将使之增加 18.5 个百分点，达到 34.2%。2021 年是中国共产党成立 100 周年，中国共产党用一个世纪的时间，把一个贫穷落后的旧中国带入到高收入国家，这将是中国共产党对人类社会做出的最大贡献。

中国 14 亿人口将不会沿用美国那种浪费资源的高消费模式，而应当借鉴北欧国家节约资源的消费方式。通过废弃物的资源化，实现资源的循环利用；通过发展清洁、可再生能源，减少温室气体排放。这样，中国人民的现代化生活，就不会给全球资源消耗带来大的压力。实践已经证明，推进发展的绿色转型，实行节约型消费方式，是完全可以做到的。

中国发展的绿色转型，也是全球应对气候变化的重要举措。联合国《2030年可持续发展议程》提出到 21 世纪下半叶实现净零碳排放，抓住了世界发展的主要矛盾，也体现了中国实现可持续发展的要求。所以，中国政府下定决心，在建设社会主义现代化强国进程中，努力打好环境污染防治攻坚战，把建设生态文明作为对实现联合国可持续发展目标义不容辞的责任。当前主要面临两大任务：

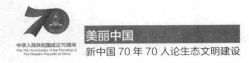

一是解决好前 40 年工业化快速推进带来的生态环境污染问题，打赢蓝天、碧水、净土保卫战，碳排放量在 2030 年之前达到峰值；二是建立绿色发展经济体系，形成有利于生态环境保护产业发展壮大的市场机制和政策体系，包括完善环境立法、执法体系，健全自然资源资产产权制度和用途管制制度，实行资源有偿使用制度和生态补偿制度，改革生态环境保护管理体制。坚持使用资源付费和谁污染环境、谁破坏生态谁付费原则，逐步将资源税的征税覆盖到占用和使用各种自然资源的生态空间。发展环境保护市场，推行节能量、碳排放权、排污权、水权交易制度，建立吸引社会资本投入生态环境保护的市场化机制，推行环境污染第三方治理。构建绿色科技创新体系，发展绿色金融，壮大节能环境保护产业、清洁生产产业、清洁能源产业，逐步把环境保护产业培育为一大支柱产业。据估算，2018 年我国绿色经济产值约为 6 万亿元，到 2025 年将达到 12 万亿元，约占 GDP 的 8%，到 2035 年将达到 GDP 的 10%以上。

"十四五"规划应当把绿色转型同城镇化有机结合起来。我国正处于城镇化快速推进的过程中，城镇化率将由 2018 年的 59.6%提高到 2035 年的 80%左右，未来 17 年将有 2.8 亿农村人口进入城市。"十四五"期间，预计平均每年将有超过 1300 万的人口进入城市。这是人类历史上规模最大的城市化，不仅改变着几亿中国人口的生产方式和生活方式，而且对全球经济带来重大影响。我们要按照城乡融合发展的要求，不断调整优化城市结构和布局，坚持走绿色、节约、智慧城市发展道路，使城镇化成为拉动经济增长的强大动力。继续推进京津冀、长三角、粤港澳大湾区三大城市群建设，使之成为带动全国发展的三大引擎；大力推动以省会城市为中心的次级城市群发展，使之成为带动省域经济发展的增长极；重视以县城为中心的特色小镇建设，带动乡村振兴。城市化将带动绿色建筑市场的发展。根据住房和城乡建设部《建筑节能与绿色建筑发展"十三五"规划》，城镇绿色建筑占新建建筑比重将由 2015 年的 20%提升到 2020 年的 50%，全国城镇既有居住建筑中节能建筑所占比重将超过 60%。

中国将学习借鉴发达国家绿色可持续发展的技术和经验。欧盟在 20 世纪 80 年代已实现碳排放达峰。特别值得提出的是，北欧国家走在全球可持续发展的最前列，已经探索出一条环境改善与经济社会发展同步的绿色可持续发展道路。

2019 年 1 月 15 日，北欧五国发表联合声明，提出到 2050 年率先实现碳中和，即碳的净零排放，并准备在 2019 年 9 月美国召开的联合国大会上提出倡议，呼吁各国人民共同努力，到 21 世纪末将温度上升幅度控制在 1.5℃以内。概括北欧国家的经验，主要有四：一是政府发挥主导作用，立法部门制定法律规则，行政部门提出明确的可持续发展目标、规划和预算，聘请社会组织作为第三方进行评估；二是企业发挥协同创新的积极性和极大活力，在创新技术和运营模式上为全球树立了榜样。如北欧智能电网，覆盖六个国家，可实现供给端企业与需求端用户自由选择，现货与期货同时交易，避免了弃水、弃风、弃光现象。三是发挥社会组织在政府与企业间的联结作用，包括教育部门培养孩子养成环境保护意识和可持续创新能力；四是发挥收入分配制度的调节杠杆和文化传媒的舆论影响作用，建立社会契约观念和信用体系。北欧真正把环境保护作为一项系统工程认真实施。它山之石，可以攻玉。我们要虚心学习他们的成功经验，努力把中国建设得更加美丽宜居。

应当看到，我国面临着严峻的环境污染形势。"十四五"期间必须集中力量，解决好生态环境中的四个突出问题：

1. 下大决心治霾，还蓝天白云

目前，在北方重工业集中地区，空气中颗粒物浓度超标，带来大面积霾，已威胁到人民健康。我们发展经济本来是为了改善人民生活，健康长寿，如果导致这样的结果，那就事与愿违。必须把治霾上升到以人民为中心的高度，增强责任感和担当精神，千方百计、只争朝夕，把霾治好，兑现为人民提供清洁空气的庄重承诺。

2. 雷厉风行治理污水，让人民喝上干净的水

水污染包括河流、湖泊、池塘、近海、地下水污染，严重影响人民健康，成为必须解决的紧迫问题。目前国内已拥有治理水污染的技术和经验，治理方法可根据具体情况设计。关键是舍得投入，并强化污染源的监管。特别是跨地区的流域性污染，需要上下游地方政府同心协力，共同治理。要把治理黑臭水体作为重点，限期予以解决。

3．坚决彻底治理垃圾，变废物为资源

我国城市生活垃圾处理以填埋为主，全国正规垃圾填埋场有 6000 多个，非正规填埋场 1 万多个，占用大量土地，带来安全隐患。全国建筑垃圾年产生量达 50 亿吨，存量建筑垃圾已达 200 多亿吨，占地 200 多万亩。工业废渣、粉煤灰、煤矸石、尾矿、脱硫石膏等固体废物产生量也十分惊人。无论是生活垃圾或建筑垃圾，经过无害化分类处理，都是宝贵资源。欧洲一些城市把垃圾处理厂建在市中心，环境优美，成为对青少年进行环境教育的场所。瑞典的生活垃圾用真空管道输送，本国垃圾不够处理，还要进口垃圾。我国国内已有专门处理垃圾的公司，包括把已经填埋的垃圾挖出来，进行无害化处理，恢复土地原貌。各地政府应当把垃圾分类处理包括农村垃圾的集中和处理，作为一项重要任务，列入"十四五"规划。

4．治理土地面源污染，发展有机食品

由于化肥、农药施用过度，我国土地面源污染严重。治理土地面源污染，需要农业部门与环境保护部门配合，动员全国力量，共同努力。这件事虽然难度很大，但是必须知难而进，坚持不懈。因为这关系到我们这一代人和子孙后代的生命安全。

生态文明建设的中国理念

⊙ 杨伟民

（全国政协经济委员会副主任、中央财经领导小组办公室原副主任）

一、空间发展

发展包括经济发展、人的发展和可持续发展。三个发展有着不同的内涵和目标，但在政策层面，把它们放到一个特定的空间里才有意义，把它们割裂开来，笼统地讲、抽象地讲，似乎没有太大意义。

北京的经济发展很好，社会发展也很好。北京有中国最好的公共服务，如最好的大学、最好的医院，但北京的空气质量却是一个大问题，生活在北京，人们最盼望的就是蓝天白云。但遗憾的是，北京的可持续发展存在很大的问题。

深圳，现在居亚洲城市经济总量第 5 位，已经超过了香港。深圳的创新也非常好，是一个全世界著名的创新城市。但是，深圳 80% 以上的人口居住在 "城中村"——"城市当中的村庄"，居住环境比较差。如果一个人一生没有一个稳定的居住环境，没有具有文脉的居住环境，何谈人的发展、人的幸福。因此，对于深圳，人的发展是一个大问题。

三江源位于号称 "世界第三脊" 的青藏高原，是中国乃至亚洲重要的生态屏障和水源涵养区，也是全球气候变化敏感区。在这里进行经济建设，不仅会对中国的生态环境带来极大的影响，而且会对全世界气候变化产生重大的影响。当前，国家已经对三江源做了最大限度的保护，设立了三江源国家公园。但面临一个问

题，就是那里的人怎么发展。解决之道，是让当地居民，主要是藏族同胞，变身为国家公园的生态管护者，由国家给他们发工资，让他们养护和保护三江源的自然资源。

北京、深圳、三江源的情况表明，经济发展、人的发展和可持续发展应该在一个特定空间里去探讨，三者之间必须有一个均衡。而所谓空间发展，就是在一定的空间实现经济发展、可持续发展、人的全面发展三者之间的平衡。一个方面过了，另外一个方面就会受影响，老百姓就过不上好日子。

空间发展，是生态文明意义上的发展。生态文明是继工业文明之后一种新的文明境界和社会形态。当然，我们现在离生态文明还很远，但我们要对标这个方向，从现在开始就要向这个方向努力，做出这一代人、每一个人应该做出的努力。

二、空间均衡

空间均衡和空间发展紧密相关，是空间发展的一个理论基础。人口、经济、资源环境三方面很好地协调到一起的发展，就是生态文明要求的发展。

我国离空间均衡还有相当的距离。中国三大城市群——京津冀、长三角、珠三角的经济总量占到中国经济总量的 41%，但人口只占 23%；而一些欠发达地区，如中西部地区，经济总量占比相对较小，但人口占比却相对较大。由此，带来了经济—人口之差，带来了区域之间生活水平上的差距。

之所以出现这一情况，还在于城市户籍，特别是特大城市的户籍还没有完全放开。目前，中国正在进行户籍管理制度改革。如果能真正实现人口的自由流动，那么，欠发达地区的人口就有可能流向经济发达地区，人口规模和经济总量就有可能大体均衡，经济发展和人的发展就有可能实现空间意义上的均衡。

基尼系数是衡量地区之间、城乡之间经济差距的重要指标。本文认为，用基尼系数衡量人群之间的收入差距很有意义，但用来衡量地域之间、区域之间的差距，却会带来很大的问题。这是因为，基尼系数未考虑青藏高原和长江三角洲之间 4000 米的海拔高度差距，未考虑中国黑龙江零下 30℃和三亚地区零上 30℃的温度差距。

理论是可以抽象的，但经济政策不可以。如果经济政策不考虑高度差距和温度差距，让各地区都均衡地发展经济，很多问题，譬如生态环境破坏，就会出现。

中国的地形地貌非常复杂，有很多生态脆弱地区，如在荒漠化地区盲目开发，带来的不仅是生态环境破坏，而是生态环境灾难。现在，我们已经开始制止这种行为。

前文提到北京面临的问题，除了空气问题，还有一个非常大的问题，就是北京严重缺水。过去，北京靠抽采地下水过日子，但抽采地下水会带来地面沉降，带来建筑物、基础设施的塌陷和损毁。现在，靠南水北调，从汉江调水到北京。但如果北京人口继续增加，南水北调的水也可能不够北京用。所以，习近平总书记做出了疏解北京非首都功能的决定，把北京的一些功能疏解到其他地区。功能走，人会跟着走，对北京而言，水的压力就会减轻，人口、经济、资源环境均衡发展就有可能落地。

人口、经济、资源环境均衡发展有很多视角。譬如，对城市而言，还有交通基础设施、能源供给等方面的问题。一些特大城市所以有大城市病，一个重要方面，就是因为人口、经济集聚过度，就是人口、经济与资源环境不均衡。

三、承载能力

人类文明的演进过程，就是人类处理两个基本关系的过程。两个基本关系，一个是马克思经常讲的人与人的关系，另一个则是人与自然的关系。人与人的关系处理不好会带来文明的毁灭、国家的崩溃，人与自然的关系也是如此。

所谓资源环境承载能力，指的是在保持自然健康前提下，一定空间的水土资源和环境容量所能承载的经济规模和人口规模。

常言道"一方水土养一方人"，但实际上，中国很多的国土空间做不到"一方水土养活一方人"，更谈不上"养富一方人"。

欧洲基本上是平原地区，而中国地势自西向东分为三级阶梯，第一阶梯就是青藏高原，平均海拔 4500 千米以上；第二阶梯是新疆的沙漠地区、内蒙古高原地区以及云贵高原地区，平均海拔在 1000～2000 米；第三级阶梯主要是平原，

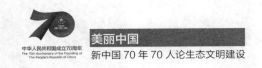

间有丘陵和低山，海拔多在 500 米以下。第一阶梯和第二阶梯地区的承载能力都很弱，承载不了太多的人口，平原地区承载能力比较强，但面积并不大。

地理学上有一条著名的曲线，叫"胡焕庸线"，是 20 世纪 30 年代中国经济地理学家胡焕庸先生画出的一条线。胡焕庸发现，从唐代以来，在这条线以东南的地区集中了中国 94%的人口，但国土面积只占 40%。2000 年和 2010 年，中国分别开展了第五次人口普查和第六次人口普查，普查数据表明，这个格局基本上没有变化。

就平原总面积而言，中国、美国、欧洲差不多，但人均平原面积，中国只有 860 平方米。这就是说，中国人均只有"一亩三分地"。这"一亩三分地"既要种粮食，又要搞城市化，还要建基础设施，十分珍贵。很多人只知道中国的国土面积非常大，但不清楚真正有用的地方，能够搞建设、搞开发、给我们带来幸福生活的地方并不宽敞。人多、地少、空间窄，是中国的基本国情。

四、生态产品

农业社会，只有农产品和少量的手工产品。进入工业社会后，出现了工业产品和服务产品。现在，无论农产品，还是工业产品和服务产品，在供给上都不是问题。但有一种产品，在供给上却出了问题。这就是生态产品。

什么叫生态产品？本文认为是清新的空气、清洁的水源、舒适的环境、宜人的气候……生态产品的相当一部分是自然赐予我们的，一直存在，一直为人类所使用。只是过去这些自然的赐予似乎是无限供给而且不需要支付任何费用，我们才没有形成生态产品的概念。

中国在最近 40 多年来，提供农产品、工业产品和服务产品的能力大大地增强了，但提供生态产品的能力却减弱了。

生态产品其实是需要"耕地"的。生态产品的"耕地"就是森林、湿地、湖泊、海洋等自然生态空间。

清洁的水源是生态产品，中国现在缺水，缺水总量 500 亿立方米左右。为什么缺水？是因为"水盆"，就是装水的湖泊、河流越来越少、越来越小了。

鄱阳湖是中国第一大淡水湖。目前，鄱阳湖的面积只有 3000 多平方公里，而在 1954 年，鄱阳湖的面积还有 5100 平方公里。

从鄱阳湖的面积变化我们能够看到，装水的"盆"越来越小了。湖泊、河流是装水的"盆"，地下也有装水的"盆"，森林也是装水的"盆"，湿地也是装水的"盆"。我们缺水并不是因为天上下的雨少了，而是因为装水的"盆"变小了。甚至，除了"水盆"小了，还有很多的"水盆"消失了。

生态文明时代，要把生态产品定义为产品。既然是产品，当然是有价值的。习近平总书记有一句话，叫"绿水青山就是金山银山"，这就是说，绿水青山是可以变成金钱的，是可以卖的，当然，这需要构建一个价值实现路径。生态产品的价值实现，有很多路径，如中央财政购买生态产品，地区之间生态价值交换，用水权、排污权、碳排放权出售，生态产品溢价，旅游产品收费等。

五、主体功能

一个国家各个地区、各个空间的自然环境和资源条件有很大的区别，所以，其功能也应该有很大的区别。目前，中国正在实施主体功能区的制度。这个制度把国土空间按照开发方式分成了四类地区，即优化开发地区、重点开发地区、限制开发地区和禁止开发地区。

优化开发和重点开发地区最后要变成什么样地区？就是要变成像北京或东京这样的城市化地区。限制开发和禁止开发的区域最终要变成农产品主产区和重点生态功能区。在重点生态功能区，我国正在实施两"退"，就是退出被农村生产占据的空间，一是"退耕还林"，就是把耕地还给森林；二是"退耕还草"，就是把耕地还给草原，目的是减少生产空间，增加生态空间。

目前，我国已经批准了五个大的国家公园：一是三江源国家公园。在习近平总书记推动下，十几万平方公里变成了国家公园。二是东北虎豹国家公园。过去，东北地区的东北虎很多，但后来都跑到了俄罗斯，现在，东北虎正在回归，回到故乡。三是大熊猫国家公园。受人类活动影响，大熊猫面临着栖息地被分割、食物链遭断裂的危险。国家已决定为大熊猫划出 2.7 万平方公里的保护区，并设立

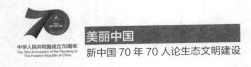
为国家公园。四是祁连山国家公园。祁连山是中国西部重要的生态安全屏障和水源涵养地，是中国最具生物多样性的地区之一。按照规划，祁连山国家公园的面积超过 5 万平方公里。

主体功能区制度确立了不同的地区不同的开发政策。优化开发区，如北京，其承载能力已经开始减弱，所以必须要优化开发。重点开发区，如成渝地区，其承载能力还有，就让这些地区重点开发，集聚更多的经济和人口，走向集约高效。限制开发区，在大面上要保护，不能变成成片城市化地区，但在点状上可以搞个别的小规模开发。禁止开发区，如三江源、东北虎豹国家公园，除个别的特殊的理由外，禁止任何形式开发活动。

六、空间格局

所谓空间格局，指的是生态或经济要素的空间分布与配置。目前，中国已确定建设三大战略格局，从而将形成三大空间格局。

一是"两横三纵"城市化战略格局。"两横"指的是陇海亚欧大陆桥和长江沿线，"三纵"指的是沿海、京广和包昆通道沿线，而"两横三纵"战略格局，就是 20 多个重点开发的城市群在"两横三纵"的坐标轴上聚集，并发挥出带动和辐射作用。

二是"七区二十三带"农业战略格局。"七区"指的是东北平原、黄淮海平原、长江流域、汾渭平原、河套灌区、华南和甘肃新疆农产品主产区，确定"七区二十三带"是中国的农产品主产区，其主要取向不是搞工业，也不要搞城市化，而是为中国 14 亿人口提供粮食基本保障。

三是"两屏三带"生态安全战略格局。"两屏三带"指的是青藏高原生态屏障、黄土高原—川滇生态屏障、东北森林带、北方防沙带和南方丘陵山地带。

青藏高原生态屏障，不仅对整个中国的生态环境有重大影响，而且对东亚、南亚，乃至全球的气候变化有重大的影响，属于需要重点保护的区域。黄土高原—川滇生态屏障，主要位于中国地势第二阶梯向第三阶梯过渡的地域，这一地域是中国水土流失最严重的地域，不保护好，可能引发极为严重的生态安全问题。

同时，"三带"也很重要，如东北森林带关系整个东北平原的生态安全。

在这样的空间格局，"两横三纵"将集聚中国大部分人口和经济总量；"七区二十三带"将让中国人"把饭碗端在自己手里"；"两屏三带"将使中国的生态安全得到有效保障。

七、空间结构

我们把所有的国土空间分为四类。

一是城市空间。城市空间包括城市建设空间，如北京五环路之内是城市建设空间。城市空间还包括工矿建设空间，就是城镇居民点以外的独立工矿空间，如煤矿。

二是农业空间。农业空间有农业生产空间和农村生活空间的区分。

三是生态空间。生态空间有绿色生态空间，如天然草地、林地、湿地、水库水面、河流水面、湖泊水面，还有非绿空间，如荒草地、沙地、盐碱地、高原荒漠，这些空间虽然暂时对人类没有用，但也是自然的一部分，需要我们的善待和保护。

四是其他空间，包括铁路、公路、民用机场、港口码头、管道运输等占用的交通设施空间，水利工程建设占用的水利设施空间，以及国防、宗教等占用的特殊用地空间。

中国的空间结构存在着"三多三少"的问题。

一是生产空间，如农业生产和工业生产空间偏多，但生态空间偏少。相比于14 亿人口对生态产品的需求，我们的生态空间实在太少了。例如，日本的森林覆盖率在 70%左右，而中国的森林覆盖率只略高于 20%。

二是工业生产空间偏多，城市居住空间偏少。中国的工业空间、工矿空间的面积大致有"5+1"，就是 50000 平方公里再加上 10000 平方公里。10000 平方公里指的是开发区，开发区有城市建设，但主要是搞工业。相对于现在的工业增加值，"5+1"的面积太大。按照笔者的计算，上海、无锡、苏州三个城市的工业空间就超过全日本的工业空间。所以，要下决心压缩一些工业空间。

三是农村居住空间偏多。中国农村宅基地的总面积约为 1.7 亿亩，近年来，随着农民大量进城，闲置宅基地已超过 3000 万亩，相当于现有中国城市居民的全部居住空间。现在，中国城市的房价很高，像深圳，目前的房价收入比大概是 25，这就是说，不吃不喝 25 年的收入才能在深圳买一套房子。房价高升的原因很多，其中的一个重要原因，就是城市住宅用地供给不足。

综上所述，中国的空间结构需要优化。

八、开发强度

所谓开发强度，指的是一定空间单元中建设空间占该区域总面积的比例。

中国总的开发强度是 4%，看起来并不高，但考虑到中国 60% 的国土是不适宜开发的，所以中国的开发强度并不低。特别地，中国平原地区的开发强度有点过高。

中国城市的开发强度很高，很是抢眼，但开发效果不是很理想。未来一段时间，我们应特别关注"每亩地的收益"而不是"开发了多少亩地"。

在这方面，周牧之教授认为，中国在城市治理上过分强调人口规模和密度给城市环境、基础设施带来的压力，缺乏"高密度人口是城市发展活力重要基础"的认知。实际上，高密度人口集聚对城市的经济社会发展非常重要，它对城市环境的负面影响并没有人们担心的那么大。

周牧之教授和其主持的云河都市研究院有关中国城市空间开发的研究很值得城市管理者参考和借鉴。人多地少空间窄的基本国情，决定了我们必须走空间节约、空间集约的道路，必须十分珍惜每一寸国土。

九、空间规划

空间规划是以空间发展为对象的规划，是空间发展的指南，是各类开发建设活动和约束开发行为的第二准则。

在中国，空间规划可以分为国家、省、市县三个层级，但规划编制要求下位规划服从上位规划、下级规划服务上级规划、等位规划相互协调；要求统一土地分类标准，根据主体功能定位，划定城镇空间、农业空间、生态空间三类空间，预留基础设施空间；要求明确城镇建设区、工业区、农村居民点等的开发边界，以及耕地、林地、草原、河流、湖泊、湿地等的保护边界；要求发挥规划的引领作用，强化规划的权威性。

这些，说起来容易，做起来并不容易。但也正是因为不容易，才需要我们矢志不移、坚韧不拔，坚持一张蓝图干到底。

十、空间治理

当下中国，正处在全面深化改革的进程中。

改革的目标就是要实现国家治理的现代化。但一个国家的治理除了有纵向的治理，还必须有空间治理，也就是针对一定的空间，引领这个空间的经济、人口、资源、环境走向均衡，走向协同。

空间治理要求有法律法规保障。这需要制定国土空间开发保护法，修改土地法、草原法、森林法等，制定自然保护地或国家公园法；完善财政、投资、土地、人口、环境、绩效评价和政绩考核等政策。

空间治理要求发挥地方的积极性。比如，要以县为基本单元来进行治理，这就需要赋予县级政府更大的空间治理权。

中国的绿色转型：进程和展望

⊙ 王一鸣

（国务院发展研究中心副主任）

改革开放以来，中国创造了人类历史上最大规模的工业化，同时也遇到了前所未有的环境压力，必须探寻一条有别于传统工业化的绿色发展之路。过去 40 年，中国对绿色转型进行了不懈探索，取得了重大进展，但也面临诸多挑战。今后一个时期，中国仍处在"环境库兹涅茨曲线"拐点期，必须坚持走绿色发展之路，建设资源节约、环境友好的绿色发展体系，努力形成人与自然和谐发展的现代化建设新格局。

一、中国绿色转型的进展和主要成就

绿色转型是指经济发展摆脱对高消耗、高排放和环境损害的依赖，转向经济增长与资源节约、排放减少与环境改善相互促进的绿色发展方式。绿色转型不是对传统工业化模式的修补，而是发展方式的革命性变革。

改革开放以来，中国经济高速增长，取得举世瞩目的成就，同时也带来了资源、能源消耗和环境排放的迅速增加。2018 年，中国能源消费总量达到 46.4 亿吨标准煤，是 1980 年的 7.7 倍。1990—2017 年，中国工业部门的能源消耗增加约 4.4 倍[①]。伴随工业迅猛扩张，主要污染物排放也大量增加。2017 年工业固体

[①] 1990 年工业能源消耗为 67578 万吨标准煤，2017 年为 294488 万吨标准煤。

废物产生量约为 33.2 亿吨，比 1990 年增加了 5.7 倍。这种以资源、能源和环境质量损耗为代价的经济增长，透支发展质量和效益，形成巨大的环境压力。在经济建设和改革开放的进程中，中国确立保护环境和节约资源的基本国策，坚持实施可持续发展战略，在推动经济发展方式转变中探索绿色转型之路。党的十八大以来，中国把生态文明建设作为统筹推进"五位一体"总体布局的重要内容，确立绿色发展的新发展理念，加快推进顶层设计和制度体系建设，推动绿色转型取得历史性成就，发生历史性变革。

（一）提高能效和能源结构调整成效明显

中国以煤为主的资源禀赋特征决定了能源结构调整和现代能源体系建设在绿色转型中的重要性。"十一五"以来，中国将单位 GDP 能耗指标作为约束性指标，已连续纳入三个五年规划，推进工业、建筑、交通等重点领域节能降耗，能源利用效率大幅提升，单位 GDP 能耗呈现下降趋势。2005—2018 年累计降低 41.5%，年均下降 4.0%。2018 年，全国单位 GDP 能耗下降到 0.52 吨标准煤/万元。能源结构调整取得进展，煤炭占一次能源消费比重由 2012 年的 67.4%下降到 2018 年的 59.0%。用能方式清洁低碳化进程加快，特别是煤炭清洁高效利用迈出实质性步伐，累计完成煤电超低排放改造 7 亿千瓦以上，提前完成 2020 年目标；新建煤电机组全部为超低排放，煤电机组污染物排放控制指标已处于世界领先水平。清洁能源利用大幅增加，水电、风电、太阳能发电装机容量居世界第一，非化石能源、天然气消费比重分别提升至 14.3%、7.8%，电力占终端能源消费的比重提升至 25.5%[①]。中国已成为全球利用非化石能源的引领者。

（二）结构调整和绿色产业发展取得进展

调整优化产业结构和提高产业链水平是绿色转型的重要途径。根据测算，产业结构调整对碳减排贡献度超过 50%。改革开放以来，中国在加快推进工业化的同时，大力推进结构调整，2012 年服务业比重首次超过第二产业，成为国民

① 《国新办举行多场新闻发布会，相关部门负责人说改革，谈进步 成就举世瞩目 发展永不止步》，见《人民日报》2019 年 9 月 21 日第 4 版。

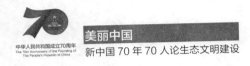
经济第一大产业和经济增长的最大引擎。三次产业结构由 1978 年的 27.7∶47.7∶24.6 调整为 2018 年的 7.2∶40.7∶52.2。与改革开放初期相比，第二产业比重下降 7 个百分点，服务业比重提高 27.6 个百分点。在工业部门内部，淘汰煤炭、钢铁、水泥、平板玻璃、电解铝等行业的落后过剩产能，加快传统产业绿色改造升级，更新工艺技术装备，降低能耗和排放。比如，有色金属工业全部淘汰落后的自焙槽电解铝生产工艺，水泥行业实现新型干法水泥基本全覆盖。大力培育新能源、节能环保、新一代信息技术、生物、新材料、新能源汽车等战略性新兴产业，发展绿色服务，推行合同能源管理、合同节水管理，构建以绿色为特征的产业体系。近年来，中国积极推动智能制造发展，"互联网+"制造模式不断涌现，工业互联网已广泛应用于石油、石化、钢铁、家电、服装、机械、能源等行业，为制造业绿色转型提供了强劲动力。

（三）资源节约和循环利用持续推进

资源节约和循环利用是绿色转型的重要体现。2002 年中国制定第一部循环经济立法《中华人民共和国清洁生产促进法》，标志着污染治理模式由末端治理向全过程控制转变。此后，中国加快绿色循环低碳发展进程，强化约束性指标管理，实行能源和水资源消耗、建设用地等总量和强度双控行动，提高节能、节水、节地、节材、节矿标准。加强重点行业、重点企业、重点项目的节能减排，推行企业循环式生产、产业循环式组合、园区循环式改造，推动传统的"资源—产品—废弃物"的线性增长模式向物质闭环流动的可持续发展模式转换。实施近零碳排放区示范工程，主动实行碳排放的有效控制。推动实施资源节约利用行动计划，如实施万家企业节能低碳行动、绿色建筑行动、车船路港千家企业节能低碳行动、节约型公共机构示范、循环经济典型模式示范推广等，推动资源绿色低碳循环利用，不断拓展绿色发展新空间。

（四）绿色科技创新和标准体系建设得到加强

科技创新有效提升能源资源利用效率和集约化水平，是推动绿色转型的关键举措。改革开放以来，中国实施科教兴国战略，科技投入大幅增加，2014 年中国超过日本和欧盟，成为全球第二大研发投入经济体，研发总支出占到全球的近四分之一。2018 年中国研发总支出接近 2 万亿元，占国内生产总值比重达 2.19%，超过欧盟 15 国 2.1%的平均水平。绿色技术的研发投入也大幅增加，1990—2014年，中国环境相关的专利数量增加了 60 倍，而 OECD 国家仅增加 3 倍，中国"绿色"技术专利申请数增速在过去 10 年特别是 2005 年以来超过所有技术专利数增速。与此同时，降低绿色技术的转移成本，推动绿色技术的示范和推广，促进节能减排、资源综合利用等新技术的利用，绿色科技创新日益成为绿色发展的原动力。推进绿色技术研发与标准一体化，加强科技对标准制定的支撑作用，并动态提高行业绿色标准。如目前中国大规模火电机组的实际能耗和排放标准已达到世界先进水平。借鉴国际经验，制定绿色产品和服务标识制度，对于生产设备和消费产品，分别制定类似能源之星、蓝色天使的标准和标识。绿色技术发展和扩散，为中国的绿色转型提供了战略支撑。

（五）绿色消费和绿色生活方式逐步推广

绿色消费对促进生产过程的绿色化和推动绿色发展具有重大作用。近年来，中国大力推广高效照明等绿色节能产品，鼓励选购节水龙头、节水马桶、节水洗衣机等节水产品，加大新能源汽车推广力度，加快电动汽车充电基础设施建设。2012—2016 年，中国节能（节水）产品政府采购规模累计达到 7460 亿元。阿里零售平台绿色消费者人数在 2012—2015 年增长了 14 倍，占活跃用户数的 16%。据测算，2017 年国内销售的高效节能空调、电冰箱、洗衣机、平板电视、热水器可实现年节电约 100 亿千瓦时，相当于减排二氧化碳 650 万吨、二氧化硫 1.4万吨、氮氧化物 1.4 万吨和颗粒物 1.1 万吨。各地方开展创建绿色家庭、绿色学校、绿色社区、绿色商场、绿色餐馆等行动，倡导绿色居住，节约用水用电，合理控制夏季空调和冬季取暖室内温度，大力发展公共交通，鼓励自行车、步行等绿色出行，建立居民垃圾分类制度，鼓励居民广泛参与垃圾分类、废物回收利用。绿色生活方式促进绿色产品和服务供给，推动生产方式的绿色转型。

（六）绿色金融和绿色服务市场加快兴起

发展绿色金融和绿色服务市场是绿色转型的必然要求。绿色金融有利于引导资金流向资源节约高效利用、环境改善和应对气候变化等领域，引导企业生产绿色环保产品。2016 年 8 月，中国人民银行等七部委发布《关于构建绿色金融体系的指导意见》，金融业积极为环保节能、清洁能源、绿色交通、绿色建筑等领域提供金融服务。如绿色信贷与国家节能减排、循环经济专项相结合，优先支持绿色发展项目。2017 年，国务院常务会议决定在浙江、江西、广东、贵州、新疆五省区设立绿色金融改革创新试验区，支持地方发展绿色金融。与此同时，中国积极推行用能权和碳排放权交易制度。在经过前期试点后，建立全国统一的碳排放权交易市场，并研究制定相应的监管规则，建立碳排放权交易市场监管体系。推行排污许可证制度，扩大排污权有偿使用和交易试点，为进一步发展排污权交易创造条件。绿色金融发展、碳排放权交易和排污权交易市场的建立，为绿色转型提供了融资渠道和市场化工具。

（七）污染防治行动力度空前

污染防治力度不断加强，在推动绿色转型中发挥重要作用。在"九五"时期首次制定《污染物排放总量控制计划》后，中国污染物总量控制纳入五年规划并从"十一五"起作为约束性指标。"十一五"规划纲要提出化学需氧量和二氧化硫两项主要污染物排放总量减少 10% 的约束性指标。"十二五"规划纲要中将实施总量控制的污染物扩大至化学需氧量、氨氮、二氧化硫、氮氧化物四种主要污染物，提出四项主要污染物排放总量分别减少 8%、10%、8%、10% 的约束性目标。"十三五"以来，被称为"史上最严"的修订后的《环境保护法》颁布实施，并实施《大气污染防治行动计划》《水污染防治行动计划》和《土壤污染防治行动计划》，部分污染物排放进入峰值平台期。2018 年，全国 338 个城市平均优良天数比例 79.3%，比 2015 年提高 2.6 个百分点；重污染及以上天数比例为 2.2%，比 2015 年降低 1.0 个百分点。温室气体排放大幅降低。2018 年单位 GDP 二氧化碳排放比 2005 年降低 45.8%，提前完成 2020 年单位 GDP 二氧化碳排放降低

40%～45%的目标。地表水水质总体向好。2018 年，全国地表水 1935 个水质断面（点位）中，Ⅰ～Ⅲ类比例为 71.0%，比 2016 年上升 3.2 个百分点；劣Ⅴ类比例为 6.7%，比 2016 年下降 1.9 个百分点。污染防治力度加大，改善了生态环境质量，为绿色转型创造有利条件和环境。

（八）绿色发展体制改革加快推进

推动绿色转型的关键在体制机制。党的十八大以来，我国制度出台频度之密、监管执法尺度之严前所未有。《关于加快推进生态文明建设的意见》和《生态文明体制改革总体方案》相继出台，并制定 40 多项涉及生态文明建设的改革方案，确立了生态文明体制的"四梁八柱"。各项改革任务进展总体顺利，自然资源资产产权制度改革积极推进，国土空间开发保护制度日益加强，空间规划体系改革试点全面启动，资源总量管理和全面节约制度不断强化，资源有偿使用和生态补偿制度持续推进，环境治理体系改革力度加大，生态文明绩效评价考核和责任追究制度基本建立。特别是建立国家环境保护督察制度，按照督查、交办、巡查、约谈、专项督察的程序，开展了四批中央环境保护督察，实现 31 省（区、市）全覆盖，并对重点区域、重点领域、重点行业进行专项督察。监管执法力度加大，落实环境保护"党政同责""一岗双责"，强化追责问责，严肃查处违法案件，推动解决一大批突出环境问题。推进绿色发展的体制改革，为绿色转型提供了更有效的制度保障。

二、中国推进绿色转型的有利条件和严峻挑战

绿色发展是一项复杂的系统工程和长期任务，涉及经济、产业、科技进步和体制机制等各方面，需要付出长期艰苦不懈的努力。中国推动绿色转型，具有制度优势、后发优势和超大规模经济体优势，以及传统产业绿色技术改造空间大的条件，同时也受到"挤压式"工业化、资源禀赋和能源结构、主要污染物排放进入峰值平台期等多方面制约，仍将面临诸多挑战。

（一）中国具有推进绿色转型的有利条件

一是中国特色社会主义制度优势。绿色转型需要发挥市场机制的作用，但市场发挥作用的重要条件是政府有效履行公共职能。中国把生态文明建设纳入"五位一体"总体布局之中，确立绿色发展的新发展理念，推进建设资源节约、环境友好的绿色发展体系，加之政府科学有效的决策体系和强大的执行力，以及全社会对绿色发展的高度共识，在推动绿色转型上具有独特的制度优势。

二是绿色发展的"后发优势"。由于工业化城市化起步较晚，发展水平相对较低，新增的工业产能和城市基础设施需求可通过发展绿色产能和绿色基础设施来实现，避免工业化城市化的"锁定效应"①能带来巨大的绿色收益。比如，中国城市化进程尚未完成，2018 年常住人口城镇化率接近 60%，未来城市化率有可能超过 70%，这意味着还将有 1.5 亿人口转入城市，这不仅为经济增长创造条件，而且将获取避免"锁定效应"的巨大绿色收益。

三是超大规模经济体优势。2018 年，中国国内生产总值达到 13.6 万亿美元，相当于美国的 66%，稳居全球第二。经济的超大规模性为绿色技术研发和形成完备的绿色产业链提供了强大支撑。经济体量大，可以分摊绿色技术研发的初始成本，而且初创企业可以依托国内市场进行孵化。加之中国拥有规模庞大的完备制造体系，既有处在或接近全球前沿的产业和技术，也有处在追赶阶段的产业和技术，为形成较为完整的产业链、发挥不同领域的产业和技术优势创造了条件。

四是传统部门的技术改造空间巨大。中国传统产业部门依然庞大，效率提升空间巨大。比如，传统能源的清洁化利用空间巨大，而且能源技术研发支出占国内生产总值的比重全球最高，提升燃煤电厂效率已取得显著成效。

五是新能源发展引领全球。中国拥有丰富的风能、太阳能、页岩气和沼气资源。自 2005 年以来，风力驱动涡轮机容量几乎每年均成倍增长，目前仍然处于高速增长阶段。中国还是全球最大的太阳能光伏电池板制造国，光伏发电装机全球第一，这使得中国在减少对传统化石燃料的依赖和改善能源结构方面

①"锁定效应"，是指基础设施、机器设备以及耐用消费品等的使用年限通常在 10～50 年以上，不大可能轻易废弃，既有的投资和技术将会被"锁定"。

有更大空间。

（二）绿色转型面临的严峻挑战

一是"挤压式"工业化带来污染物排放的集中释放。与先行工业化国家相比，中国的工业化进程具有明显的"挤压式"特征，各种工业品生产在短时期内爆炸式增长并在多个领域达到史无前例的生产规模。中国在成为"世界工厂"的同时，也排放了大量的污染物、温室气体和废弃物，这不仅给生态环境造成巨大压力，也带来了巨大的治理成本。近年来，中国推进供给侧结构性改革，加快去除高能耗高污染过剩落后产能，但淘汰过剩落后产能要影响就业，大幅度增加失业人员社会保障和救助等各种支出，支付巨大的资金补偿和人员安置成本，金融机构还要支付银行坏账等债务处置成本。

二是能源结构调整和提高资源利用效率面临挑战。中国能源资源禀赋特征，使得煤炭的主体能源地位短期内难以改变。由于能源生产与消费中心错位分布，清洁能源发展在消纳和输送通道、国内市场培育等方面仍面临难题，弃水弃风弃光现象时有发生。与此同时，能源资源利用效率与世界先进水平差距仍然较大。根据 OECD 测算，2016 年中国能源产出率为美国的 84%，德国的 57%，日本的 59%。中国每排放一吨二氧化碳可以产生 2150 美元的经济价值，而 OECD 国家达到 4240 美元，是中国的近两倍。过去 20 多年中国绿色全要素生产率（也称环境因素调整后的全要素生产率，即经济增长中不被人力资本、生产资本和自然资本投入所解释的部分）的增长对整个经济增长的贡献不足 30%，而 OECD 国家这一贡献率达到 60%。这表明，中国的经济增长对劳动力、生产资本和自然资源投入的依赖程度，仍然要明显高于 OECD 国家。

三是经济结构调整和产业价值链提升任务艰巨。经过改革开放 40 年的发展，中国经济结构发生重大变化，服务业占比由 1978 年的 24.6%上升至 2018 年的 52.2%，但相较于巴西、俄罗斯、印度、印度尼西亚和南非等新兴市场经济体，服务业比重仍然偏低。而工业占比长期稳定在 40%以上。2011 年之后工业占比虽有所下降，但 2018 年仍保持在 40.7%，明显高于其他新兴经济体国家。2010年，中国继德、日、美之后，成为世界第一制造大国。据国家统计局数据，2017

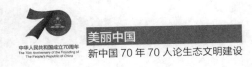

年，中国生产了全球约一半左右的粗钢（8.32 亿吨）、煤炭（35.2 亿吨）和水泥（23.4 亿吨），以及近四分之一的汽车（2902 万台）。2018 年，中国制造业增加值的全球占比超过四分之一。近年来，中国制造业价值链提升步伐加快，正在由低端产品出口为主向以中高端产品出口为主转变，但基础制造能力与先行工业化国家仍有较大差距，在关键核心技术研发、工艺流程创新、数字化管理等方面能力仍显不足，产业转型升级任重道远。

四是生态环境治理仍面临很大压力。尽管近年来部分污染物排放已跨越峰值进入下降通道，但排放规模仍居高不下，生态环境压力仍然很大。据统计，中国城镇化水平每提高 1 个百分点，生活污水就会增加 11.5 亿吨，生活垃圾增加 1200 万吨，建设用地增加 1000 平方公里，生活用水增加 12 亿吨，能源消耗增加 8000 万吨标煤。空气质量总体进入改善阶段，但形势仍然复杂。2013 年以来，中国城市 $PM_{2.5}$ 年均浓度已呈下降的态势，但季节性波动仍然很大。水环境质量总体改善，主要流域水质已进入"稳中向好"的阶段，但湖泊水质不容乐观，富营养化问题突出，地下水污染状况仍然堪忧。土壤环境状况总体不容乐观，部分地区土壤污染仍然较重，工矿业废弃地土壤环境问题仍然突出。

三、中国绿色转型的发展前景展望

今后一个时期，中国将继续推进工业化城市化进程，总体上仍处在"环境库兹涅茨曲线"拐点期[①]，污染排放拐点、二氧化碳排放拐点和能源资源消耗拐点将渐次出现，资源环境压力依然很大。"十四五"时期是绿色转型的攻坚期，必须进一步降低能源强度、碳排放强度，提高资源利用效率，巩固主要污染物排放和经济增长脱钩的态势，加快建设资源节约、环境友好的绿色发展体系，走出一条有中国特色的绿色转型之路。

---

①1991 年美国普林斯顿大学经济学教授格罗斯曼（Grossman）和克鲁格（Krueger）将倒 U 形的库兹涅茨曲线原理应用于环境质量与经济增长关系的研究中。环境库兹涅茨曲线表明，当大规模工业化展开时，由于资源投入大量增加，带来更多的污染排放，从而产生对环境的负的规模效应，环境质量不断恶化；而当大规模工业化进入深化发展阶段时，由于新技术应用、产业结构优化升级，以及清洁能源的推广，环境改善出现正的规模效应，环境质量随着经济增长逐步改善。

（一）今后一个时期是资源环境压力的峰值期

能源需求峰值预期在 2030—2040 年出现，但化石能源消耗和碳排放有望在 2030 年前后达峰。中国能源需求峰值约为 60 亿～80 亿吨标煤，人均能耗峰值水平大致相当于美国人均能耗峰值的 32%～42%，日本的 65%～84%。从能源结构看，2014 年后中国煤炭消费进入"平台期"，但仍将长期扮演主要能源供应品种的角色，预期到 2030 年煤炭在中国一次能源消费总量中占比仍将在 50% 以上；石油需求将缓慢增长，到 2030 年或将超过 8 亿吨[①]；天然气消费量将稳步增长（年均增长率 5% 左右），在初次能源中占比从 2018 年的 7.8% 提高到 2030 年的 15% 左右；在可再生能源中，风能、光能等可再生能源需求将大幅增长，预计到 2025 年，非化石能源消费占比将超过石油。

主要常规污染物排放已经并将继续进入拐点期。中国二氧化硫、氮氧化物排放已先后达峰并步入下降通道，而挥发性有机物、氨排放有望在 2020 年前达峰，主要大气污染物叠加总量的峰值有可能在 2020 年前后出现。在水污染物方面，受农业面源污染的影响，水污染物排放总量大致在 2020—2025 年达到峰值，随后进入"平台期"。

生态环境质量全面达标的时间仍有不确定性。大气环境质量总体已进入改善阶段，预期 2025 年空气质量达标城市数量有望提高到 50%，338 个地级及以上城市平均优良天数比例进一步提高，城市空气 $PM_{2.5}$ 年均浓度将持续下降，但臭氧可能会成为新的污染物。水环境质量总体改善面临较大不确定性，主要流域、湖泊、地下水、海洋等水环境质量改善的进程差异较大。相对于大气和水环境，实现土壤环境质量根本好转的难度更大。

（二）"十四五"时期要加大绿色转型的攻坚力度

"十四五"时期是中国在全面建成小康社会后，开启全面建设社会主义现代化国家新征程的起步期，必须加大绿色转型的攻坚力度，加快建设资源节约、环境友好的绿色发展体系，形成人与自然和谐发展的现代化建设新格局。

---

① 数据来源：国务院发展研究中心《中国中长期能源发展战略研究》，中国发展出版社，2013 年。

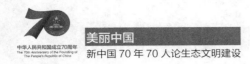

一是培育绿色产业发展体系。实施绿色产业转型升级行动、绿色经济新业态培育行动、绿色科技创新行动、绿色经济新主体培育行动，发展节能环保和清洁生产、清洁能源等绿色工业，生态循环农业等绿色农业，合同能源管理、合同节水管理、绿色科技服务等绿色服务业，鼓励绿色生产和节能减排的技术改造。推进能源生产和消费革命，构建清洁低碳安全高效的能源体系。针对具备基础条件的重点产品开展全产业链系统提升，加强各相关主体在技术合作、产用衔接、服务配套等方面的协同配合，构建绿色产业发展体系。

二是建设绿色科技创新体系。加大绿色技术研发的投入，加强创新链各环节的衔接。加强基础研究，开展污染及其危害的机理研究，为优化生态环境治理技术路线提供科学依据。加大绿色共性技术研发投入，特别要加大绿色工艺装备的研制力度，增强为企业绿色技术改造提供装备的能力。加强产学研用结合，鼓励国内大企业与研究机构合作的技术创新联盟，加快绿色技术产业化。加强绿色技术的知识产权保护，提高企业开展绿色技术和商业模式创新的积极性。充分发挥市场在绿色科技创新、路线选择和创新资源配置中的决定性作用，构建以市场需求为导向的绿色科技创新体系。

三是完善资源节约和循环利用体系。实现企业循环式生产，推动企业实施全生命周期管理。推广减量化、再利用、资源化"3R"生产法，制定重点行业循环型企业评价体系。对园区进行绿色化改造，推进产业链接循环化、资源利用高效化和污染治理集中化，构建循环经济产业链，提高产业关联度和循环化水平。完善资源循环利用制度，推行生产者责任延伸制度，建立再生产品和再生原料推广使用制度，完善一次性消费品限制使用制度。深化循环经济评价制度，强化循环经济标准和认证制度，推进绿色信用管理制度。

四是构建国土空间开发和保护体系。深入实施主体功能区战略，建立并加快实施统一的国土空间规划体系，建立健全空间治理体系，推动一张蓝图干到底。开展国土综合整治行动，深入推进城市化地区、农村地区、生态功能区、矿产资源集中开发区以及海岸带和海岛"四区一带"的综合整治，建立以国家公园为主体的自然保护地体系，构建国家生态安全屏障。

五是建立绿色发展市场服务体系。进一步发展绿色金融，积极探索绿色贷款、绿色债券、绿色保险、绿色基金、绿色证书交易等各种绿色金融工具的运用。完善碳排放权交易市场，增加碳排放配额分配的透明度，完善碳交易市场信息披露制度。开展交易产品和交易方式多样化的试点，研究制定相应的监管规则。探索建立与碳资产和碳交易相关的会计准则。加强与境外进行碳交易的监管。推行排污权交易制度，扩大排污权有偿使用和交易试点，将更多条件成熟地区纳入试点，完善企业通过排污权交易获得减排收益的机制。在重点流域和大气污染重点区域，推进跨行政区排污权交易。

六是推动形成绿色生活消费体系。倡导简约适度、绿色低碳的生活方式，鼓励使用节能减排的绿色产品，增强绿色出行激励有效性。加快建立绿色产品专门的流通渠道，鼓励建立绿色批发市场、绿色商场、节能超市、节水超市等绿色流通主体，推动市场、商场、超市、旅游商品专卖店等流通企业在显著位置开设绿色产品销售专区。推广利用"互联网+"促进绿色消费，推动电子商务企业直销或与实体企业合作经营绿色产品和服务，鼓励利用网络销售绿色产品，推动开展二手产品在线交易，满足不同主体多样化的绿色消费需求。

七是完善绿色发展监管体系。开展改革评估工作，加快相关制度落地。深化环境监管体制改革，完善环境监管法律法规，优化监管组织结构，增强专业性和监管能力，提高环境监管有效性。改革完善资源环境生态管理体制，推动形成政府为主导、企业为主体、社会组织和公众共同参与的生态环境治理体系。

"十四五"时期是中国实现绿色转型的攻坚期。加快推进绿色转型，才能为中国在2035年基本实现社会主义现代化时，实现生态环境根本好转、美丽中国建设基本实现创造条件。与此同时，中国绿色转型的成功探索，也将为广大发展中国家提供绿色发展模式的全新选择，为人类建设可持续发展的命运共同体贡献中国智慧和中国方案。

中国油用牡丹产业——生态文明建设的重大实践

⊙ 李育材

（原国家林业局党组副书记、副局长）

　　牡丹是我国特有的木本名贵花卉，素有"花中之王""国色天香"的美誉，自古以来就深受广大人民群众的推崇与喜爱。我国牡丹发展始于晋，兴于隋，盛于唐宋，距今已有 2000 多年的应用历史和 1600 多年的人工栽培历史。牡丹最早被当作药用植物记录在《神农本草经》中，南北朝时期开始用于观赏。近年来，随着牡丹在油用方面的潜力被逐渐发现和重视，"油用牡丹"也成为继"药用牡丹"和"观赏牡丹"之后的又一重要分类。

　　多年的研究和实践表明，大力发展油用牡丹产业，对于改善生态环境、降低我国食用油对外依存度、保障粮油安全和人民身体健康具有重要意义，是消除贫困、改善民生、促进健康、持续发展、实现共同富裕的重要举措，是实现"产业生态化和生态产业化"，加快建立健全"生态文明五大体系"，推进生态文明建设的重大实践。

一、油用牡丹基本介绍

　　油用牡丹是指结实能力强、能够用来生产种子、加工食用牡丹籽油的牡丹类型。繁殖方式决定了牡丹的油用潜力，目前在全国推广的油用牡丹品种主要有"凤丹"与"紫斑"牡丹。

作为原产于我国的多年生木本油料植物，油用牡丹耐干旱、耐瘠薄、耐高寒、耐盐碱、喜半阴，在我国北至黑龙江、吉林，南至广东、广西北部，西至云南、新疆、西藏，东至沿海的 20 多个省（自治区、直辖市）都可以种植。据相关统计，全国适宜油用牡丹发展区域的总面积为 420 万平方公里，占到我国国土面积的 43.75%。

油用牡丹一般 3～4 年（从播种育苗开始计算）开花结籽，结籽量逐年递增，7～8 年进入丰产期，稳产期可持续 30～50 年。进入丰产期后，长江流域平均每亩地结籽 200 千克左右，黄河流域平均每亩地结籽 300 千克左右，西北地区平均每亩地结籽 150 千克左右。如果采用"良种、良法、良管、良境、良收"等先进技术，油用牡丹亩产可达 400～500 千克。

油用牡丹全身都是宝。种子可以榨油，是一种高端的食用油；花瓣可以提取精油，用于化妆品的研发；花蕊可以制茶，对泌尿系统健康，尤其是对男性前列腺具有良好的保健功效；种皮可以提取黄酮和牡丹原花色素，对改善血液循环、降低胆固醇、抗氧化和清除自由基有良好的效果；果荚可以提取牡丹多糖，用于增强吞噬细胞的吞噬功能，提高身体免疫能力；籽粕可以提取多糖胶，具有抗炎、抗氧化功效；种子、果荚和种皮的剩余物可以制成牡丹营养粉和纳米木粉，可用作食品和新型节能环境保护原料。目前，以油用牡丹为原料已经开发出食品、保健品、日化品等数百种产品，深受消费者喜爱。

二、油用牡丹产业的兴起

明代李时珍说牡丹"虽结子而根上生苗"，距今已有 500 多年，可见古人很早就已知晓部分种类的牡丹可以结籽。随着历史的发展，一些种植牡丹的花农发现牡丹籽中含有"油"，并且部分花农在 20 世纪五六十年代食用油短缺的时期，尝试收集牡丹籽进行榨油，以解决食用油不足的问题。由于受加工工艺限制，这种牡丹籽毛油口感较差，但食用后并未发现身体上有任何不适。这种情况一直持续到 20 世纪 90 年代初期，我国开始大量进口食用油和食用油籽，人们对食用油的需求得到初步满足，油用牡丹的开发也暂缓了一段时间。20 世纪 90 年代后期，

国内对本木油料资源进行调查时，曾将牡丹列入调查范围。2000 年，山东菏泽对牡丹进行实验、检测、分析，发现除了种子可以榨油之外，种皮、花瓣、花蕊、饼粕等也能生产加工出许多副产品，随后将相关情况向国家林业局（现国家林业和草原局）进行了汇报。在国家林业局的指导下，菏泽进行了小规模、专业化的实验性生产，并取得了成功。2011 年 3 月，通过对大量翔实的材料和多项安全试验报告的论证，卫生部（现国家卫生健康委员会）发布了关于批准牡丹籽油成为新资源食品的公告。同年 8 月，时任国家林业局党组副书记、副局长的我向当时分管农业的国务院领导呈报了油用牡丹产业的调研报告，8 月 26 日国务院领导作出批示，要求"予以了解情况，抓好试点。"在国务院领导的支持下，国家林业局率先在山东菏泽和河南洛阳进行了试点栽培及综合开发利用，自此就全面拉开了我国油用牡丹产业发展的序幕。

2013 年 3 月 18 日，我向习近平总书记、李克强总理和时任国务院副总理汪洋呈报了油用牡丹产业的相关情况，三位领导均作出重要批示，充分体现了党和国家领导人对油用牡丹产业的高度重视。从此，我国油用牡丹产业良好、快速发展具备了强大的生机和活力。2013 年 11 月 26 日下午，习近平总书记参观了菏泽市尧舜牡丹产业园，了解油用牡丹的开发情况。在得知牡丹不仅可以观赏、药用，还能炼出牡丹籽油，开发出茶、精油、食品、保健品时，习近平总书记表示，今天长了见识，令人印象深刻。在随后同菏泽市及县区主要负责同志座谈时，习近平总书记又一次提道："我们在尧舜牡丹产业园了解了牡丹产业发展及带动农民致富的情况，对牡丹除观赏旅游价值之外的加工增值价值有了新的了解，可以说长了见识。"2013 年 11 月 27 日，国务院组织有关中直机关召开了油用牡丹产业发展协调会。2014 年 12 月 26 日，国务院办公厅下发了《国务院办公厅关于加快木本油料产业发展的意见》（国办发〔2014〕68 号），将油用牡丹放在了显著地位，并要求"力争到 2020 年，建成 800 个油茶、核桃、油用牡丹等木本油料重点县，建立一批标准化、集约化、规模化、产业化示范基地，木本油料种植面积从现有的 1.2 亿亩发展到 2 亿亩，年产木本食用油 150 万吨左右"。

2015 年 12 月 16 日，在中央扶贫开发工作会议结束后的 18 天，我又向习近平总书记、李克强总理和汪洋副总理汇报了油用牡丹产业助推精准扶贫的情况。李克强总理和汪洋副总理作出重要批示，要求有关部门拿出操作性的意见，习近平总书记对报告进行了圈阅。为认真落实中央领导批示精神，财政部和国家林业局组成联合调研组对山东、甘肃等省份进行了调研，并组织召开了多次研讨会。2016 年 5 月，财政部和国家林业局联合形成意见上报中央领导同志，汪洋副总理作出重要批示，习近平总书记和李克强总理对上报意见进行了圈阅。该意见提出在制定相关规划、部分省区开展试点、退耕还林工程中适当倾斜、支持基础研究、修改资金管理办法等五个方面对油用牡丹等木本油料产业进行扶持。2019 年 1 月，中国科学院、中国工程院 21 位院士联名向习近平总书记报告，建议在全国范围内大力发展油用牡丹产业。截至 2018 年年底，全国已种植油用牡丹近 1000 万亩，有一定规模的油用牡丹种植和加工企业 500 多家，育苗、种植、管护、加工、销售全产业链就业人数已达 30 多万。全国越来越多适宜油用牡丹生长的地区掀起了油用牡丹产业发展热潮，育苗和栽植面积呈几何式增长，牡丹籽油及油用牡丹相关产品加工产业发展迅速。

三、发展油用牡丹产业的重要意义

（一）油用牡丹具有良好的生态价值，可以有效改善生态环境

新中国成立以来，我国开展了大规模植树造林、兴修水利、水土保护、防治沙化荒漠化和治理环境污染等保护与改善生态环境的群众性活动，兴建了大批生态治理和环境保护工程，为抵御和减轻自然灾害、保障经济持续快速发展和人民生命财产安全，做出了巨大贡献，取得的成就是辉煌的，举世瞩目。但是由于种种自然的、人为的原因，我国生态现状仍不容乐观，水土流失、荒漠化等形势依然严峻，减排压力日趋增加。习近平总书记多次强调，"像保护眼睛一样保护生态环境，像对待生命一样对待生态环境""保护生态环境就是保护生产力，改善生态环境就是发展生产力"。

我国是世界上水土流失最严重的国家之一，全国第一次水利普查结果显示，

我国水土流失面积 294.91 万平方公里，占国土总面积的 30.72%。不断加剧的水土流失，导致江河湖库不断淤积，致使水患加剧，水资源短缺的矛盾日益突出，给国民经济和人民生产生活造成了巨大危害，国家也不得不年年花费大量人力、物力和财力，投入防汛、抗旱和救灾济民。油用牡丹是多年生灌木，栽植密度（定植）为每亩 2000 株左右，种植后可以 30～50 年不换茬。不换茬就意味着有效避免了因种植传统粮食作物每年翻耕所造成的水土流失。同时，油用牡丹根系发达，监测数据显示，栽植油用牡丹的地块比荒山荒地每年每亩能减少水土流失 0.8 立方米左右，具有良好的保持水土效益。

我国是世界上荒漠化最严重的国家之一，荒漠化土地面积约占国土总面积的 1/3，每年因荒漠化造成的直接经济损失近 1000 亿元人民币。在我国荒漠化土地中，以大风造成的风蚀荒漠化面积最大，占到全部荒漠化土地面积的 60% 以上。这些地区气候较为恶劣，干旱、少雨、高寒，土地瘠薄，而油用牡丹耐干旱、耐瘠薄、耐高寒、耐盐碱，是防治荒漠化的有效植物之一。甘肃兰州一带的紫斑牡丹在海拔 2000 米以上高寒、干旱、贫瘠山岭上，降水量仅 300 毫米就可正常生长，而且开花结籽。据科研部门测定，在风沙区种植油用牡丹（覆盖度 60% 以上），能有效降低风速 22.7%，减少风蚀达 50%，是今后我国进行防风固沙的首选灌木树种之一。

碳排放是世界各国争论的热点话题，也是外交谈判中的重要筹码。我国是世界上碳排放最多的国家，占到了全世界碳排放的 1/5 以上，面临着巨大的国际压力。中国作为负责任的大国，承诺"到 2020 年碳排放强度比 2005 年下降 40%～45%"。林木的生长过程就是不断从大气中吸收二氧化碳，固定和积累碳，同时释放氧气的过程。科学研究表明，林木每生长 1 立方米，就能够吸收 1.83 吨二氧化碳，同时释放 1.62 吨氧气。近年来，随着碳交易市场的逐渐开放，林业碳汇交易也逐渐升温，成为社会关注的热点。据测算，一亩油用牡丹在其整个生长期内平均可以固定和积累碳 1.7 吨，约合 6.32 美元碳汇交易价值。因此，油用牡丹在固碳增氧和林业碳汇交易方面也具有良好的潜力。

（二）油用牡丹具有较高的经济价值，可以实现精准扶贫和生态文明建设"双赢"

土地是农民最主要的生产资料，以种植业为主的第一产业具有最大的减贫效果。大力发展适应贫困地区自然条件、符合贫困地区生产力发展水平和农民技术水平，而且经济价值高、生态效益显著的植物，对于推动今后我国扶贫开发工作、实施"精准扶贫"伟大战略、确保 2020 年实现全面建成小康社会意义重大。

首先，与种植传统农作物相比，油用牡丹经济价值更高，可有效提高农民收入，帮助贫困地区脱贫致富。提高农民收入水平是扶贫工作的主要任务，也是全面建成小康社会的关键。中国是人口大国、农业大国，长期以来由于传统农产品价格低，效益差，农民增收受到严峻挑战，成为制约农村经济发展、农民收入增加的瓶颈。而山地资源、沙地资源、物种资源特别是木本粮油资源是这些地区的优势资源，是奔康致富的潜力所在。农民种植油用牡丹每亩可收入 4000 元，比种植传统农作物每亩地多收入几千元，可谓高效，可谓"精准"，这对于改善老、少、边、贫地区的民生，解决人民群众最关心、最直接、最现实的脱贫致富问题，推动贫困地区尽快改变经济社会面貌，以及加强民族团结、维护社会安定、全面建成小康社会具有极其重要的战略意义。

其次，油用牡丹抗逆性强，适生范围广，可在贫困地区大面积推广种植。我国贫困地区大多分布在山区、丘陵区和高原区，生产生活条件较为恶劣，旱灾、涝灾、荒漠化、水土流失等灾害频发，耕地质量不高。在这种气候条件和地理环境的制约下，农业生产量低而不稳。而油用牡丹适生范围可基本覆盖我国扶贫的主战场，适宜在贫困地区大面积推广种植，并且可以不与粮争地，不与民争粮，完全符合《中共中央　国务院关于加快推进生态文明建设的意见》中强调的"严守资源环境生态红线，确保耕地数量不下降"的要求。

最后，油用牡丹管理方便，符合当前农村生产力发展水平和农民科技水平。当前，我国农村青壮劳力外出打工现象普遍存在，留守在农村的老人、妇女和儿童无法从事重体力劳动，经常出现"种子一埋，肥料一撒，生长由天"的现象，给农民增收带来了较大影响。油用牡丹为多年生灌木，种下后可以 30～50 年不用换茬，仅需锄草、施肥等一般管理即可，省工、省时、节约成本，更加符合当

美丽中国

新中国 70 年 70 人论生态文明建设

前农村形势。

（三）油用牡丹产量高、出油率高，可以有效提供安全健康的食用油，保障国家粮油安全

2018 年，我国食用油需求总量为 3849.6 万吨，但利用国产油料的榨油量仅为 1192.8 万吨，食用油缺口高达 2656.8 万吨。同年，我国进口成品食用植物油 808.7 万吨，进口食用油籽 9448.9 万吨，花费外汇 500 多亿美元。我国食用油自给率已从 2000 年的 60% 下降到 2018 年的 31%，严重超出了国家农作物战略安全警戒线，并且有进一步下降的趋势。

习近平总书记多次强调："中国人的饭碗任何时候都要牢牢端在自己手上。我们的饭碗应该主要装中国粮"。木本油料产业是我国的传统产业，也是提供健康优质食用植物油的重要来源。与其他油料作物相比，油用牡丹产量高、出油率高，每亩地可生产出高端食用油 80 斤。而且油用牡丹喜半荫，可与其他木本油料植物如文冠果、元宝枫、油茶等套种。以 2018 年我国食用油需求总量 2656.8 万吨、油用牡丹和文冠果（平均亩产食用油 60 斤）套种计算，需 3.79 亿亩土地就能完全满足国民需求。

（四）牡丹籽油营养价值较高，可以有效保障国民身体健康

习近平总书记在党的十九大报告中指出："人民健康是民族昌盛和国家富强的重要标志。实施食品安全战略，让人民吃得放心。"随着人们对健康长寿越来越多的关注和追求，对食用油品质的要求也越来越高。目前，国内外营养学界普遍认为食用油中不饱和脂肪酸特别是 α-亚麻酸含量的高低是决定食用油品质的重要因素之一。

牡丹籽油中不饱和脂肪酸含量高达 92% 以上，其中 α-亚麻酸含量达 43% 以上。α-亚麻酸是构成人体脑细胞和组织细胞的重要成分，是人体不可缺少的自身不能合成又不能替代的多不饱和脂肪酸，又有"血液营养素""维生素 F"和"植物脑黄金"之称。世界卫生组织和联合国粮农组织曾经于 1993 年联合发表声明，决定在全世界专项推广 α-亚麻酸。

2014 年，世界著名的科技文献检索系统 SCI 收录了美国著名学术期刊《食品与化学毒理学 》刊登的文章《从营养学、药理学和毒物学角度评价α-亚麻酸》。文章指出：α-亚麻酸是一种人体所必需的脂肪酸，具有保护心血管、抗癌症、保护神经元、抗骨质疏松、抗炎症和抗氧化的功效，可以通过食用富含α-亚麻酸的食物来满足人体需求。并且从现有关于α-亚麻酸毒物方面的数据分析，目前没有发现其存在严重的副作用，可以作为一种安全的食物材料。

中国科学院匡廷云院士表示："牡丹籽油中脂肪酸的分子量较小，容易被吸收，且不饱和脂肪酸占总脂肪酸含量的 90%以上，显著高于橄榄油、大豆油、菜籽油和花生油等；尤其值得关注的是，牡丹籽油中α-亚麻酸含量较为突出，远远高于其他常见植物油，且其亚油酸和α-亚麻酸的比值小于 0.6，因此是一种十分健康的食用油，极具开发潜力。烟台大学医学院的科研人员通过实验发现适量摄入牡丹籽油可保护肝细胞免受化学性损伤，同时能诱导Ⅱ相解毒酶活力增加，减少自由基的产生。安徽中医药大学的科研人员通过实验发现牡丹籽油可降低高血脂、高血糖，并对糖耐量有一定的调节作用。

（五）油用牡丹具有较高的观赏价值，可以满足群众日益增长的精神文化需求

习近平总书记在党的十九大报告中指出："到本世纪中叶把我国建成富强、民主、文明、和谐、美丽的社会主义现代化强国。"牡丹雍容华贵、富丽端庄，素有"花中之王""国色天香"的美誉，也是呼声最高的国花候选，因此建设"美丽中国"不能没有牡丹。现在每年牡丹盛开之际，重庆垫江、安徽铜陵、陕西延安万花山都有几十万人去参观牡丹，山东菏泽、河南洛阳等地牡丹早已成为城市旅游的主打品牌。2018 年 4 月 5 日，第 36 届中国洛阳牡丹文化节开幕。文化节期间，共接待国内外游客 2647.31 万人次，旅游收入达到 241.96 亿元。2018 年 4 月 12 日，第 27 届菏泽牡丹文化旅游节开幕。旅游节期间，接待国内外游客 963.63 万人次，旅游收入达到 63.85 亿元。

党的十九大报告提出，我国社会主要矛盾已经转化为人民日益增长的美好生活需要和不平衡不充分的发展之间的矛盾。种植油用牡丹在带来更多经济收益的同时，又满足了人们对美好事物的追求，提高了人民的幸福指数，使人民群众生

活在鲜花盛开、赏心悦目的幸福岁月、盛世时代。

（六）油用牡丹具有深厚的文化底蕴，可以有效提升文化自信

牡丹文化在我国源远流长，长期以来被人们视作富贵吉祥、繁荣兴旺的象征。在我国最古老的诗歌总集《诗经》中就有把牡丹赠给恋人表达爱情的描述，距今已有 3000 多年。公元 604 年隋炀帝杨广继位后，传旨称牡丹为隋朝花，可谓人类历史上最早定的国花。唐、宋、明三代均把牡丹誉为国花，清朝更明确钦定牡丹为国花。

在现代，党和国家历代领导人均曾视察牡丹，对牡丹关怀备至。1939 年抗日战争之际，毛泽东、周恩来等中央首长，兴致勃勃来到延安宝塔山下的万花山观赏牡丹。1959 年，周总理在陪同外宾视察洛阳时说"牡丹是我国的国花，它雍容华贵、富丽堂皇，是我们中华民族兴旺发达、美好幸福的象征。"1994 年，全国人民代表大会责成时任副委员长陈慕华和农业部部长何康主持，由中国花卉协会组织实施了国花评选活动，经过"两上两下"广泛征求社会各界的意见，通过了"一国一花"方案，牡丹以占评选总票数 58.06%的优势入选国花，被全国评选为候选"国花"之首。1999 年昆明世博会期间出版的参展国国花集锦金牌纪念册上写着"中国国花——牡丹（暂定）"，虽是暂定，但充分证明牡丹深入人心的国花地位已无花可代。

同为我国的原生物种，大熊猫已成为我国与世界各国友好交往的使者，成为中国的标志。樱花文化在日本发扬光大，樱花成为日本的国花。据日本资料记载，樱花最早起源于我国的喜马拉雅山地区，后来被移栽到日本。习近平总书记在庆祝中国共产党成立 95 周年大会上明确提出：中国共产党人"坚持不忘初心、继续前进"，就要坚持"四个自信"即"中国特色社会主义道路自信、理论自信、制度自信、文化自信"。习近平总书记特别强调指出，"文化自信，是更基础、更广泛、更深厚的自信"。大力发展油用牡丹产业，让"国花"遍布于我国 960 万平方公里的土地上，让油用牡丹产品满足我国人民群众对优质健康产品的需求进而占领国际市场，就是提升我们文化自信，继承和发扬传统牡丹文化的重要表现。

遵循生态文明理念，以资源环境承载力定位经济社会发展

⊙ 朱 坦

（天津市政协原副主席、南开大学中国再生资源研究中心主任）

长期以来，我国经济社会基本上延续了传统工业文明的发展方式，对资源环境因素的考虑不足，在各种要素资源的配置过程中没有很好地反映自然资源的稀缺性和环境容量的有限性，致使经济发展一定程度上依赖于消耗资源和破坏环境。党的十八大从全局和战略的高度，把生态文明建设放在突出地位，强调将生态文明理念全面融入和贯彻到其他四大建设的各方面和全过程，建立"五位一体"的总体布局。按照尊重自然、顺应自然、保护自然的生态文明理念，建立以资源环境承载力为基础的区域经济社会发展模式已经成为我国"新常态"下面临的一个重要课题，也是推进生态文明建设的重要任务。

一、生态文明理念对于经济社会发展的重要意义

生态文明建设是我国为应对快速工业化和城镇化过程中出现的环境污染、生态失衡、资源匮乏等问题，寻求可持续发展的重要解决途径。由原始文明到工业文明，人与自然的关系经历了人类依赖自然、畏惧自然再到征服自然的变化。特别是工业文明时期，人类创造了前所未有的物质财富和科学文化成果，人类改造自然的能力迅速增强，同时也加剧了人与自然的矛盾。在这个过程中，人类对自

然环境进行了前所未有的、大规模的开发，致使自然资源日益枯竭，环境日趋恶化，人类自身的生存和发展也面临着愈发强烈的制约效应。

要摆脱当前的资源环境危机，就必须摒弃工业文明的"掠夺式"发展模式，转而追求"人与自然和谐发展"的可持续发展方式。在以往的经济社会发展中，我们更多从协同推进的角度来把握发展经济与保护环境间的关系，环境保护让位于经济发展的现象也时有发生。这种选择有其历史必然性，主要是由于我国人口众多、经济基础差、发展不平衡，还面临着改善人民生活水平重任的现状决定的。经过 40 年的改革开放，我国经济社会发展取得了巨大成就，而生态环境超载的问题愈发显著。生态环境愈发难以支撑如此大的经济总量按照传统粗放的模式快速增长，资源供给面临着严峻挑战，部分地区环境质量长期不达标，区域生态功能弱化。按照生态文明理念的要求，遵循自然界具有有限的承载能力这一客观规律，亟须破解资源环境的超载问题。建立以资源环境承载力为基础的经济社会发展模式成为我国新时期改革和发展的一个重要课题。

二、资源环境承载力是生态文明建设的基本原则和重要依据

为贯彻和落实生态文明理念，按照"五位一体"的战略布局，应将资源环境承载力作为顶层设计的重要考量融入和贯彻到经济建设、政治建设、文化建设和社会建设的各方面和全过程，从而实现人与自然和谐发展。党的十八届三中全会通过的《中共中央关于全面深化改革若干重大问题的决定》，强调以制度体系推进生态文明建设工作，并专门对建立资源环境承载力预警机制做出了战略部署，要求对水土资源、环境容量和海洋资源超载区实行限制性措施。新修订的《环境保护法》为建立以资源环境承载力为基础的区域经济社会发展模式提供了法理依据，要求"省级以上人民政府应当组织有关部门或者委托专业机构，对环境状况进行调查、评价，建立环境资源承载能力监测预警机制"。中共中央、国务院《关于加快推进生态文明建设的意见》提出，"树立底线思维，设定并严守资源消耗上限、环境质量底线、生态保护红线，将各类开发活动限制在资源环境承载能力之内。"

　　资源环境承载力是在一定的时空范围内,在确保资源合理开发利用和生态环境良性运转的条件下,区域复合生态系统中生态环境子系统对人类经济社会子系统的承载能力。资源环境是人类经济社会发展的基础,资源环境的承载能力是基于人与自然和谐的可持续发展目标下,资源环境作为承载体对人类经济社会活动的支持能力,并且资源环境承载力受人类生产、生活活动的影响而发生改变。资源环境承载力以不影响人类健康生存的环境质量达标为目标,以环境容量为基础,确保人类在经济社会发展过程中可能产生的负面环境影响在生态环境承载能力阈值范围内。资源环境承载力主要可从以下两方面考虑:一是以环境质量和生态功能为核心的生态环境承载力,包括水环境、大气环境等;二是以重要的资源要素为主的资源承载力,包括水资源、土地资源、能源资源、海洋资源等;同时资源承载力和环境承载力之间也是相互制约、相互影响的,不同数量、不同种类的资源使用和人类活动对于环境质量的影响也是不同的。

三、从资源环境承载力角度分析经济社会发展存在的主要问题

　　长久以来我国将经济发展作为国家发展的主要内容,甚至以破坏和牺牲"绿水青山"为代价,以创造更多的"金山银山"。在这一过程中,不考虑或很少考虑资源环境的承载能力,导致经济发展和资源匮乏、环境恶化之间的矛盾逐渐凸显出来。造成这一现象的主要原因就是在发展过程中没有充分考虑关键资源要素和生态环境的制约,区域发展顶层设计未能从全局和长远的战略角度进行合理规划,违背了资源环境承载能力。资源环境承载力是处理绿水青山与金山银山间关系的重要切入点。建立以资源环境承载力为基础的经济社会发展模式,将发展的资源环境影响控制在自然界承载能力之内,体现了生态环境对于经济社会发展的基础性作用,可以将"绿水青山就是金山银山"科学的发展价值观落到实处。具体而言,应该抓好以下问题。

(一)经济社会发展规划与环境保护规划脱节

　　当前经济社会发展的相关规划特别是经济社会发展总体规划、城市总体规

划、土地利用总体规划以及产业发展规划、能源规划、交通规划等对环境质量影响较大的规划，多数与环境保护规划未能很好地衔接，致使区域的开发、建设和重大工程项目的实施，难以从长远角度通盘考量区域的环境承载力。在这个过程中，资源的过度利用和污染物排放，在长期累积效应下，导致环境质量不达标，直接影响着人类健康。环境保护规划与其他发展规划之间缺乏协调性和一致性分析，未能真正实现由末端治理向源头防控的转变。大多数环境保护规划关于污染物减排指标的设置，没有真正体现环境资源承载力的基础性作用，区域环境保护规划与当地环境容量的有机结合还十分不够。

（二）未能厘清环境污染增量与存量的关系

增量与存量是环境治理中的重要问题。当前很多地区存在环境污染物增量继续增加、存量削减力度不够的情况，导致污染物在环境中不断累积，环境容量使用殆尽，部分地区出现了环境质量长期不达标的现象。如果不能厘清环境污染增量与存量之间的关系，对于部分资源环境承载力已经超载的地区，要实现环境质量达标就无从谈起。增量与存量是一个重要的科学问题，它们之间蕴含着复杂的辩证关系，不同的实际情况又会存在具体的差异。必须从区域环境容量出发深化研究，全面、系统、整体地认识和把握两者间关系，目前我们对这个问题的了解还很不够，相应的评价方法和管理制度仍不健全。

（三）制度体系不健全

一是自然资源产权制度不健全导致资源的掠夺性开采，并导致了生态环境的破坏和生态功能的退化甚至丧失。由于自然资源的稀缺性和环境容量的有限性并未能在顶层设计和决策部门的管理机制中体现出来，阻碍了资源的有效配置。加上生态环境保护责任关系不明确，不同部门和主体之间在追求经济发展的过程中，过度使用自然资源和消耗生态环境。二是地区的差异性未能体现。当前我国不同地区的经济发展阶段和发展水平存在着较大差异，加上区域资源环境条件的差异，不同地区的环境容量和资源承载能力也存在着较大差异。但是污染物减排、总量控制等环境保护的重要制度建设未能很好地反映地区间的差异性，不同污染物的指令性控制指标未能与当地资源环境承载力相结合,这就导致部分环境容量已经超标的地区,环境质量持续变坏。

四、对策建议

(一)顶层设计应将资源环境承载力作为基础性因素

按照人与自然和谐发展要求,将生态文明理念融入经济社会发展各方面和全过程,做好经济社会发展的顶层设计。从源头上控制污染、防止对环境和生态的破坏,实现人与自然的和谐发展,树立底线思维,将各类开发建设活动和发展规划限制在资源环境承载力范围之内。以资源环境承载力为基本约束条件,抓住带有全局性的问题予以综合考虑,突出重点内容和主要任务。探索完善"多规合一",使资源、环境因素在决策过程中得到更加充分的考量,从根源上解决经济发展过程中对生态环境考虑不足的问题,以解决规模、结构和布局性资源、环境问题。将资源环境承载力、生态空间保护、耕地保护等约束性条件融入城市经济社会发展规划中,由政府协调各部门统一制定城市发展的总体规划,要考虑在行政区域的空间范围和生态范围内实行环境、自然资源、经济、土地等资源的配置优化。同时建立城市规划建设管理部门的协调机制,以确保规划的实行。

(二)以解决现实问题为引领,不断提升对资源环境承载力中科学问题的认识水平及应用能力

人类对自然的认识是随着时代的前进而不断发展的。然而,人类对于自然客观规律的认识只有进行时,没有完成时,人类不可能完全了解、支配和征服自然。面对日益复杂的环境形势,我们可以在解决目前存在的各种问题中,不断提高人类对于自然客观规律的科学认识,同时强化科技的支撑和引领作用,促进环境质量持续改善。资源环境承载力是探讨人类与自然长期共存中产生的一个重要的科学问题,是促进人与自然和谐相处的重要着力点,必须树立科学的态度,认真研究其中的科学问题。在此基础上,不断提高对资源环境承载力科学内涵的认识水

平,将资源环境承载力作为落实生态文明理念的基本原则和重要依据,依靠系统、完善的制度体系,将区域资源环境的承载能力作为一项重要考量和约束性因素,贯彻到经济社会发展全局中。

(三)进一步完善相关制度建设

划定并严守生态保护红线。将生态保护红线作为经济社会发展过程中必须坚守的"底线",以保障资源环境承载力作为经济、政治、文化、社会建设的约束性条件有效"落地"。这里的生态保护红线是指为提升生态功能、改善环境质量、促进资源高效利用等方面必须严格保护的最小空间范围与最高或最低数量限值,具体包括了生态功能红线,也包括环境质量红线、资源利用红线。尽快研究制定生态保护红线划定的技术流程和技术方法,结合区域生态功能要求、环境质量标准、污染物排放标准及区域环境管理要求等,划定不同类型生态保护红线并实行严格保护,作为资源环境承载力约束下必须遵守的"底线"。

建立资源环境承载力监测预警机制。以环境容量和资源禀赋为基础,以环境质量达标、资源的可持续利用和生态功能保障为目标,确保在经济社会发展过程中的负面环境影响可能超过生态环境承载能力阈值时提前产生预警。按照人类经济社会活动对资源环境的"压力—状态—响应"影响过程,建立不同类型资源环境承载力评价指标体系,对资源环境承载力的变化趋势开展评估,从资源环境约束上限或人口经济发展的合理规模等关键阈值开展资源环境承载力超载预警。通过不同活动之间的相互影响和相互作用关系,把握住资源环境超载的真正原因。建立资源环境承载力监测和核算体系,同时加强其监测评价的规范化与标准化工作,科学开展区域承载力监测评价与示范。

建立自然资源资产产权制度资源有偿使用制度。对自然生态空间进行统一确权登记,逐步形成归属清晰、权责明确、监管有效的自然资源资产产权制度。加快自然资源及其产品价格改革,使自然资源及其产品价格全面反映市场供求、资源稀缺程度、生态环境损害成本和修复效益,从而使资源的节约利用、反复利用、多次利用和资源化后再利用在经济效益上形成内生驱动力,为经济社会的可持续发展提供资源保障。

总之，遵循生态文明理念，以资源环境承载力定位经济社会发展，发展的资源环境影响控制在自然界承载能力之内，体现了生态环境对于经济社会发展的基础性作用。当前，正处于国家和各地"十三五"规划编制的重要时间节点，建议将区域的资源环境承载能力作为一项重要考量和限制性因素纳入其中，将污染物排放量与区域环境容量相挂钩，将区域开发、城市建设、产业发展与区域资源供给能力、环境质量和生态功能紧密联系起来，推动生态环境质量的总体改善，为建设美丽中国，实现中华民族伟大复兴的中国梦奠定基础。

转型期实现经济与环境"双赢"的推进策略

⊙ 张 波

（生态环境部水环境管理司司长）

笼统地讲生态环境保护，没有人反对。然而一旦涉及具体层面，环境保护就会触动方方面面的切身利益。不同的人站在不同的角度，看法就不一致了，有时甚至截然相反。因此环境问题实际上是局部与整体、眼前与长远四方面的关系问题，既是民生问题、经济问题，发展下去也必然是严重的政治问题。

习近平同志长期高度重视生态文明建设，党的十八大以来，以习近平同志为核心的党中央站在全局和战略的高度，对生态文明建设提出一系列新思想、新论断、新要求，形成了习近平生态文明思想，对于正确认识和把握经济建设和环境保护的辩证关系具有很强的针对性和指导性。本文以习近平生态文明思想为指导，结合山东省以环境标准倒逼传统行业转型升级的历程，力求对经济与环境"双赢"的工作策略进行初步的探讨。

一、深入学习领会习近平生态文明思想

（一）建设生态文明是中华民族永续发展的必然抉择

当今中国正处于并将长期处于社会主义初级阶段，发展是第一要务，经济建设为中心是必须长期坚持的。在这样一个历史阶段，为什么要特别强调生态

文明建设？习近平同志在这方面的论述很多，概括起来有逻辑上逐步递进的四个要点：

（1）人类发展活动必须尊重自然、保护自然，否则就会遭到大自然的报复。生态兴，则文明兴；生态衰，则文明衰。这是规律，谁也无法抗拒。

（2）我们建设现代化国家，美欧老路是走不通的。2012年12月习近平总书记在广东考察工作时指出："中国现代化是绝无仅有、史无前例、空前伟大的。现在全世界发达国家人口总额不到十三亿，十三亿人口的中国实现了现代化，就会把这个人口数量提升一倍以上。走老路，去消耗资源，去污染环境，难以为继。"

（3）我们在生态环境方面欠账太多了，如果不从现在起就把这项工作紧紧抓起来，将来付出的代价会更大。在这个问题上，我们没有别的选择。

（4）建设生态文明，关系人民福祉，关乎民族未来。党的十八大把生态文明建设纳入中国特色社会主义事业"五位一体"总体布局，明确提出大力推进生态文明建设，努力建设美丽中国，实现中华民族永续发展。这标志着我们对中国特色社会主义规律认识的进一步深化，表明了我们加强生态文明建设的坚定意志和坚强决心。

（二）把生态文明建设融入"五位一体"总体布局

建设生态文明单靠环境保护等少数几个部门是不行的，必须充分发挥中国特色社会主义制度的政治优势，把生态文明建设摆在更加突出的位置，融入经济、政治、文化、社会建设的各方面和全过程。在经济建设方面要与调整经济结构、转变发展方式结合起来；在政治建设方面要与发挥中国特色社会主义政治体制优势、落实"党政同责、一岗双责"结合起来；在文化建设方面要与倡导绿色生活、弘扬生态文化结合起来；在社会建设上要与鼓励公众参与、推动全民行动结合起来，着力形成党政主导、部门联动、全社会共同努力的生态文明建设大格局。这样一种"融"的理念和方法，体现了建设生态文明的中国智慧和中国方案。用好这一策略，中国的生态文明建设就一定会形成统筹兼顾、攻坚克难的良好局面，为世界发展中国家树立一个环境与发展"双赢"的榜样。

（三）正确认识处理经济发展与环境保护的辩证关系

2013 年，习近平同志提出了著名的"两山论"："我们既要金山银山，又要绿水青山；宁要绿水青山，不要金山银山；而且绿水青山就是金山银山。"

组成"两山论"的三句话在逻辑上是递进的，必须联系起来作为一个整体来理解，而不能割裂开。第一句"既要金山银山也要绿水金山"，就是表明我们的发展目标是经济与环境双赢。发展是第一要务，经济建设是中心，但是我们追求的是双赢，就经济论经济，或者就环境论环境都是不对的。第二句"宁要绿水青山不要金山银山"，就是当经济发展与环境保护产生尖锐矛盾难以协调的时候，一定要坚持底线思维，要把公众健康和生态安全放在更加突出的位置，经济发展要让步。第三句"绿水青山就是金山银山"，就是只要我们坚持这样做，环境保护就会倒逼转型发展，最终形成企业、行业乃至区域发展的核心竞争力，进而转化为更高质量的经济成果。

（四）以最严格的制度、最严密的法治保护生态环境

中国东中部人口和企业布局密度很大，与美欧等发达国家比较，同样的环境保护努力换不来同样的环境绩效。讲基本国情，这也是一个重要方面。自觉实行严格的环境管理制度，是中国基本国情决定的，是不以人的意志为转移的。因此保护生态环境必须依靠制度、依靠法治。只有实行最严格的制度、最严密的法治，才能为生态文明建设提供可靠保障。

2013 年 5 月，习近平同志在十八届中央政治局第六次集体学习时指出："要建立责任追究制度，我这里说的主要是对领导干部的责任追究制度。对那些不顾生态环境盲目决策、造成严重后果的人，必须追究其责任，而且应该终身追究。真抓就要这样抓，否则就会流于形式。不能把一个地方环境搞得一塌糊涂，然后拍拍屁股走人，官还照当，不负任何责任。组织部门、综合经济部门、统计部门、监察部门等都要把这个事情落实好。生态红线的观念一定要牢固树立起来。我们的生态环境问题已经到了很严重的程度，非采取最严厉的措施不可。在生态环境保护问题上，就是不能越雷池一步，否则就应该受到惩罚。"

（五）以群众身边的突出问题为重点保护生态环境

保护生态环境必须坚持以人民为中心的思想，从群众最为关心的重污染天气、饮用水安全、黑臭水体等环境问题抓起，小切口，大文章，推动更大范围生态环境问题的解决。这既体现了一种工作方法，更体现了中国共产党执政的人民立场。

2016年12月习近平同志在中央财经领导小组第十四次会议上指出"人民群众关心的问题是什么？是食品安不安全，暖气热不热、雾霾能不能少一点、垃圾焚烧能不能不有损健康、养老服务顺不顺心、能不能租得起或买得起住房，等等。相对于增长速度高一点还是低一点，这些问题更受人民群众关注。如果只实现了增长目标，而解决好人民群众普遍关心的突出问题没有进展，即使到时候我们宣布全面建成了小康社会，人民群众也不会认同。"

2015年3月习近平同志在参加十二届全国人大三次会议江西代表团审议时进一步指出"环境就是民生，青山就是美丽，蓝天也是幸福。要像保护眼睛一样保护生态环境，像对待生命一样对待生态环境。"

（六）建设生态文明必须坚持系统治理

习近平同志在这方面有非常深刻的思考，有许多重要论述。一方面是从空间角度强调系统治理，另一方面是从工作措施上强调系统治理。

2013年11月，习近平同志在《中共中央关于全面深化改革若干重大问题的决定的说明》中指出："山水林田湖是一个生命共同体，形象地讲，人的命脉在田，田的命脉在水，水的命脉在山，山的命脉在土，土的命脉在树。用途管制和生态修复必须遵循自然规律，如果种树的只管种树、治水的只管治水、护田的只管护田，很容易顾此失彼，最终造成生态的系统性破坏。"

2014年3月，习近平同志在中央财经领导小组第五次会议上进一步指出："要系统考虑税收和价格的手段，区分生产者和消费者、饮用水和污水、地表水和地下水、城市和乡村用水、工业和农业用水等，研究提出试试水资源税、原水水费、自来水水费、污水处理费的一揽子方案，从实际出发，分层负责，分步实施。"

从当前我国生态文明建设的实际状况来看，不系统的问题还相当突出，这是许多工作难以形成长效机制的重要原因。必须以习近平总书记这方面的重要思想为指导，下大气力予以解决。

（七）环境质量只能更好不能变差

在我们这样一个处于转型期的大国来说，建设生态文明必须既坚持底线思维积极推动，又要从基本国情出发，实事求是地确定奋斗目标和推进措施。2014年3月，习近平同志在中央财经领导小组第五次会议上指出："我国生态环境矛盾有一个历史积累的过程，不是一天变坏的，但不能在我们手中变得越来越坏，共产党人应该有这样的胸怀和意志。"

2014年2月，习近平同志在北京市考察结束时指出："应对雾霾污染、改善空气质量的首要任务是控制 PM$_{2.5}$。虽然说按国际惯例控制 PM$_{2.5}$ 对整个中国来说提得早了，超越了我们发展阶段，但要看到这个问题引起了广大干部群众高度关注，国际社会也关注，所以我们必须处置。民有所呼，我有所应！"

习近平同志在谈到环境问题时经常提到"只能更好，不能变差"。这里既有"不能变差"的底线思维，又有从国情出发、实事求是的科学态度，体现了积极稳妥推进生态文明建设的深刻含义。研究习近平生态文明思想应当高度重视这方面的内容。

二、山东以环境标准倒逼传统行业转型升级的历程

（一）背景

山东省是水资源严重短缺的省份，造纸行业则是耗水和污染大户，2002年造纸行业新鲜水用量及化学需氧量（COD）排放量均超过全省工业的 50%，但对工业增加值的贡献率仅为 3%，高污染、高耗水是制约造纸行业持续发展的瓶颈。从20世纪90年代中期开始，山东省就积极探索解决造纸行业高污染问题。1996—2002年，主要采取行政手段关闭规模较小、污染严重的草浆造纸生产线

472 条，污染加重趋势得到初步遏制。但单纯采用行政手段也逐渐显现出缺乏预见性、易于反弹和社会成本较高等问题。据统计，仅 2001—2002 年关闭的 41 条草浆生产线，就使 10 多亿元固定资产报废，数万职工下岗，给社会稳定带来很大压力。如何既改善环境质量，又保障经济发展和社会稳定，是发展中地区实现转型发展需要破解的难题。

21 世纪初，山东省确定了到 2012 年提前建成小康社会的奋斗目标。而在当时，"有水皆污"是山东省水环境的真实写照。河流里连耐污性的鲤鱼、鲫鱼都不能生长，生活在河流两岸的人还安全吗？因此环境保护部门提出，"常见鱼类稳定生长"应当是实现小康社会的必要条件。该建议得到了山东省委、省政府的认可，并将实现这一目标的时间规划为 2010 年。

当时山东的经济规模列全国第二位，传统行业占比很大。实现"常见鱼类稳定生长"的水环境治理目标，必须首先解决造纸等传统行业的结构性污染问题。然而几乎每一个污染行业都有一个国家行业性污染物排放标准，依据这样的标准，污染行业可以比其他行业"合法地"排放更多的污染物，而不会被追究。以造纸行业为例，国家标准规定化学需氧量（COD）的排放限值是 450 毫克/升，比一般城市污水完全不处理的浓度还要高。造纸企业的排水量一般高达几万吨，甚至几十万吨，这样就普遍造成了"一个造纸厂污染一条河"的严重局面。河流两岸及下游的老百姓深受污染之害，由环境问题引发的社会矛盾十分尖锐。与此同时，造纸行业本身也深受环境问题困扰，很难再有更大的发展。在省政府的支持下，山东环境保护部门提出制定出台分阶段逐步加严的地方环境标准，力争用八年时间逐步取消高污染行业的排污特权，实现"有河有水，有水有鱼"的水环境治理工作思路。

（二）过程

2003 年，山东省首先从污染最为严重的造纸行业入手，在全国率先发布实施了第一个地方环境标准——《山东省造纸工业水污染物排放标准》，开启了以环境标准倒逼"两高"行业转方式调结构的新路子。该标准分四个阶段实施：第一阶段，从 2003 年 5 月 1 日起，草浆造纸外排废水 COD 浓度执行 420 毫克/升

的标准限值，略严于 450 毫克/升的原国家标准，向行业发出"标准即将加严"的明确信号。第二阶段，从 2007 年 1 月 1 日起，大幅度加严标准，草浆造纸外排废水 COD 浓度执行 300 毫克/升的标准限值。规模较大、工艺技术装备较先进的企业具备达标排放的能力，达标无望的企业主动选择结构调整。第三阶段，出台《山东省南水北调沿线水污染物综合排放标准》等 4 项覆盖山东全境的流域性综合排放标准，流域标准第一时段与造纸工业水污染物排放标准第三时段相衔接，实现了行业排放标准与流域综合排放标准的对接，草浆造纸外排废水 COD 浓度执行 150～300 毫克/升的标准限值。第四阶段，自 2010 年 1 月 1 日起，全省流域内所有企业全部执行统一的污染物排放标准，重点保护区 COD 浓度执行 60 毫克/升、一般保护区 COD 浓度执行 100 毫克/升的标准限值，严于原国家标准 4～7 倍，企业排污不再依行业而定，而是按照企业在流域中所处的位置确定排放限值，这样也就实质上取消了高污染行业的"排污特权"。

（三）结果

实施公开透明的、企业可以预见的标准体系，以数字化法规的形式宣布了落后生产力的淘汰进程，极大地激发了环境保护科技进步，促进了造纸行业先进生产力的发展。山东各大造纸企业和有关科研机构投入巨资组织国内外专家进行科技攻关，突破制浆工艺和废水深度处理回用等技术瓶颈，整体技术水平大幅度提高。山东省环科院研发的重大科技专项"造纸废水深度处理与回用技术研究"取得重要突破，在 7 个省市得到推广应用。华泰集团研究开发的"制浆和碱回收过程优化控制系统的研究与应用"等多项技术荣获国家科技进步二等奖。泉林纸业环境保护和循环经济类专利达 200 多项，研发成功的"一草三用"技术路线，实现了麦草全部综合利用。2011 年 7 月，环境保护部突破禾草浆造纸产业政策禁区，批复了泉林纸业年处理 150 万吨秸秆综合利用项目，标志着山东造纸行业转型发展取得重要突破。2014 年，美国弗吉尼亚州招引山东麦草造纸企业赴美投资建厂，并且给予企业 500 万美元奖励。曾经被贴上"落后"标签的山东麦草制浆造纸行业，在地方环境标准的倒逼之下转型升级，攻克了麦草制浆造纸的环境保护难题，成了美国人眼中的"白天鹅"。

从 2003 年起，山东没有采取行政手段关闭任何一家规模以上造纸企业，政府没有负担补助资金，也没有安置下岗职工。在地方标准的引导下，企业自己走了一条转方式调结构的路子：先进企业直接瞄准八年后的标准，投巨资突破技术难关，带动了整个行业的转型发展；一部分企业自知不可能达到八年后的环境标准，利用政府给出的过渡期，逐步转变原料和产品结构，最终"换了个活法"；还有一部分企业走了与先进企业兼并重组的路子。10 年以后，全省麦草制浆造纸企业的绝对数量减少了 90%以上，由 2002 年的 220 家锐减到十几家，但行业规模和利税却显著提高。2013 年，全省机制纸及纸板产量达到 2053 万吨，比 2002 年增加了 2 倍多；利税达 211.1 亿元，增加了近 4 倍，居全国第 1 位；COD 排放量减至 2.4 万吨，减少了 88.2%。目前，全省造纸企业已全部在排污口设置"生物指示池"，达到了"常见鱼类稳定生长"再排向环境的治污水平。山东省造纸行业生产方式发生了根本性的转变，总体领先国内同行业 5 年左右。目前股市上活跃的民族资本造纸企业，基本上都是山东企业。

按照分阶段逐步加严的思路，山东省又先后出台了 38 项地方环境标准，形成了覆盖全境的地方环境标准体系，推动流域水污染防治取得明显成效。自 2003 年起，山东在经济保持中高速增长的背景下，已连续 15 年实现水环境质量的持续改善，成功建立了水环境改善长效机制。2010 年山东省 59 条重点河流全部恢复鱼类生长，在国家组织的重点流域治污考核中，山东省分别连续 9 次和 7 次获得国家淮河、海河流域治污考核第一名。山东以水污染为代价的经济发展方式得到了明显转变。

三、启示

（一）没有真正落后的行业，只有落后的观念、标准、技术和管理

我们不要轻易给哪个行业贴上落后"标签"，不要轻易指定某个行业多少规模以上的才能上，多少规模以下必须淘汰。为什么就不能以节能、环境保护、质量、安全等标准，依法行政来推动产业结构调整呢？不管多大规模，只要能够达

到这些标准就应当允许其正常经营。反过来说，达不到这些标准，规模再大也不行。企业的生存权应当交给市场来决定。笔者不太赞成所谓"壮士断腕"的做法。即使是壮士，又有几个腕子？作为发展中地区，对落后生产力一棍子打死恐怕不可取。孔子讲"不教而杀是为虐"。平常安于现状，甚至保护落后，到某个节骨眼儿了，又来所谓"铁石心肠""壮士断腕"，硬逼着企业关门，可不就成了"暴政"吗？

作为发展中地区，对于仍然存在的不适应时代发展要求的落后生产方式，既不能采取安于现状、保护落后的态度，也不能脱离实际地简单化地加以排斥，搞"一刀切"。而要立足实际，创造条件加以改造、改进和提高，逐步使其向先进适用的生产方式转变。山东的实践表明，只要转变观念，制定科学合理的引导性标准，就能有效推动落后行业优化产业结构，改进生产工艺，突破资源环境瓶颈，从而使传统意义上的落后行业脱胎换骨，走上高质量发展的道路。

（二）科学严格的环境保护措施不会影响经济发展，而是转型期推动高质量发展的重要着力点

山东省制定严于国家标准的造纸工业地方环境标准，曾一度在省内外引起强烈反响，有两种最尖锐的反对观点：一种认为，山东自我加压，实施比国家严得多的标准，市场竞争的最终结果必然会搞垮山东造纸行业；另一种认为，制定标准首先应考虑行业的经济技术可行性，当时经过调查，85%的造纸企业实现不了第三阶段标准值，制定这样的标准在实践上毫无意义。这两种观点初听起来很有道理，而恰恰这样貌似正确的观点是我们转方式调结构需要突破的思想障碍。它错就错在把企业治理污染的经济技术可行性当成了决策的前提，而没有看到维护公众健康和生态安全的必要性、经济社会发展的必然规律和环境保护对于污染行业的优化倒逼作用。

（三）推动经济与环境双赢，需要把握必要性、预见性、引导性和强制性有机结合的"四性"策略

在具体实践中，推动经济与环境双赢往往会面临一些"两难"问题，甚至需

要经历"浴火重生、凤凰涅槃"的阵痛过程。总结山东案例的经验，笔者以为，减轻阵痛、形成"双赢"长效机制，需要合理设置过渡期，并把握必要性、预见性、引导性和强制性有机结合的"四性"策略。必要性，就是用维护公众健康、生态安全的必要性和经济社会发展的必然规律统一思想，形成"宁要绿水青山不要金山银山"的合力。预见性，就是统筹经济社会发展和环境保护，提前若干年明确奋斗目标，合理设置过渡期。引导性，就是要把奋斗目标和过渡期分解为若干阶段，制定实施分阶段逐步加严、具有法律效力的政策措施，引导企业、行业甚至区域调整结构、转型升级。强制性，就是坚决维护法规的权威性，确定的政策措施必须依法落实。"四性"策略有机结合，一些貌似困难的事情就好办多了。

习近平生态文明思想是对党的十八大以来习近平同志就生态文明建设提出的一系列新理念、新思想、新战略的理论升华，是习近平新时代中国特色社会主义思想的重要组成部分，是推进美丽中国建设的根本遵循。只要我们坚持以习近平生态文明思想为指导，实事求是，统筹兼顾，以保护倒逼发展方式转变，以高质量发展的成果提升保护的水平，就一定会在更加宽广的范围实现经济与环境双赢，为中华民族伟大复兴和世界生态文明建设做出有新的更大的贡献。

参考文献

[1]　习近平. 习近平谈治国理政[M]. 北京：外文出版社，2014.

[2]　习近平. 习近平谈治国理政（第二卷）[M]. 北京：外文出版社，2017.

[3]　中共中央文献研究室. 习近平关于社会主义生态文明建设论述摘编[M]. 北京：中央文献出版社，2017.

[4]　中共中央宣传部. 习近平新时代中国特色社会主义思想三十讲[M]. 北京：学习出版社，2018.

[5]　李宏伟. 马克思主义生态观与当代中国实践[M]. 北京：人民出版社，2015.

我国交通运输绿色发展 70 年的实践与展望

◉ 李庆瑞

（中国生态文明研究与促进会执行副会长、绿色交通分会会长）

新中国成立以来，在中国特色社会主义伟大旗帜指引下，在党的正确领导下，我国交通运输发展经历了从"瓶颈制约"到"初步缓解"，再到"基本适应"经济社会发展需求的奋斗历程，与世界一流国家的差距快速缩小，部分领域实现超越，一个现代化的交通运输体系正在形成。交通运输绿色发展水平稳步提升，深度和广度也不断拓展深化，为提高人民生活水平和建设美丽中国提供了有力保障。

一、70 年交通运输绿色发展的历史进程

70 年来，我国实现了交通基础设施跨越式发展，运输保障能力显著增强。高速铁路、高速公路、城市轨道运营里程以及港口万吨级泊位数量等均位居世界第一，机场数量、管道里程位居世界前列；铁路旅客周转量、货运量居世界第一，公路货运输量及周转量居世界第一，民航旅客周转量、货邮周转量均居世界第二，港口货物和集装箱吞吐量连续 10 多年保持世界第一。截至 2018 年年底，全国铁路营业里程达到 13.1 万公里（高铁营业里程 2.9 万公里以上），公路总里程 484.65 万公里（高速公路里程 14.26 万公里），内河航道通航里程 12.71 万公里（等级航道里程 6.64 万公里），港口拥有生产用码头泊位 23919 个（万吨级及以上泊位 2444

个），颁证民用航空机场 235 个（旅客吞吐量达到 100 万人次以上的通航机场 95 个）。

交通运输是国民经济中基础性、先导性、战略性产业，也是国家生态环境保护、节能减排和应对气候变化的重点领域之一。早期交通基础设施建设过程中消耗了大量的土地、能源、资源，并对生态环境造成一定影响，运输过程中产生的污染物和温室气体排放逐渐成为关注热点。交通运输绿色发展的历史进程以 1974 年交通部首次成立环境保护领导小组、党的十四大、党的十八大三个重要发展阶段为标志，从船舶与港口水污染防治起步，到公路生态保护成为公路建设重要内容，再到在"五位一体"—生态文明建设、"五大发展理念"—绿色发展的指引下，全行业、全方位、全地域、全过程推进交通运输生态文明建设。

（一）积极探索，水运污染防治逐步启航（1949—1974 年交通部成立环境保护小组—1992 年党的十四大前）

这一时期，我国公路水路交通基础设施建设严重滞后、运输装备水平落后、运输保障能力不强，交通行业在基础设施、体制机制、运输服务、法制建设及对外开放等领域进行了开创性探索。1973 年，全国第一次环境保护会议召开，交通行业是我国最早开展环境保护工作的行业之一。1974 年，交通部成立了环境保护领导小组，下设环境保护办公室。1987 年，交通部颁布了《交通建设项目环境保护管理办法（试行）》，标志着交通行业的环境保护法规体系建设正式启动。1989 年，交通部将环境保护领导小组调整为环境保护委员会，进一步加强了行业环境保护的领导和组织工作。

船舶和港口污染防治是这一时期的重点领域，在规划层面体现环境保护理念、提升溢油风险应对能力、船舶水污染防治、水运建设项目环境影响评价等方面开展了积极探索。从 20 世纪 70 年代开始，我国积极推进海上溢油应急、船舶污染防治工作，于 1983 年加入国际海事组织《经 1978 年议定书修订的〈1973 年国际防止船舶造成污染公约〉》，于 1983 年编制出台了《船舶污染物排放标准》（GB 3552—83）。1981 年，遵照《环境保护法》规定的建设项目环境影响评价制度，交通行业开始了水运建设项目环境影响评价工作，交通部先后编制出台了《港

口环境影响评价规范》和《港口环境保护设计规范》。1985 年，交通部组织开展了海港、船舶对近海环境污染的预测工作。20 世纪 80 年代末，交通部率先在港口规划管理工作中明确要求开展环境保护论证工作，开启了规划阶段注重环境保护的新思路。

（二）与时俱进，公路生态保护接轨发力（1992 年党的十四大—2012 党的十八大前）

这一时期，党的十四大做出了建立社会主义市场经济体制改革的决定，党的十六大提出了全面建设小康社会的奋斗目标，党的十七大指出"必须把建设资源节约型、环境友好型社会放在工业化、现代化发展战略的突出位置"，交通行业全面推进公路网、航道网、高速公路快速发展，专业化深水码头泊位迅速增加，铁路、航空和邮电网络规模不断扩大，显著改变了我国交通基础设施的落后面貌。交通行业以科学发展观为指导，积极探索实践交通科学发展之路，制定了《国家高速公路网规划》《全国沿海港口布局规划》《国家公路运输枢纽布局规划》《全国内河航道与港口布局规划》等国家级规划，努力推进资源节约型、环境友好型行业建设。1993 年，交通部出台了《交通行业环境保护管理规定》，明确行业机构职责、污染防治、污染源治理、科研设计和教育等要求。2003 年，交通部颁布了《交通建设项目环境保护管理办法》，从环境影响评价程序、环境保护设施等角度明确了项目环境保护要求。2006 年，交通部印发了《建设节约型交通指导意见》，提出树立节约型交通发展理念。2009 年，交通运输部研究制定了《资源节约型环境友好型公路水路交通发展政策》，指导公路水路交通行业调整产业结构、转变发展方式。

交通行业节能环境保护工作稳步推进，水运领域持续强化，公路生态保护逐步发力，成为这一时期的热门领域。公路行业深入推进绿色发展，坚持典型示范引路，加强新技术、新材料、新工艺、新产品研发与应用，为绿色公路建设迈向新时代奠定了坚实基础。2003 年，在可持续发展理念下，我国第一条与自然环境相协调的示范公路——川九路开展建设。2004 年，全国公路勘察设计工作会议总结推广了四川川九路示范工程建设的成功经验，提出了"六个坚持、六个树立"的公路勘察设计新理念（坚持以人为本，树立安全至上的理念；坚持人与自然相和谐，树立尊重自然、保护环境的理念；坚持可持续发展，树立节约资源的理念；坚持质量第一，树立让公众满意的理念；坚持合理选用技术指标，树立设计创作的理念；坚持系统论的思想，树立全寿命周期成本的理念）。2007 年以来，依托国家高速公路等重大工程建设，交通部相继在山区高速公路建设、生态环境保护和交通安全等领域组织实施了一批科技示范工程。2009 年，公路建设全面推行现代工程管理理念，交通运输部提出"五化"管理要求（发展理念人本化、项目管理专业化、工程施工标准化、管理手段信息化、日常管理精细化），在全国范围开展了为期 3 年的施工标准化活动，促进了公路建设管理水平跨上新台阶。2011 年，交通运输部陆续启动了一批绿色低碳循环公路主题性项目。

（三）绿色发展，生态文明建设全面推进（2012 年党的十八大以来）

党的十八大以来，以习近平同志为核心的党中央高度重视生态文明建设，着力推动形成绿色发展方式和生活方式。党的十九大提出建设生态文明是中华民族永续发展的千年大计，要建设美丽中国，形成绿色发展方式和生活方式，并对交通强国、绿色出行、污染防治攻坚战等进行了明确部署。习近平总书记在 2018 年全国生态环境保护大会上提出生态文明是中华民族永续发展的根本大计，生态文明已经成为全社会、各行业持续健康发展的根本准则。

这一时期，交通运输行业深入贯彻落实以习近平同志为核心的党中央关于生态文明建设的新理念新思想新战略，加快综合交通、智慧交通、绿色交通、平安交通"四个交通"建设，全力推动交通运输的科学发展，在绿色交通方面取得了积极成效。交通运输部先后制定发布了一系列推进交通运输生态文明建设的政策文件，明确提出以交通强国战略为统领，以深化供给侧结构性改革为主线，着力实施七大工程，加快构建三大制度体系，推动绿色交通实现由被动适应向先行引领、由试点带动向全面推进、由政府推动向全民共治的转变，推动形成绿色发展方式和生活方式，为建设美丽中国、增进民生福祉、满足人民对美好生活的向往提供坚实支撑和有力保障。

二、我国交通运输生态文明建设取得的积极成效

新中国 70 年来，交通基础设施绿色建设取得积极进展，运输过程中的生态环境保护工作逐渐引起重视，交通运输行业生态文明建设有力推进。

（一）顶层设计不断完善

交通运输部通过不断完善生态环境保护制度体系，建立标准、推行规范，进行系统性、体系性谋划，先后印发《加快推进绿色循环低碳交通运输发展指导意见》《全国公路水路交通运输环境监测网总体规划》《船舶与港口污染防治专项行动实施方案》《珠三角、长三角、环渤海（京津冀）水域船舶排放控制区实施方案》《交通运输节能环境保护"十三五"发展规划》《推进交通运输生态文明建设实施方案》《关于全面深入推进绿色交通发展的意见》《关于全面加强生态环境保护坚决打好污染防治攻坚战的实施意见》等，为交通运输绿色发展提供了科学的"指挥棒"。

（二）运输结构加快调整

区域交通方面，交通运输部牵头制定《推进运输结构调整三年行动计划（2018—2020 年）》，推进大宗货物运输"公转铁""公转水"。据统计，2018 年全国铁路货物发送量完成 40.25 亿吨，同比增运 3.37 亿吨，增长 9.1%，其中京津冀及周边地区增长 10.8%，长三角地区与去年基本持平，汾渭平原增长 11.4%；水路货运量完成 69.9 亿吨，同比增长 4.7%；沿海港口大宗货物公路运输量减少约 1 亿吨；重点港口集装箱铁水联运量同比增长 25.5%。城市交通方面，大力推进"公交都市"和城市绿色货运配送建设，优先发展地铁、公交、公共自行车，引导公众绿色出行。

（三）绿色交通基础设施示范建设大力推进

一是以节能减排专项资金为引导，开展了 62 个绿色循环低碳交通运输区域

性主题性示范工程。二是实施 63 个交通环境保护试点项目，涵盖交通运输环境监测网络、重大交通基础设施生态建设和保护等。三是组织启动 3 批 33 个绿色公路典型示范工程，开展旅游公路建设。四是推进绿色港口和绿色航道建设。

（四）运输装备清洁化进程明显加速

一是积极开展柴油货车污染治理。联合制定《柴油货车污染治理攻坚战行动计划》、淘汰实施方案，推动建立机动车排放检验与强制维修制度，加快新能源和清洁能源推广应用，全国新能源汽车推广应用总量超过 38 万辆。二是开展船舶和港口污染防治。设立并研究扩大船舶排放控制区，预计 2020 年控制区船舶硫氧化物比 2015 年下降 65%以上。鼓励淘汰老旧内河航运船舶，全国共拆解老旧海船 600 余艘，拆解改造内河船舶 4.38 万艘。大力推广靠港船舶使用岸电，全国沿海和内河共建成岸电设施 2400 余套，覆盖泊位 3200 多个。加强船舶污染物接收处置能力建设，绝大部分港口城市已经建立船舶污染物转移联单制度。

三、在新的历史起点上推进交通运输绿色发展

2018 年印发的《中共中央 国务院关于全面加强生态环境保护坚决打好污染防治攻坚战的意见》做出了打好污染防治攻坚战、坚决打赢蓝天保卫战、着力打好碧水保卫战、扎实推进净土保卫战的战略部署。《推进运输结构调整三年行动计划（2018—2020 年）》《柴油货车污染治理攻坚战行动计划》《绿色出行行动计划（2019—2022 年）》等与交通运输行业密切相关的专项政策相继出台，对交通运输行业绿色发展、调整结构、转变发展方式、打好污染防治攻坚战等提出了明确要求。根据中国工程院有关研究，要实现 2035 年生态环境质量的根本好转，包括交通运输行业在内的国民经济各行业排放总量需要削减超过三分之二以上。国际经验和国内实践都表明，随着国民经济快速发展和经济结构转型升级，进入后工业化时期，交通运输行业的排放仍会保持快速增长态势，占比也持续提升。我国 $PM_{2.5}$ 污染源解析工作结果显示，交通运输排放是北京、上海、深圳、杭州等多个大中城市的首要污染来源，也是绝大多数中等以上城市的第二或第三大污

染来源。可见，随着国家生态文明建设的深入推进，各项环境治理要求势必愈发严格，交通运输行业已经逐步成为生态文明建设和污染防治攻坚战的关键领域。

　　未来一段时期，我国交通基础设施、运输装备、运输服务需求都将继续维持较高增长速度，依旧繁重的交通运输发展任务与日益刚性的资源环境约束之间的矛盾将会愈加凸显。建设世界交通强国，必须要具有较强的可持续发展能力，注重生态环境影响，体现大国责任。推动交通运输绿色发展，是满足人民群众对美好生活的现实需求，是交通运输高质量发展的必然趋势，更是建设交通强国的内在要求和重要战场。绿色也将成为未来一段时间我国交通基础设施、运输装备、运输组织的基本要求。

　　按照交通运输部统一部署，到2020年，初步建成布局科学、生态友好、清洁低碳、集约高效的绿色交通运输体系，交通运输污染防治攻坚战任务圆满完成。到2035年，形成与资源环境承载力相匹配、与生产生活生态相协调的交通运输发展新格局，绿色交通发展总体适应交通强国建设要求。

　　推进交通运输绿色发展应坚持以提升绿色出行比率和绿色物流指标为目标，以全面构建绿色运输服务体系、绿色交通基础设施体系、清洁低碳运输装备体系、绿色交通运输治理体系、绿色交通科研创新体系为重点任务，服务实施交通强国战略。具体任务包括以下方面。

（一）加快形成绿色运输服务体系

　　一是构建绿色出行体系。落实《绿色出行行动计划（2019—2022年）》，优化城际客运结构，开展城市绿色出行行动，创新绿色出行产品供给，持续实施公交优先战略。二是建立绿色物流体系。落实《推进运输结构调整三年行动计划（2018—2020年）》，改善货物运输结构，发展高效城市配送模式，推广高效运输组织方式，加强科技与物流融合发展。

（二）持续打造绿色交通基础设施

　　一是统筹交通基础设施布局。研究编制综合立体交通网规划，结合国土空间规划"三区三线"划定，统筹铁路、公路、水运、民航、邮政等各领域融合发展。

二是强化交通资源集约利用。集约利用通道岸线及土地资源，促进资源综合循环利用，推动交通基础设施能源供给创新。三是注重基础设施生态保护。推进绿色基础设施创建，实施交通廊道绿化行动，开展交通基础设施生态修复。

（三）继续推广清洁低碳运输装备

一是推进运输装备专业化标准化。提高运输装备能效水平，应用先进高性能交通装备。二是推广应用新能源和清洁能源车船。三是持续强化车船污染防治。贯彻落实《柴油货车污染治理攻坚战行动计划》，淘汰更新高排放老旧柴油货车，全面推进船舶排放控制区建设。

（四）建设现代化绿色交通治理体系

一是建立绿色交通制度体系。构建绿色交通规划政策体系，完善绿色交通标准体系，强化绿色交通数据能力建设。二是创新绿色交通投融资策略。强化各级财政资金的引导作用，制订交通运输绿色发展经济政策，加快绿色交通市场机制探索应用。三是强化执行落实与监督考核。

（五）完善绿色交通科研创新体系

一是完善绿色交通科研激励机制。二是强化绿色交通科技研发与应用。三是注重绿色交通全方面交流与合作。

推动交通运输绿色发展是一场深刻的革命，需要社会各界共同贡献智慧和力量。让我们携起手来，在建设绿色交通的征途上改革创新、真抓实干、攻坚克难、久久为功，用我们的智慧和汗水换来一个天蓝水净的美好家园，为发展绿色交通、建设交通强国、助推生态文明、共建美丽中国做出新的更大的贡献！

生态环境信息化改革与创新发展

⊙ 章少民

（生态环境部信息中心主任）

　　"十三五"时期是全面建成小康社会的决胜阶段，是信息通信技术变革实现新突破的发轫阶段。同时信息化代表新的生产力和新的发展方向，已经成为引领创新和驱动转型的先导力量。习近平总书记在中国科学院第十九次院士大会、中国工程院第十四次院士大会上指出要把握数字化、网络化、智能化融合发展的契机，以信息化、智能化为杠杆培育新动能。

　　为了打好污染防治攻坚战，保护生态环境，生态环境信息化工作受到极大重视。生态环境部部长李干杰在全国生态环境保护工作会议中强调要加强生态环境信息化建设。大数据、"互联网+"、人工智能等信息技术正成为推进生态环境治理体系和治理能力现代化的重要手段。近年来，通过实施"国家环境信息与统计能力建设项目""生态环境大数据建设项目"等重大信息化工程，生态环境业务专网建成应用，生态环境监测网络建设取得重要进展，生态环境信息资源中心上线运行，生态环境业务信息化深入推进，生态环境信息化标准体系初步建立，信息化支撑生态环境管理发挥了积极作用。

一、生态环境信息化发展概述

　　我国环境信息化建设始于"七五"期间，"九五""十五"期间发展较为迅速，主要通过实施世界银行贷款项目、日本政府无偿援助中国 100 个城市环境信息系统建设项目，逐步建成了部、省、市环境信息机构，在服务于环境管理、信息化基础能力、机构队伍建设等方面取得了一定成绩。

"十一五""十二五"期间主要通过国控重点污染源自动监控能力建设项目、国家环境信息与统计能力建设项目、第一次全国污染源普查、第一次全国土壤污染状况调查等重大工程项目推动，基本建成了覆盖部、省、市、县环境管理机构的"三层四级"环境业务专网和环境质量监测、国控污染源监控体系，环境数据的采集和传输能力得到大幅提升。

"十三五"以来，在习近平网络强国战略思想指引和信息化飞速发展的大背景下，生态环境部先后印发实施《生态环境大数据建设总体方案》《环境保护部政务信息系统整合共享实施方案》等重要文件，不断完善"天空地"一体化监测体系，积极推进政务信息公开和服务平台建设，探索实施生态环境大数据应用创新，环境信息化工作取得积极进展。2018 年 4 月，全国网络安全和信息化工作会议召开，习近平总书记出席会议并发表重要讲话，指出"践行新发展理念，加快信息化发展"。2018 年 7 月，生态环境部部长李干杰视察信息中心并主持召开生态环境信息化座谈会，围绕打好污染防治攻坚战，全面研究部署信息化改革与创新发展工作，生态环境信息化发展全面进入快车道。

二、生态环境信息化创新与工作成效

（一）管理模式创新

针对生态环境保护当前面临的形势和任务，生态环境部将改革创新作为推动信息化快速发展的核心手段。2018 年以来先后印发《2018—2020 年生态环境信息化建设方案》《关于加强生态环境信息化网络安全和信息化工作的指导意见》，全面推进实施"四统一、五集中"（统一规划、统一标准、统一建设、统一运维，数据、资金、人员、技术、管理集中），在机构队伍建设、信息化资金管理、数据集中共享和信息化领导机制等方面大力创新。

（1）稳步实施机构队伍改革

成立了生态环境部网信领导小组，组建领导小组办公室（网信办），独立设置生态环境部信息中心，强化信息化机构和职能，有力加强了对网信工作的集中统一领导和管理。同时，在生态环境部本级系统实施信息化双重管理。通过双重管理将部属单位的信息化资源，包括基础设施、信息系统、数据资源、人才队伍等整合在一起，凝结形成一体化的工作实体，共同开展信息化规划标准、预算申报、建设开发、系统运维、数据共享、网络安全等工作，协同推进中办、国办和生态环境部党组部署的重大信息化任务。并在此基础上，通过"协作"聚集全国生态环境系统的信息化力量，通过"合作"辐射带动全社会的力量，打造同向发力、同频共振的全国生态环境信息化"联合阵营"。

（2）大力推进资金管理创新

对信息化资金实行归口管理。集中设置信息化资金预算科目，按照信息化规划和总体架构由网信办统一组织信息化项目立项申报和审核，严格执行信息化资金"一支笔审核、一本账管理"，发挥"资金集中"效益。

（3）持续开展数据集成共享

所有在用信息系统数据全部接入生态环境信息资源中心，集中建设生态环境管理业务领域基础数据库和数据共享服务平台，实现数据共享"一站式"服务。逐步建立部委、地方等外部数据共享机制，通过环境信息资源中心和数据共享服务平台统一开展跨部门和跨层级数据共享。探索建立开放、共建、共享的数据综合利用模式，不断提高数据产品生产能力。

（4）积极推动领导机制创新

创新建立信息化领导机制，部长担任网信领导小组组长，定期听取信息化工作汇报，研究部署重大工作任务。分管部领导每月召开信息化办公会，督促推进任务落实，协调解决困难问题。《生态环境部工作规则》明确信息中心主要负责同志列席部级会议，便于信息中心及时了解部党组决策部署，针对性做好保障服务。

（二）工作成果成效

通过实施以上改革创新举措，生态环境信息化工作取得快速发展，初步建成了"一张网、一朵云、一个库、一张图、一扇门"，促进了生态环境保护业务的精准化管理，提升了污染防治攻坚战指挥决策的科学化水平，同时为社会公众提供了更加便捷的政务服务。

（1）初步建成了"五个一"

一是全面联通"一张网"。截至 2018 年年底，生态环境部所有部属单位和各省（自治区、直辖市、新疆生产建设兵团）、地市、区县生态环境机构已全部接入生态环境业务专网，构建了"纵向到底、横向到边"的网络体系，有力支撑了第二次污染源普查数据采集、污染源自动监控数据传输、"十三五"环境统计数据上报等重点业务工作。

二是加快构建"一朵云"。按照国务院政务信息系统整合共享工作要求，采取"上云、入库、进门"三合一方式，全面完成信息系统整合上云工作。持续加强生态环境云基础能力建设，保障了信息系统上云部署快捷方便，运行稳定安全。

三是合力推进"一个库"。初步构建了包含 180 多万家企业基础信息，以及生产治理设施、活动水平、行政审批、排污信息、违法和信用等主题信息的固定源统一数据库。

四是精心绘制"一张图"。形成了环境质量、污染源、自然生态等一批生态环境空间数据集。基本完成"一张图"信息平台搭建，为"三线一单"、环境执法等业务应用提供了标准化的空间数据服务。

五是全力打造"一扇门"。持续推进生态环境部综合业务门户建设，在用信息系统全部接入，重要系统实现统一登录、统一用户、统一认证。生态环境部综合业务门户成为部政务中心、应用中心、资源中心的统一入口。

（2）提升了污染防治攻坚战指挥决策的科学化水平

建成了强化监督专项行动辅助决策、排污口信息采集 App 等信息系统，开展了重污染天气应急、农业农村生态环境管理、土壤环境信息管理等应用建设，运用物联网、卫星遥感等新技术，推动建立"天空地"一体化生态环境监测体系，

为污染防治攻坚战"7+4"专项行动提供数据服务和业务支撑。

（3）促进了生态环境保护业务的精准化管理

建成了第二次污染源普查数据采集与管理、国家环境遥感应用平台、生物多样性调查等信息系统，初步建成了"一带一路"生态环境保护大数据服务平台、长江经济带"三线一单"数据共享平台，开展了环评、排污许可、"12369"举报等大数据创新应用，基于热点网格技术对京津冀及周边重点区域"2+26"城市大气环境实施精细化管理。

（4）为社会公众提供了更加便捷的政务服务

完成了生态环境部政府网站改版，实现了网站无障碍访问，成为建设服务型政府重要成果之一。部属单位所有门户网站全部纳入网站群，实现了统一技术规范、统一技术平台，统一运维管理、统一安全防护，提升了网站服务能力、管理水平和整体效益。非涉密行政审批事项全部接入"互联网+政务服务"平台，有力推动了"一网、一门、一次"改革落地。

三、生态环境信息化发展展望

生态环境信息化工作虽然取得快速发展和长足进步，但还存在应用系统整体性协同性弱、数据挖掘分析能力不强、信息化人才队伍规模小、信息化投入与实际需求差距较大等诸多问题和困难。2019 年 3 月，李干杰部长主持召开生态环境部 2019 年第 1 次网络安全和信息化领导小组全体会议，为下一阶段生态环境信息化工作指明了方向、明确了目标、部署了任务。

（一）发展思路

以习近平生态文明思想和全国生态环境保护大会精神为指导，全面落实"四统一、五集中"工作要求，按照夯实基础、填平补齐；巩固成果、重点突破；整体推进、奋力赶超的"三步走"路线图，积极营造信息化发展"大环境"，加快建设"大平台、大数据、大系统"，努力夯实信息化"大安全"，巩固现有改革创新成果，进一步释放改革活力，激发创新动力，推动生态环境信息化跨越式发展。

（二）阶段目标

坚持创新引领，突出行业特色，保持优势领域，推动业务协同，通过"三步走"，实现生态环境部信息化水平"纵向引领、横向领先"，为打好打胜污染防治攻坚战提供有力支撑。

（三）重点任务

重点做好五个方面的工作。

一是营造信息化发展"大环境"。深化信息化体制机制改革，全面推进统一集中。依托双管等创新机制，整合汇聚系统内外资源力量。统筹信息化资金管理，发挥资金集聚效益。加强网信队伍建设，打造生态环境保护铁军战略支援部队。强化信息化宣传引导，营造干事创业的良好氛围。

二是建设信息化基础"大平台"。统一推进生态环境云平台的建设、管理和服务，加强部系统机房、网络、计算、存储、安全、运维等资源整合统筹，搭建信息化基础设施"大平台"。

三是建设信息化应用"大数据"。强化数据资源规划，持续推动数据资源集中，逐步构建环境质量、污染源、生态保护等基础数据库，加快建设全国固定污染源统一数据库。深入开展数据资源高效开发、融合关联和深度利用，驱动业务流程优化和管理模式创新。

四是建设信息化业务"大系统"。持续推进系统整合，推动建立互联互通、业务协同的业务领域大系统，以污染防治攻坚战"挂图作战"为重点，提升综合决策支撑能力。建设一体化在线政务服务平台，推进互联网 App 应用，提升业务管理和便民信息服务水平。

五是保障信息化建设"大安全"。树立正确的网络安全观，严格落实网络安全主体责任和监督责任。贯彻落实中央关于"网络安全风险"自主可控工作要求，加快推进信息化设备安全可靠。加强安全防护措施，提高安全态势感知和风险防范能力，确保网络安全总体可控。

综上所述，下一步生态环境信息化要跨越式发展，实现迈入智能化阶段，全

面形成"四统一、五集中"落地实施的大环境，统一构建运行稳定、保障有力的"生态环境云"基础设施大平台，基本形成全面集中、高效利用的生态环境大数据，初步建成协同联动、特色鲜明的重点业务大系统，全面加强自主可控、主动防御的信息网络大安全，高质量完成各项重大信息化工作任务，大幅提升信息化队伍规模能力，确保实现"纵向引领、横向领先"的信息化发展目标。

迈上绿色发展：由选择到重塑①

⊙ 吴舜泽
（生态环境部环境与经济政策研究中心主任）

　　绿色是大自然的底色，更是人民群众美好生活的基础。新中国成立70年来，我国对绿色发展的认识和实践逐步深化，经历了一个由表及里、由浅入深、由自然自发到自觉自为的过程，逐渐走出了一条具有中国特色的绿色发展之路。这有历史的必然性，也有客观的主动性，是发展理念和方式的深刻转变，也是中国共产党执政理念和方式的深刻变革。通过梳理我国探索绿色发展的历程，阐述我国是怎样一步一步走上绿色发展之路的，对于深入推进生态文明、建设美丽中国具有重大的理论意义和实践价值。

一、中国走向绿色发展具有历史必然性和客观主动性

　　绿色发展从思想萌芽到理念升华，再到制度和实践，这既是由我国现实禀赋决定的，也是我们党主动探索和选择发展新路径、满足民生新需求的结果。

（一）绿色发展是基于我国资源环境禀赋条件寻求发展路径的必然选择

　　人均资源占有量较少、生态较为脆弱决定着我国必须走节约集约利用资源和保护生态环境的发展道路。根据《全国主体功能区划》，我国约60%的陆地国土

---

① 王勇、刘越对本文亦有贡献。

空间为山地和高原，扣除必须保护的耕地和已有建设用地，今后适宜工业化、城镇化开发及其他建设的土地面积只有 28 万平方公里左右，约占全国陆地国土总面积的 3%。人均水资源量仅为世界人均占有量的 28%，且面临着水资源分布与土地资源、经济布局不相匹配的问题。我国中度以上生态脆弱区域占全国陆地国土空间的 55%，其中极度脆弱区域占 9.7%，重度脆弱区域占 19.8%，中度脆弱区域占 25.5%。大规模高强度的工业化、城镇化开发只能在适宜开发的有限区域集中展开。

人口地理的胡焕庸线特征决定着我国必须充分尊重自然规律，走人口、产业和资源环境相均衡的发展道路。"胡焕庸线"从黑龙江省瑷珲到云南省腾冲，把中国分为东南、西北两部分。东南约占全国总面积的 36%，却集中了全国 96% 的人口；西北约占全国总面积的 64%，却仅仅居住着全国 4% 的人口。根据 2010 年第六次人口普查，东侧人口比例 70 多年之间仅减少了 2.3 个百分点。"胡焕庸线"的客观存在和高度稳定，说明中国"东密西疏"的人口分布大势受到了资源禀赋和自然规律的制约，同时也影响了中国产业布局和资源环境利用。也可以说，"胡焕庸线"锁定了中国经济地理格局，不承认这种锁定，是违背自然规律的。

破解经济建设与生态环境的现实矛盾决定着我国必须走协同推进保护与发展的道路。改革开放以来，我国经济实现了跨越式发展，只用了不到半个世纪就走过发达国家两三百年的工业化历程，创造了举世瞩目的"中国奇迹"。这种经济发展的"时空压缩"也带来了资源环境问题的"时空压缩"。中国的能源消耗和二氧化碳排放总量分别从 1990 年的 9.9 亿吨和 22.9 亿吨上升到 2014 年的 42.6 亿吨和 99.3 亿吨，均增长了 3.3 倍。中国单位 GDP 能耗是全球平均水平的近 2.5 倍，亚太地区平均水平的 2 倍。以重工业化为特征的经济结构以及粗放的发展方式带来的是根源性障碍，环境和资源难以支撑经济的可持续发展，必须寻求发展与保护兼顾的绿色之路。

（二）绿色发展是我国在经济社会发展规律认识深化过程中作出的科学选择

1972 年联合国在瑞典首都斯德哥尔摩召开人类环境会议时，周恩来总理首先看到了污染的严重性，他强调不能将环境问题看成是小事，不要认为不要紧，不要再等了。在周恩来总理的指示下，我国派出代表团参加了人类环境会议，这是我国主动选择走向绿色发展之路的重要转折。1995 年，党的十四届五中全会确定了要实行"两个根本性转变"：一是从传统的计划经济体制向社会主义市场经济体制转变，二是经济增长方式从粗放型向集约型转变。这体现了新阶段经济增长的内在要求，也是实现可持续发展的客观选择。从 2002 年下半年起，我国进入了新一轮重化工扩张阶段，各地纷纷投资钢铁、水泥、化工、煤电等高耗能、高排放项目，给资源环境带来巨大压力，资源环境约束日益显现。2003 年 10 月，党的十六届三中全会提出了科学发展观要求"坚持以人为本，树立全面、协调、可持续的发展观，促进经济社会和人的全面发展"。党的十六届五中全会提出"要加快建设资源节约型、环境友好型社会"。

绿色发展上升为党和国家的意志，正式成为党和国家的执政理念。2008 年金融危机之后，在世界范围内出现了新能源、"互联网+"等革命，标志着整个工业文明的反思。党的十八大报告首次把"美丽中国"作为生态文明建设的宏伟目标，把生态文明建设放在突出地位，强调将生态文明建设融入经济建设、政治建设、文化建设、社会建设各方面和全过程，纳入中国特色社会主义事业"五位一体"总体布局。党的十八大审议通过的《中国共产党章程（修正案）》，首次将"中国共产党领导人民建设社会主义生态文明"写入党章并作出阐述，使生态文明建设的战略地位更加明确。2015 年 10 月，党的十八届五中全会提出创新、协调、绿色、开放、共享发展理念，将绿色发展作为"十三五"乃至更长时间经济社会发展的一个基本理念。

（三）绿色发展是中国共产党在深化执政规律认识过程中回应民生期盼所作出的主动选择

民生需求大致可以分为"解决、改善、发展"三个阶段。发展民生不仅仅是经济增长，更重要的是收入提高后，满足人们随之对幸福感需求的增长。天蓝、水碧、山绿也是幸福感的重要组成部分。治政之要在于安民，安民必先惠民，最普惠的民生福祉，绿色惠民之要在于绿色发展与民生福祉的有机融合。牢固确立绿色执政理念是中国共产党新时期积极应对执政新情况、新问题和新矛盾的客观

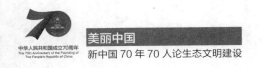

选择。经济发展—生态环境—民生需求三者关系的良性结合是衡量善治国家重要标准。

二、思想理念变革是引领中国走上绿色发展的灵魂之基

在形成绿色发展的深刻变革中，思想理念的变革既是中国选择绿色发展之路的原因，也是推动中国切实走上绿色发展之路的内生动力。发展观和民生观的变革是中国走上绿色之路的根本体现，也是经济社会发展与人的全面发展的统一。

（一）"绿水青山就是金山银山"为绿色发展提供了发展观指引

发展观是一定时期经济与社会发展的需求在思想观念层面的聚焦和反映，是一个国家在发展进程中对发展及怎样发展的总的和系统的看法。推动绿色发展是发展观的一场深刻变革，而习近平总书记关于绿水青山就是金山银山的论述，阐明了经济发展与环境保护的统一关系，是发展观变革的重要体现。习近平总书记提出，"正确处理好生态环境保护与发展的关系，也就是我说的绿水青山和金山银山的关系"。概括来讲，"绿水青山就是金山银山"，在认识论上，要求经济和环境融为一体；在实践上，是要形成绿色发展方式和生活方式；在本质上，是要求实现发展与保护内在统一、相互促进；在目标上，是要实现十八届五中全会提出的绿色富国、绿色惠民。"绿水青山就是金山银山"从根本上更新了生态环境无价、低价的传统认识，对生态环境进行了重新定位和再认识。这打破了简单把发展与保护对立起来的思维束缚，指明了实现发展和保护内在统一、相互促进和协调共生的方法论。

（二）"良好生态环境是最普惠民生福祉"明确了绿色发展的根本目的

良好的自然生态环境和自然资源是实现人的自由而全面发展的条件和基础。"良好生态环境是最普惠的民生福祉"展现了习近平生态文明思想的基本民生观。推进绿色发展，推动自然资本大量增值，就是要让良好生态环境成为人民生活质量的增长点。其本质上体现了以人为本，不仅能够实现人与自然的和谐，也会促

进人与人、人与社会的和谐。坚持绿色发展，坚持生态惠民、生态利民、生态为民，重点解决损害群众健康的突出环境问题，不断满足人民日益增长的优美生态环境需要，其收益将惠及全社会，为每一个社会成员所共享，是全体人民过上全面小康生活的重要体现。

三、绿色目标和评价标准是校准中国发展绿色航向的指挥棒

生态环境问题从根本上来说是经济发展方式的问题，是由人类经济社会活动过程中消耗掉的资源和排放的污染物超过地球承载力所导致。因此，就其本质而言，推动绿色发展首先要做的就是纠正以牺牲环境为代价去换取一时经济增长的做法，推动经济社会发展方式向绿色集约转变。

（一）在"五年"规划中逐步确立绿色发展的目标导向

"五年"规划是我国推进经济社会持续健康发展的重要方式，经济社会发展主要指标是核心构成，浓缩体现了下一个五年发展的基本思路和方向。从第十个五年计划开始，我国开始把资源环境类指标纳入规划目标。"十五"计划提出"高度重视人口、资源、生态和环境问题"，同时把主要污染物排放总量削减纳入规划目标指标。"十一五"规划把节能减排作为经济社会发展主要指标，且第一次将发展目标分为预期性指标和约束性指标，其中资源环境类包括 6 个约束性指标和 2 个预期性指标。约束性指标的提出是国家治理方式的一项重要创新。"十二五"规划中有关资源环境的约束性指标占总数比重由"十一五"的 27.2%提高至33.3%，绿色发展激励约束机制明确。"十三五"规划增加了"空气质量""地表水质量"指标，资源环境指标由 8 项增加到 10 项，而且全部都是约束性指标。因此，在"十三五"经济社会发展各领域各环节中，绿色理念成为发展的主基调。

（二）在党政干部政绩考核中逐步确立推动绿色发展的目标责任制

目标责任制在五年规划的决策、执行、实施过程中发挥着举足轻重的作用。在"十一五"规划实施过程中，国务院按照职责分工将提出的主要目标和任务分

解落实到各地区，并将约束性指标纳入各地区、各部门经济社会发展综合评价和绩效考核。2006 年，中央组织部印发了《体现科学发展观要求的地方党政领导班子和领导干部综合考核评价试行办法》，将约束性指标纳入了对各地领导班子的考核指标体系。这对于推动各级领导干部更好地实现"十一五"规划各项目标具有重要意义。就生态环境领域而言，我国自 1996 年提出环境保护目标责任制以来，尤其是节能减排目标责任制的实行取得较大的实效。"十一五"规划中，主要污染物总量控制成为中央政府对各省和大型国企最重要的环境考核，也是各省份内部最重要的环境治理考核抓手，充当了环境保护"指挥棒"的角色。

党的十八大以来，从中共中央办公厅、国务院办公厅印发《党政领导干部生态环境损害责任追究办法（试行）》，到十八届五中全会明确提出，"以市县级行政区为单元，建立由空间规划、用途管制、领导干部自然资源资产离任审计、差异化绩效考核等构成的空间治理体系"，绿色指挥棒内容日益丰富。2013 年底，中组部印发《关于改进地方党政领导班子和领导干部政绩考核工作的通知》，要求加大资源消耗、环境保护等指标的权重。2016 年，中共中央办公厅、国务院办公厅公布《开展领导干部自然资源资产离任审计试点方案》，标志着绿色考核迈出重要一步，是推动领导干部树立绿色发展理念的"指南针"和"紧箍咒"。同年，中共中央办公厅、国务院办公厅近日印发《生态文明建设目标评价考核办法》，并明确将国家发展改革委员会等多个部门出台的《绿色发展指标体系》和《生态文明建设考核目标体系》分别作为年度评价和五年考核的依据，绿色政绩正式成为省一级党政干部评价考核、奖惩任免的重要依据。2017 年 7 月，中办、国办就甘肃祁连山国家级自然保护区生态环境问题发出通报，包括 3 名省部级干部在内的几十名领导干部被严肃问责。一些地方领导干部开始真正意识到生态环境保护"党政同责""一岗双责"的分量。2015 年底开始的中央生态环境保护督察不到两年实现第一轮对 31 个省（区、市）全覆盖，成为推动地方党委、政府及其他相关部门落实生态环境保护责任、践行绿色发展理念的硬招实招。

（三）在重大区域发展战略中逐步确立生态优先、绿色发展的基本原则

从"十五"时期提出的生态示范区、生态县、生态市、生态省建设，到"十

一五"时期提出的"资源节约型社会、环境友好型社会"，绿色发展示范的内涵日益丰富。但是，生态保护仍未成为经济社会发展首先要考虑的底线。党的十八大以来，坚持生态保护优先的原则在"长江经济带发展战略""京津冀协同发展战略""雄安新区发展战略"等重大区域发展战略中予以确立。以"生态优先、绿色发展"为核心理念的长江经济带发展战略，是党中央治国理政新理念、新思想、新战略的重要组成部分。2016 年 1 月，习近平总书记在重庆召开推动长江经济带发展座谈会时指出，推动长江经济带发展必须从中华民族长远利益考虑，走生态优先、绿色发展之路。2018 年 4 月，习近平总书记在深入推动长江经济带发展座谈会上再次强调，正确把握生态环境保护和经济发展的关系，探索协同推进生态优先和绿色发展新路子，推动长江经济带探索生态优先、绿色发展的新路子，关键是要处理好绿水青山和金山银山的关系。2019 年 3 月 5 日，习近平总书记指出，要探索以生态优先、绿色发展为导向的高质量发展新路子。将生态保护优先作为重大区域发展战略的原则和前提，充分体现了将生态保护优先与经济社会发展决策的融合。

四、以主体功能为基础的空间规划体系是重塑绿色发展空间格局的重要手段

绿色空间是实现绿色发展的前提和重要维度。实现绿色发展，必须依据不同类型区域的主体功能定位，确定不同的开发强度与内容，充分发挥空间规划、空间用途管制制度等在推动空间均衡发展中的重要作用。

（一）以区域主体功能定位发展方向

如果说国民经济和社会发展总体规划是我国整个发展规划体系的统领，那么主体功能区规划就是国土空间规划的总控。主体功能区规划是根据各地区的资源环境承载能力、现有开发密度和发展潜力对国土空间所进行的战略划分，将全国国土划分为优化开发、重点开发、限制开发和禁止开发四类主体功能区，是实现生态文明目标和区域协调发展目标的重大举措。

主体功能区的基本思想最初出现在"十一五"规划建议之中,"十二五"规划建议将主体功能区规划上升为主体功能区战略。2013 年,《中共中央关于全面深化改革若干重大问题的决定》明确提出"坚定不移实施主体功能区制度"。"十三五"规划纲要中,主体功能区制度是支撑协调与绿色两大发展理念的具体战略措施,是推动区域绿色协调发展的重要手段。主体功能概念由规划到战略,再到制度,日益成为我国经济社会发展规划的重要组成部分。

2010 年,《全国主体功能区规划》发布。之后,省级行政区的主体功能区陆续出台,主体功能区规划陆续进入实施阶段。在主体功能区规划当中确定了"9+1"的政策体系。"9"是财政政策、投资政策、产业政策、土地政策、农业政策、人口政策、民族政策、环境政策、应对气候变化政策。"1"是推进形成主体功能区的绩效评价考核体系。2017 年,中共中央、国务院印发《关于完善主体功能区战略和制度的若干意见》提出,到 2020 年,符合主体功能定位的县域空间格局基本划定,陆海全覆盖的主体功能区战略格局精准落地,"多规合一"的空间规划体系建立健全。

(二)以"三区三线"促进主体功能战略格局落地

完善主体功能区战略和制度,关键要在严格执行主体功能区规划基础上,将国家和省级层面主体功能区战略格局在市县层面落地。三类空间是指城镇、农业、生态空间,三条主要控制线是指生态保护红线、永久基本农田、城镇开发边界。"三区"突出主导功能划分,"三线"侧重边界的刚性管控。党的十八大报告提出"促进生产空间集约高效、生活空间宜居适度、生态空间山清水秀"的要求,为"三生"空间的优化指明了方向。党的十九大明确要"完成生态保护红线、永久基本农田、城镇开发边界三条控制线划定工作"。从"三区"到"三区三线"推动了空间用途管制核心由耕地资源单要素保护向山、水、林、田、湖、草全要素保护转变,"三区三线"成为协调自然资源科学保护与合理利用的基础性制度。2019 年 5 月,中共中央、国务院印发《关于建立国土空间规划体系并监督实施的若干意见》,提出到 2035 年,全面提升国土空间治理体系和治理能力现代化水平,基本形成生产空间集约高效、生活空间宜居适度、生态空间山清水秀,安全和谐、富有竞争力和可持续发展的国土空间格局。

五、探索产业生态化和生态产业化路径是以绿色发展破解增长方式转变难题的根本之策

产业是绿色发展的基础支撑。在 2018 年 5 月召开的全国生态环境保护大会上，习近平总书记指出，要加快建立健全"以产业生态化和生态产业化为主体的生态经济体系"。这也是我国探索经济绿色发展的两个基本方向。

（一）以节能减排为主线，坚持走绿色低碳循环的产业生态化发展路径

所谓产业生态化，就是将自然界纳入经济系统中形成的闭环，是以最少量最集约的资源索取，带来最小化最无害化环境负担的形式进行经济活动创造经济价值的系统。早在"九五"时期，我国就提出由粗放型经济发展方式转向集约型的经济发展方式。但是并没有提出具体的成熟路径。直到"十五"规划结束，面临能源资源的巨大消耗以及生态环境的恶化，"十一五"规划正式提出加强节能减排、发展循环经济等重要手段。2005 年，国务院出台《关于加快发展循环经济的若干意见》，提出把发展循环经济作为编制有关规划的重要指导原则，我国正式提出循环经济的发展理念。随后，以日、德的循环经济发展方式作为基准参考线，由国家发展改革委员会和环境保护部以"循环产业园"的方式进行集中试点。2008 年国务院正式颁布《循环经济促进法》，旨在从微观、中观和宏观三个维度上推动全国发展循环经济。"十二五"规划提出，到 2015 年，国家工业体系要实现固体废物综合利用率达到 72%，同时 50%以上的国家园区和 30%以上的省级园区要实施循环化改造的主要目标。"十三五"规划明确要建立更加清晰的循环经济评估框架，细化循环经济评价指标。2009 年，联合国气候变化大会在丹麦首都哥本哈根举行，国务院原总理温家宝向世界承诺减缓温室气体排放的目标。以减少碳排放为基本目标的低碳经济逐渐成为我国实现经济绿色转型的另一种重要手段。

推动产业生态化的另外一种方式是推动产业结构的绿色化调整。2008 年的

金融危机对经济领域带来了洗牌效应，使得绿色经济成为很多国家的关注点。金融危机引发的产业结构调整加快了清洁能源和清洁生产技术创新的力度，从而创造了新的经济增长点。世界各国都把发展新能源等战略性新兴产业作为支撑新一轮经济增长的引导。我国确定了节能环境保护、新一代信息技术、生物、新能源、新能源汽车、高端装备制造业和新材料七大战略性新兴产业并指出了 23 个重点方向，绿色是这些产业发展的共同方向。2012 年，党的十八大报告将"绿色发展、循环发展、低碳发展"并列作为生态文明建设的重要着力点。2015 年，国务院《关于加快推进生态文明建设的意见》将绿色化与新型工业化、信息化、城镇化、农业现代化相并列，共同作为经济社会发展的重大发展方向，并明确了绿色发展的产业载体。党的十九大报告强调，推进绿色发展，建立健全绿色低碳循环发展的经济体系。这既是我国探索经济发展方式转变的延续，也是新时代下坚持绿色发展、建设美丽中国的重要落脚点。

（二）以生态产品价值实现为切入点，挖掘绿水青山向金山银山转换的机制路径

所谓生态产业化，就是指依据生态服务和公共产品等理论，将生态环境资源作为特殊资本来运营，实现保值增值，按照社会化生产、市场化经营的方式，将生态服务由无偿享用的资源转变为有价值商品和服务。2005 年，习近平同志在《浙江日报》"之江新语"专栏发表《绿水青山也是金山银山》的评论，明确提出，如果把"生态环境优势转化为生态农业、生态工业、生态旅游等生态经济的优势，那么绿水青山也就变成了金山银山"。2017 年 10 月，"必须树立和践行绿水青山就是金山银山的理念"被写进党的十九大报告；"增强绿水青山就是金山银山的意识"被写进新修订的《中国共产党章程》之中。

生态产业化是实现绿水青山就是金山银山的产业支撑，是自然资本理念、经济发展与自然保护相统一理念的具体体现。生态产业化的关键在于探索生态产品价值实现路径。2018 年，习近平总书记在深入推动长江经济带发展座谈会上强调，要积极探索推广绿水青山转化为金山银山的路径，选择具备条件的地区开展生态产品价值实现机制试点，探索政府主导、企业和社会各界参与、市场化运作、

可持续的生态产品价值实现路径。国家发改委和原环境保护部分别推动开展生态产品机制实现机制试点和"两山"实践创新基地建设，推动生态产业化理念落地生根。绿水青山就是金山银山的理念及其实践，有力推动实现了经济发展与生态环境保护有机统一的绿色发展，极大地增强了我们走生产发展、生活富裕、生态良好的文明发展道路的信心。

六、促进生态环境质量持续改善是走上绿色发展之路的目标要求和具体体现

优良的生态环境质量体现了绿色发展的底色。通过环境污染防治、生态保护修复等行动，推动补齐生态环境短板，是夯实绿色发展生态环境本底的基础。

（一）根据生态环境问题不断调整生态环境治理思路

自 1972 年派出代表团参加联合国人类环境会议，我国就一直在积极探索避免走发达国家先污染后治理的老路。从党的十一届三中全会到 1992 年，保护环境成为基本国策、环境保护开始纳入国民经济和社会发展计划、环境管理制度和环境法规体系 初步建立我国环境保护逐渐步入正轨。从第九个五年发展计划，我国环境保护开始进入大规模的生态建设和环境污染治理时期。从"九五"到"十三五"，对于生态环境问题的认识逐渐深入，生态环境治理思路也在逐渐走向成熟。在对环境问题认识上，"九五"和"十五"时期提出生态环境问题突出和恶化，"十一五"开始关注能源资源消耗过大问题，到"十二五"和"十三五"时期资源环境问题成为经济发展的重要约束。在治理思路上，从点面治理走向系统治理。"九五"和"十五"时期的环境治理关注工业点源和重点城市的环境问题，"十一五"和"十二五"时期侧重于重点流域、重点区域和重点城市，生态建设走向事前，资源利用走向全过程。"十三五"时期，生态保护走向系统治理，走向全社会环境治理和全过程资源管理。

美丽中国
新中国 70 年 70 人论生态文明建设

（二）加速补齐全面建成小康社会的生态环境质量短板

党的十八大以来，我国坚决向污染宣战，中共中央、国务院印发《关于全面加强生态环境保护 坚决打好污染防治攻坚战的意见》，大气、水、土壤污染防治行动计划先后发布实施，蓝天、碧水、净土保卫战全面展开。

各地多措并举防治大气污染，从 2013 年到 2018 年，全国 338 个地级及以上城市可吸入颗粒物（PM_{10}）平均浓度下降 26.8%，北京 $PM_{2.5}$ 平均浓度从 89.5 微克/米 ^{3} 降至 51 微克/米 ^{3}，下降 43%。水污染防治行动计划发布后，各地大力推进集中式饮用水水源地环境问题排查整治，突出重点流域、城市黑臭水体治理。2018 年与 2015 年相比，全国地表水优良（Ⅰ～Ⅲ类）水质断面比例由 66%增至 71%，劣Ⅴ类由 9.7%降至 6.7%。土壤污染防治行动在有序推进。全国实施 214 个土壤污染治理与修复技术应用试点项目。坚决禁止洋垃圾入境，2018 年固体废物进口总量同比减少 46.5%。

在污染治理加快推进的同时，生态系统保护和修复力度也在不断加大。全国已建立各级各类自然保护区 2750 处，其中国家级自然保护区 474 个。各类陆域保护地面积达 170 多万平方公里，有效保护了自然生态系统和大多数重点野生动植物种类，大熊猫等珍稀濒危物种种群逐步恢复。全国的森林覆盖率由 21 世纪初的 16.6%提高到 22%左右。

七、结语与展望

以上述分析分六个方面论述了我国选择并走上绿色发展之路的基本逻辑。我国选择绿色发展的道路符合经济社会发展的现实需要，也是中国共产党人根据社会矛盾变化作出的积极探索。从绿色发展的思想萌芽，到走上绿色发展之路，由可持续发展到科学发展，再到新时代的生态文明建设，经过几代人的努力探索，节约资源和保护环境的空间格局、产业结构、生产方式、生活方式日益成型，绿色发展之路越走越宽。当前，我们在绿色发展上取得了明显的成绩，但还要在深度和广度上继续推进。新时代中国特色社会主义的绿色发展之路，是全方位的变革，是经济社会发展的全面转型，唯有坚持践行绿色发展理念，美丽中国目标方能实现。

参考文献

[1] 国务院关于印发全国主体功能区规划的通知[EB/OL]. http：//www.gov.cn/zwgk/2011-06/08/content_1879180.htm.

[2] 胡焕庸线能否突破？[EB/OL].http://www.cssn.cn/shx/shx_bjtj/201501/t20150116_1481742.shtml.

[3] 李宏伟. 破解我国经济社会发展难题的必由之路[N].光明日报，2016-05-18.

[4] "十三五"绿色增长路线图：强化环境治理倒逼机制[EB/OL].http://news.bjx.com.cn/html/20151116/681475-3.shtml.

[5] 刘友宾. 重读《人类环境宣言》：建构中国环境话语体系的可贵努力[N]. 中国环境报，2015-01-14.

[6] 王海芹，高世楫. 我国绿色发展萌芽、起步与政策演进：若干阶段性特征观察[J]. 改革，2016（3）：6-26.

[7] 李强彬. 绿色民生：政治科学视域的解读[J]. 南京师大学报，2016（5）：45.

[8] 吴舜泽，王勇，刘越，等. 牢固树立并全面践行"绿水青山就是金山银山"[J]. 环境与可持续发展，2018（4）：10-11.

[1] 黄亚楠. 推动产业发展与生态资源深度融合[EB/OL]. http://news.cssn.cn/zx/bwyc/201811/t20181120_4778530_1.shtml

美丽中国

新中国 70 年 70 人论生态文明建设

以习近平生态文明思想引领林业文明建设

⊙ 安黎哲

（北京林业大学校长）

习近平总书记多次强调"生态兴则文明兴，生态衰则文明衰"。2018 年 5 月 18 日召开的全国生态环境保护大会，正式确立了习近平生态文明思想。在这次大会上，习近平总书记再次指出："山水林田湖草是生命共同体。生态是统一的自然系统，是相互依存、紧密联系的有机链条。人的命脉在田，田的命脉在水，水的命脉在山，山的命脉在土，土的命脉在林和草，这个生命共同体是人类生存发展的物质基础。"历史和现实反复证明，生态文明离不开林业文明，林业文明是生态文明的重要组成部分，是美丽中国的重要支撑。可以说，林业兴则生态兴。新时代加强生态文明建设，应坚持以习近平生态文明思想为引领，持续推进林业文明建设，为保护生态环境、建设美丽中国做出我们这一代人的贡献。

一、林业文明贯穿人类文明的始终

森林是陆地生态系统的主体。《联合国森林战略规划（2017—2030 年）》开宗明义地指出，"森林属于世界上最具生产力的陆地生态系统，对维系地球生命至关重要。"森林是约 80% 的陆地物种的栖息地，是自然界功能最完善的资源库、基因库、蓄水库、贮碳库和能源库。森林可以固碳制氧、涵养水源、调节气候、防风固沙、除尘滤污、消音减噪、净化空气，这有助于减缓和适应气候变化以及保护生物多样性，有助于防止土地退化和荒漠化，有助于减少洪水、滑坡、干旱、沙尘暴以及其他自然灾害的发生。森林孕育了人类，是人类文明的摇篮，正是得益于大自然给予人类的"绿色馈赠"，人类才得以生存和发展。

可以认为，人类文明的进化史，就是一部人与自然的互动史。人类经历了敬畏和崇拜自然的原始文明、依赖顺应自然的农业文明以及征服改造自然的工业文明三个阶段，现在正进入人与自然和谐共生的生态文明时期。而人与森林的关系正是人与自然关系的重要方面和关键指标。

原始文明时代，人类的祖先最初就生活在森林里，早期主要以从森林中采撷野果、捕捉鸟兽鱼虫为食；后来以树叶、兽皮遮身护体，在树上架巢做屋，并逐渐学会运用森林之火。可以说，森林为人类迈进文明社会提供了衣食住行的基本保障，为人类的进化提供了最初的劳动工具。有学者认为，在石器时代之前是漫长的木器时代。人类不是简单地屈从于自然，而是运用超越其他动物的智力去认识自然、顺应自然和善用自然。从这个意义上说，林业文明是原始文明的重要内容和典型特征，是人类合理利用以森林为代表的自然资源，并客观反映人与自然之间相互依存关系的一种文明形态。

随着人类生活技能的提高，人类社会生产方式向垦殖经济形式过渡，转而进入农业文明时代。这一阶段，森林是人类农业文明发展的物质基础，它除了为人类提供生产和生活所必需的各种物质资料，还提供了农业文明发展的基础——耕地。然而，随着人口的增长，越来越多的林地被开垦成农田，越来越多的林木变成建材和薪炭，人类与森林之间的关系也发生了新的变化。一方面，人类活动导致了森林的减少；另一方面，人类也逐步认识到森林和林业对于人类发展的重要性。我国古代著名的政治家、思想家管仲认为，"山泽救於火，草木植成，国之富也"（《管子·立政》）、"为人君而不能谨守其山林菹泽草莱，不可以立为天下王"（《管子·轻重甲》）；同时提出"山林虽广，草木虽美，禁发必有时"的思想（《管子·八观》）。这一思想在孟子和荀子的著作中得到进一步阐述，孟子指出"斧斤以时入山林，林木不可胜用也"（《孟子·梁惠王上》），荀子也认为"草木荣华滋硕之时，则斧斤不入山林，不夭其生，不绝其长也"（《荀子·王制》）。我国还很早就设立了虞衡制度来管理山林川泽，合理开发和利用林业资源，"山虞掌山

林之政令，物为之厉而为之守禁""林衡掌巡林麓之禁令，而平其守"。

工业革命的到来使人类文明开始迈向现代工业文明时代。森林这个巨大的自然宝库始终提供着基础的原材料和燃料，人类有目的、大规模地开发利用森林是人类从不发达社会进入发达社会的前奏。通过发展森林工业获得其他产业发展所需的资本和原料，从而推动整个工业化的进程。

不论是原始文明、农业文明还是工业文明阶段，森林都发挥着举足轻重的作用，为孕育人类社会和推动人类文明进程做出了巨大的贡献。但我们也应该看到，人类文明和森林是在对抗中向前发展的，农业与工业的发展都给森林带来了不同程度的压力和影响。正如马克思在百年前所指出的："文明和产业的一般发展，从古代起就强烈地表现在对森林的破坏上"。联合国环境规划署报告称，"有史以来全球森林已减少了一半，其主要原因是人类活动"。工业文明在提升生产力、促进全球化的同时，也加剧了对林业资源的掠夺和对自然生态系统的破坏，据统计，全球每年消失的森林有上千万公顷。

森林的破坏带来种种危害，如干旱和洪涝加剧、水土流失严重、生物多样性破坏和荒漠化面积增加等，最终使得人类生存环境面临越来越严峻的挑战。这些生态危机的出现表明，以往的文明模式，尤其是工业时代的文明模式，在人类发展进程中存在着不可调和的内在矛盾和缺陷，已引发了人类的深刻反思和不断探索。有人形象地做了一个比喻，人类文明从砍倒第一棵树开始，到砍倒最后一棵树结束。

于是，一种新的文明形态——生态文明应运而生。生态文明不是全盘否定工业文明，而是对工业文明的吸收和超越，其核心是人与自然和谐共生，是在更高层次上包容和提升原始文明、农业文明和工业文明，实现经济效益、社会效益和生态效益的内在统一，推动经济社会实现绿色发展和可持续发展。这是人类文明发展的必由之路。

不论在何种人类文明形态下，森林作为陆地生态系统的主体，在经济社会发展中始终发挥着不可替代的作用。目前全球共有近 40 亿公顷森林，占陆地面积的 30%，超过五分之一的人口（约 16 亿）依靠森林获取食物、谋求生计、获得收入。因此，我们可以说，林业文明是生态文明的重要组成，以森林资源为基础的林业是生态文明建设的关键领域和主要阵地，是生态建设和保护的主体，承担着保护自然生态系统的重要职责。

"无山不绿，有水皆清，四时花香，万壑鸟鸣，替山河妆成锦绣，把国土绘成丹青"，一直是林业人的不懈追求和光荣使命。在推进生态文明建设的历史进程中，林业肩负着更加光荣的使命，承担着更加重大的任务。

二、科学认识林业在新时代生态文明建设中的作用

党的十九大宣告中国特色社会主义进入了新时代。这个新时代，是承前启后、继往开来、在新的历史条件下继续夺取中国特色社会主义伟大胜利的时代，也是以习近平生态文明思想为指导，不断推进生态文明建设，努力建设美丽中国，实现人与自然和谐共生的时代。党的十八大以来，习近平总书记传承中华民族优秀传统文化、顺应时代潮流和人民意愿，站在坚持和发展中国特色社会主义、实现中华民族伟大复兴中国梦的战略高度，深刻回答了"为什么建设生态文明、建设什么样的生态文明和怎样建设生态文明"等重大理论和实践问题，系统形成了习近平生态文明思想，有力指导生态文明建设和生态环境保护取得历史性成就、发生历史性变革。习近平总书记高度重视林业在生态文明建设中的作用。2013 年 4 月 2 日，习近平总书记在参加首都义务植树活动时指出，"森林是陆地生态系统的主体和重要资源，是人类生存发展的重要生态保障。不可想象，没有森林，地球和人类会是什么样子"，强调"要把义务植树深入持久开展下去，为全面建成小康社会、实现中华民族伟大复兴的中国梦不断创造更好的生态条件"。2014 年植树时强调，"林业建设是事关经济社会可持续发展的根本性问题"。2015 年植树时指出，"植树造林是实现天蓝、地绿、水净的重要途径，是最普惠的民生工程""中国在植树造林方面为人类作出了重要贡献"。2016 年植树时强调，"发展林业是全面建成小康社会的重要内容，是生态文明建设的重要举措……建设绿色家园是人类的共同梦想"。2017 年植树时指出，"近些年来，国土绿化行动深入推进，取得显著成效，但同生态文明建设的要求相比，我国绿色还不够多、不够好，我们要继续加油干"。2018 年植树时要求，"开展国土绿化行动，既要注

重数量更要注重质量，坚持科学绿化、规划引领、因地制宜，走科学、生态、节俭的绿化发展之路，久久为功、善做善成，不断扩大森林面积，不断提高森林质量，不断提升生态系统质量和稳定性"。2019 年植树时再次重申，"我国生态欠账依然很大，缺林少绿、生态脆弱仍是一个需要下大气力解决的问题"，并强调指出"要发扬中华民族爱树植树护树好传统，全国动员、全民动手、全社会共同参与，深入推进大规模国土绿化行动，推动国土绿化不断取得实实在在的成效"。

　　林业一般指的是利用先进的科学技术和管理手段，从事培育、保护、利用森林资源，充分发挥森林的多种功能和效益，并且能够持续经营森林资源，促进人口、经济、社会、环境和资源协调发展，建设清洁美丽的绿色家园的社会公益事业和基础性产业。在我国的管理实践当中，还把湿地、荒漠和生物多样性等的保护与治理纳入林业的范畴。根据 2018 年新一轮国务院机构改革方案，将原来的国家林业局的职责、农业部的草原监督管理职责，以及国土资源部、住房和城乡建设部、水利部、农业部、国家海洋局等部门的自然保护区、风景名胜区、自然遗产、地质公园等管理职责整合，组建国家林业和草原局，由自然资源部管理。这一改革大大拓展了传统林业管理部门的职责，其管辖范围涉及森林、草原、湿地、荒漠和陆生野生动植物资源，以及以国家公园为主体的各类自然保护地，此外还包括全民义务植树、全国城乡造林绿化等有关国土绿化和生态建设方面的事务。可以说，新时代的林业概念已经涵盖了陆地上绝大多数的生态系统以及部分近海湿地和海岛生态系统，在提供持续的自然资源和优质的生态产品、营造城乡美好的生态环境和保持稳定的生态安全方面发挥着不可或缺和无可替代的作用。

三、加强新时代林业文明建设的若干举措

　　党的十九大报告中描绘了全面建设社会主义现代化国家新征程的"三步走"战略——2020 年全面建成小康社会，2035 年基本实现社会主义现代化，2050 年建成富强民主文明和谐美丽的社会主义现代化强国。与之相对应，根据全国绿化委员会、国家林业和草原局出台的《关于积极推进大规模国土绿化行动的意见》，新时代林业文明建设的各阶段目标为：到 2020 年，全国森林覆盖率达到 23.04%，

村庄绿化覆盖率达到 30%，草原综合植被盖度达到 56%，生态环境总体改善，国土生态安全屏障基本形成；到 2035 年，国土生态安全骨架基本形成，生态状况根本好转，美丽中国目标基本实现；到 2050 年，生态文明全面提升，迈入林业发达国家行列，实现人与自然和谐共生。

新时代林业文明建设的目标已经明确，接下来需要我们动员全社会力量，坚持以习近平生态文明思想为指导，在以下五个方面加强林业文明建设。

一是加强林业文明的安全体系建设。要严守生态保护红线，遏制破坏生态行为，坚决守住生态存量；持续推进国土绿化，加大生态修复力度，不断扩大生态增量；加强森林在应对气候变化和改善人居生态环境方面的作用，优化生态安全屏障体系；深入推动人工林建设提质增效，促使人工林向原生态森林转变，全面提升生态质量。

二是加强林业文明的文化体系建设。要依托林业生态资源开展自然教育，创作体现生态价值观念的文化产品，在全社会培养和践行尊重自然、顺应自然、保护自然的社会主义生态文明观。积极推进森林城市、生态文化示范基地和生态文明教育基地建设。发挥林业院校在传播生态文化、培养绿色人才方面的积极作用。积极倡导简约适度、绿色低碳的生活方式，在创建节约型机关、绿色家庭、绿色学校、绿色社区等方面充分发挥林业的作用。

三是加强林业文明的经济体系建设。林业是生态产品的主要源泉，林业资源开发要秉持"取之有度，用之有节"的原则，实现资源的永续利用；积极推进生态扶贫，促进乡村生态振兴和"美丽乡村"建设；推进林业领域的一、二、三产融合，探索并推广"绿色、低碳、循环"的生态产业模式，实现林业可持续经营；积极稳妥发展生态旅游和森林康养，探索"绿色青山就是金山银山"的转化机制和发展路径。

四是加强林业文明的科技体系建设。全面提升自主创新能力，在林草育种、生态修复与保护、森林资源培育与可持续经营、重大灾害防控、资源高效利用等领域跻身世界先进行列；建立全天候的、更加精准的自然资源和生态系统的观测、监测和预测网络体系；深入实施"互联网+"林业行动计划，加快智慧林业建设，用林业信息化带动林业现代化；大力支持林业领域的软科学研究，发挥生态文明

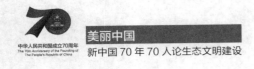
智库作用，提升咨政决策水平。

五是加强林业文明的治理体系建设。要按照"源头严防、过程严管、后果严惩"的思路，建立健全全寿命周期的自然资源管理体系；按照"山水林田湖草是生命共同体"的原则，建立健全一体化的生态修复、保护和监管制度体系；按照"人人有责，人人尽责"的要求，建立健全林业生态建设的全民行动体系；积极发挥林业在应对全球气候变化和实现 2030 可持续发展议程中的作用，推动全球生态领域的合作治理，为实现全球生态文明做出贡献。

统筹推进我国垃圾分类工作的改革建议

◉ 常纪文

（国务院发展研究中心资源与环境政策研究所副所长）

一、我国的垃圾分类部署符合国情并与发达国家普遍开展垃圾分类的时间窗口基本一致

垃圾分类看起来像一件日常生活中的"小事"，但它是经济社会发展到一定阶段的产物，是保护生态环境、节约自然资源、改善生活环境、增强绿色发展和可持续发展能力的需要，是社会文明自我提升的需要，因而对一个国家和民族来说是一件大事。垃圾分类是现代生态文明建设的行为共识，是中国生态文明发展史的必然产物。因此，必须予以高度重视。对此，习近平总书记于 2018 年 11 月在上海考察时指出垃圾分类工作是新时尚；在 2019 年 6 月初作出批示时指出，实行垃圾分类关系广大人民群众生活环境，关系节约使用资源，也是社会文明水平的一个重要体现。

各国垃圾分类的启动与实施，须放在经济社会发展的时代大潮中统筹考虑。因为缺乏意识基础，垃圾分类开始太早了不行；因为环境污染的危害和自然资源的短缺，垃圾分类开始太晚了也不行，所以各国必须结合自己发展阶段，寻找最佳的垃圾分类启动时间窗口，妥善制定垃圾分类战略推行的阶段性目标。纵观欧美发达国家垃圾分类的历史，垃圾分类的全面推进及其法制化都是在工业化的关键阶段即经济和社会转型期全面启动并发力的。日本从 1975 年静冈县沼津市开

始垃圾分类，仅将垃圾分为可燃烧与不可燃烧两类，后逐渐在全国普及和深化，经过近 40 年的发展，日本目前的垃圾分类基本到了极致。德国尽管早在 1904 年就实施了粗放化的城市垃圾分类收集制度，但因为废物总量太多，到 20 世纪 80 年代中期，垃圾填埋场全面告急，联邦政府于 1991 年发布了《包装条例》，随后工业界建立了促进垃圾分类工作细致化的垃圾回收和再加工系统。目前，日本和德国有助于促进垃圾分类的循环经济和循环型社会立法体系都很齐全。在工业化的关键时期即转型期，有了前期的生态环境宣传教育，特别是环境污染教训，社会公众接受垃圾分类的规则相对容易一些；有了工业化前中期积累的科技和经济成果，配合政府推行垃圾分类有了经济、技术和管理基础。关键是，在这一时期推进垃圾分类，有助于补齐自然资源短缺的短板，有利于通过全程减量减少垃圾的产出，减少环境负荷，得到各方面的支持。这一历史规律不能违背。

我国垃圾分类的决策部署，与发达国家普遍开展垃圾分类的时间窗口是基本一致的。习近平总书记于 2016 年 12 月 21 日主持召开中央财经领导小组第 14 次会议，会议提出普遍推行垃圾分类制度。2017 年 3 月 18 日，国务院办公厅转发国家发展改革委、住房城乡建设部《生活垃圾分类制度实施方案》，决定在 46 个重点城市开展垃圾分类的先行先试，到 2020 年底基本建立垃圾分类相关法律法规和标准体系，形成可复制、可推广的生活垃圾分类模式。2018 年 12 月国务院办公厅印发《"无废城市"建设试点工作方案》，指出要加强生活垃圾分类。2019 年的《政府工作报告》要求加强城市生活垃圾分类处理。2019 年 6 月，住房和城乡建设部等 9 部门在 46 个重点城市先行先试的基础上，印发《关于在全国地级及以上城市全面开展生活垃圾分类工作的通知》，决定自 2019 年起在全国地级及以上城市全面启动生活垃圾分类工作，到 2025 年，全国地级及以上城市基本建成生活垃圾分类处理系统。这意味着，中国的城乡全面开展垃圾分类拉开帷幕。目前，我国正处于生态文明建设的关键期、攻坚期和窗口期。窗口期是指目前是我国生态文明改革的最佳时机。在这一时期，以习近平同志为核心的党中央对垃圾分类作出统筹部署，设计出阶段性目标和实现目标的路线图，是符合我国生态环境保护规律和经济社会发展规律的。放眼世界，这与发达国家完成工业化转型的时间窗口期也是基本一致的。因此，可以得出一个结论，我国从分区试点到全面部署的垃圾分类决策是科学、及时、合理的。

二、我国的垃圾分类统筹部署需要把握好时间节奏并保持必要的历史耐心

我国的垃圾分类，无论是行动部署，还是法制建设，近几年都取得了较大的进展。在行动部署方面，如在发达地区的农村和大城市的郊区，以浙江省金华市金东区、湖南省宁乡市为例，在短短的几年时间，就在农村试点建成了基本完备的垃圾分类装备体系、垃圾清扫和管理评价体系、垃圾分类打分评价与奖惩体系、垃圾转运和分类处理体系、资金筹集和经济激励体系，乡村生态环境得到明显改善，村容村貌和乡村风尚大为改观。在法制建设方面，上海、广州、深圳、北京、宁波等大中城市，有的已经制定了垃圾分类的地方条例或者规章，违者处罚，如广州市第十五届人民代表大会常务委员会第十一次会议于 2017 年 12 月 27 日通过了《广州市生活垃圾分类管理条例》，再如上海市第十五届人民代表大会第二次会议于 2019 年 1 月 31 日通过了《上海市生活垃圾管理条例》，两者对适用范围、责任主体、分类方法、管理部门职责、源头减量、无害化处置、资源化利用、奖励与处罚等都做了详细的规定；有的准备修改现行的生活垃圾管理地方立法，如北京市准备修订《北京市生活垃圾管理条例》，对不按照规定分类投放垃圾，予以劝阻或者罚款，将已分类垃圾混装运输的，严惩重罚。在社会主义生态文明新时代，用法制来巩固地方试点推进的成效，并用规范来保障和促进绿色生活方式改革的深化，全力推动城乡垃圾分类，将大大推进我国垃圾城乡环境整治、改善城乡环境质量的进程。

尽管成绩喜人，但是我国垃圾分类的统筹部署需要把握好时间节奏，保持必要的历史耐心。垃圾分类的物质装备容易建设和配备，但因其涉及社会文明观念的转型，涉及人们生活方式的改变，是一个细工慢活的系统工程，在推进时既要保持战略定力，也要保持一定的历史耐心。在推进方式上，宜稳中求进，不断深入，不宜"大跃进"地搞劳民伤财的面子工程。从国际上看，垃圾分类从试点到全面顺畅运行，至少需要一到两代人的时间。考虑到我国是后发追赶型国家，发

达国家开展环境保护与很多经验和教训可以供我国参考和借鉴。在生态文明方面，目前党和国家生态文明制度建设的四梁八柱基本建成，生态文明的监管和司法体系已经完备，生态文明的社会公众格局初步呈现，与生态环境保护相协调的经济社会发展方式正在全面培育。与此相适应的是，生态文明的成效相当显著，全民的生态文明共识已基本形成。具体到垃圾整治方面，与发达国家相比，我国全民形成垃圾分类意识、各地健全垃圾分类体系的时间会大大缩短，进程会大大加快。估计到 2035 年，我国完成转型期之后，我国的垃圾分类，无论是立法建设、政策配套，还是实施成效，应当接近那时中等发达国家的水平。

三、我国垃圾分类的模式如何在国际借鉴的基础上实现本土化

从目前垃圾分类的学术文献来看，介绍国外垃圾分类方法和经验的居多。但是垃圾分类既解决环境污染这一自然问题，也解决社会文明这一社会性问题，因此不能脱离中国的自然和社会国情来设计管理和运行的模式即体制、制度和机制，更不能言必学发达国家甚至囫囵吞枣地照搬国外的垃圾分类模式。对学院派和产业界提出的照搬照抄域外模式的垃圾分类建议要慎重对待。应当采取的科学态度和方法是，既要适当地参考借鉴国外的经验，也要立足各城市的现实情况，用中国的思维和方法解决中国本土现实的问题。

从行为的整体性来看，我国是社会主义国家，机关、学校、医院等公共机构的人员响应国家要求的自觉性较强，因此，垃圾分类可以从公共机构率先全面展开。从居住类型来看，平房区、别墅区、胡同区的管理条件和楼房区的管理条件基本不一样，前者单家独院的居住方式决定了垃圾分类与否好发现，也好予以奖惩，因此，对于这类区域也可以先行全面开展垃圾分类，等积累一定的经验并产生一定的社会影响后，再全面推广其经验。从社区建筑密度和人口容量来看，我国楼房区的容积率普遍偏高，居住密度偏大，垃圾桶可能要和车位抢位置，这决定垃圾分类后物流输出系统周转速度要比欧美国家要快，如环卫部门每天都要收集垃圾，才能保证社区环境的全天候整洁，而不像德国一些社区每几天收集一次。从垃圾的组分构成来看，我国相对特殊的饮食习惯决定了垃圾的组分与其他国家

有一定区别，如厨余垃圾比重大，厨余垃圾中油盐比例偏高，这就决定必须采取符合处理要求的分类、收集、处理方法。从法制意识来看，我们仍然处在社会主义阶级阶段，垃圾分类设施的齐备程度、居民的生态守法程度和政府的生态环境执法力度远不及发达国家，必须采取引导与强制性相结合的办法去保障。如果一味地依靠法律的强制手段，动不动就想通过罚款、拘留等措施倒逼人们遵守垃圾分类的规范，可能面对普遍违法而难以施行的尴尬境地，如一些街道和社区仿效西方模式，撤了很多垃圾桶，推行"定点定时投放""垃圾不落地"等措施，但是由于人们规则意识欠缺、在家时间不一致等主观和客观原因，还是或多或少地出现垃圾随意丢弃的现象，最后不得不靠人力去打扫解决。对于这个问题，必须发挥社会主义制度的优越性，让基层党组织和社区组织组织协调，既推行定点定时投放等方式，在短期内培育社会的分类意识；也要配套其他辅助方式，考虑少数人投放垃圾的特殊时间要求，把好事办好。

四、我国垃圾分类的部署如何实现统筹谋划和科学管理

首先，需要统筹好城市和农村垃圾分类战略和方式、要求。在新时代，必须在城市和农村同步推进垃圾分类工作，但是要注意推进战略、目标任务、重点项目、配套政策、具体措施和差异。城市和农村的居住条件基本不一样，农村单家独院的居住方式决定了垃圾分类与否好发现，好奖惩，因此在乡村开展垃圾分类具有天然的优势条件。农村总体上是熟人社会，城市基本上是陌生人社会，农户村组管理的协作基础强于松散管理的城市居户，说明在乡村开展垃圾分类具有组织上的优势条件。因此，在城乡一体化统筹发展的时代格局下，城乡垃圾分类的管理方法、组织形式、激励机制等应当有所差别。如在城市，从单位类型来看，可以从机关、学校、医院等公共机构先行启动；从区域来看，可以从具备天然条件的胡同区和别墅区先行启动。在积累一定的经验、产生一定的社会影响后，可以全面推广。当然，一些城镇区域也可以将城乡接合部的农村纳入城镇垃圾分类的涵盖范围，一体化推进。

其次，需要在制定垃圾分类推进方案的同时，制定或者修改国家层面的法律

法规和地方层面的法规规章,统筹建立健全政府引领和推动体制、监督管理制度、财政投入机制、管理工作体系、激励约束机制、社会参与机制、考核奖惩机制,形成法治为基础、政府推动、全民参与、城乡统筹、因地制宜的垃圾分类管理体制、制度和机制。

五、我国垃圾分类的推进如何改革体制、制度和机制

我国的垃圾分类需要统筹设计科学的体制。针对城市和农村,应当因地制宜地建立相关的推动和监管体制。在农村垃圾分类的治理体制方面,建议发挥政府引导、村党支部支持、村委组织协调、村民自治、乡贤共治的作用,特别是发挥村级党组织和村民理事会的作用。如让农户对自己房前屋后和责任田范围内的环境整洁和垃圾分类负责,村民小组对本小组区域范围内的环境整洁负责,村两委的班子成员包组或者分片包干;党员、村民理事会成员联组包户。只有这样细致的分工,才能让垃圾分类通过群众工作深入民心,让绿色生活方式成为一种坚持和信念。在城市垃圾分类的治理体制方面,建议理顺商务部门、住建部门、环卫部门、民政部门在垃圾分类方面的职责,整合废品回收体系、小区物业回收体系、环卫垃圾收集体系、居委会工作体系和政策体系,确保工作同心、同向、同行,形成城镇垃圾分类管理的合力。

我国的垃圾分类需要完善制度和标准。垃圾分类是一个系统工作,无论是城市还是农村,都可以建立门前三包、分类投放、分类收集、分类运输、全程减量、分类处理等方面的制度。在政策和标准制定上,应当针对这些环节,设计完备的操作规范和保障政策,形成健全的规范体系。如在城市和农村,在建立普遍性垃圾收费制度的基础上,针对困难群体建立费用减免的扶持制度,针对考核优秀的群体,可以建立费用减免的奖励制度。再如对于垃圾分类的标准,一些城市规定了分为可回收、不可回收、有害垃圾和其他垃圾的"四分法",一些城市规定了分为干垃圾、湿垃圾和其他垃圾的"三分法",一些地方特别是农村仅规定了简单易行的干垃圾和湿垃圾"两分法",不尽一致。由于分类方法复杂,一些专业人士到不同的地方都难以操作正确。因此垃圾分类方法的制定要实事求是,不宜

太粗，也不宜太细，只要简单易懂，老百姓方便实施，能够达到节约资源、保护环境的目的，就可以允许推行。只有工作环环相扣，措施设计科学，制度具有可操作性，才能提升垃圾分类的整体效果。

我国的垃圾分类需要创新长效机制。长效机制包括资金筹集机制、设施设备运行和清扫机制、观念培育机制、考核奖惩机制。在资金筹集机制方面，在农村除了适当收取农户的垃圾处理费之外，建议还要重点发挥政府以奖代补的财政资金作用，发挥村级集体经济的经费保障作用，发挥"乡贤"的资金捐献作用；在城市除了适当收取居户的垃圾处理费之外，建议主要发挥政府投资的作用。在设施设备运行和清扫机制方面，在农村可以发挥村民人力支持和村级财力保障的作用，吸收困难人群参加垃圾分类、清扫、收集、运输、处置等方面的工作。对于富裕地区的农村，也可以完成采用市场化、专业化的垃圾分类、清扫、转运和处理处置运行机制。在城市，则应当在人民政府的统一部署下，统一采取市场化、专业化的垃圾分类、清扫、转运和处理处置运行机制。在观念培育和行为引导机制方面，对于生活垃圾分类全覆盖的区、街道、乡镇、小区和村落，发挥城乡居民或者村民小组长（楼长、巷长）、村两委或者居委会班子成员、党员、村民理事会成员、垃圾清扫人员、政府宣传人员的分户包干、分组包干、分片包干作用，通过教育引导、督促引导及对先进户的奖励和对落后户的告诫，普及垃圾分类的意识，让示范片区和示范区的城市居民和农村村民养成垃圾分类的好习惯，将自己的绿色个体行动用集体的行为范式展现出来。在行动部署的组织保障方面，还应当对乡镇街道、城市物业与居委会、农村党支部和村委会开展垃圾分类的评价和考核，建立以考核结果为导向的奖惩机制，将垃圾分类和环境整治的成绩与薪金增减相结合。只有这样，才能调动各方面的积极性，通过以点带面，争取到2025年在全国地级及以上城市基本建成生活垃圾分类处理系统。

绿色发展理念的演进与实现路径

⊙ 包存宽[①]

（复旦大学环境科学与工程系教授）

一、引言

改革开放以来，中国经济快速发展，同时也带来能源资源大量消耗和低效使用，造成严重的生态破坏和环境质量恶化，不仅制约了经济发展，而且影响了人们生活质量。传统发展模式为人类创造出了巨大的物质文明，但也给生态环境带来了巨大危害。绿色发展是相对于传统发展模式而言的。绿色发展是发展观的一场深刻革命，目的是改变传统的"大量生产、大量消耗、大量排放"的生产模式和消费模式，使资源、生产、消费等要素相匹配、相适应，实现经济社会发展和生态环境保护协调统一、人与自然和谐共处，是解决生态环境资源问题的根本之策。绿色发展不仅围绕调整经济结构和能源结构等重点，优化国土空间开发布局，调整区域流域产业布局，培育壮大环保产业、循环经济，构建高质量的经济体系，而且倡导简约适度、绿色低碳的生活方式，反对奢侈浪费和不合理消费。

中国绿色发展，将超越西方工业文明，涵盖绿色、循环、低碳等新发展理念，寻求生态文明范式下的可持续发展与繁荣。国民经济与社会发展规划（简称发展规划）是国家发展理念的重要政策载体，是观察绿色发展"如何从理念

---

① 娄华菁对本文亦有贡献。

到行动"的最佳样本。一方面，中国社会主义政治优势之一在于可以制定国家的长远发展规划，并保持其延续性。实施绿色发展战略，需要通过长期不懈地努力对整个经济发展方式以及人类生活方式进行大规模的调整。发展规划这一政策优势，可保证中国绿色发展战略的长期性和延续性。另一方面，对于绿色发展而言，仅从国家层面制定宏观战略是远远不够的，需要省、市县等多层面的共同努力，需要发展规划、专项规划和区域规划、空间规划的相互补充、相辅相成。以国家发展规划为统领，以空间规划为基础，以专项规划、区域规划为支撑，由国家、省、市县各级规划共同组成，定位准确、边界清晰、功能互补、统一衔接的国家规划体系，有助于绿色发展"从理念到行动"并逐级落实分解。从国家到地方的不同层级，规划的内容被逐级分解、落实下去，通过基层实践来保证国家目标的实现；在同一行政层级，专项规划是发展规划在特定领域内的细化和延伸，专项规划的制定应当以发展规划为纲领、以空间规划为基础，不能与其相违背。

绿色发展成为"十三五"规划的重要发展理念之一。本文选取我国和省级行政区"十一五""十二五""十三五"发展规划，从发展规划的指导思想、基本原则、目标与指标体系、规划内容等方面分析"绿色发展"理念演进，并选取 JS 省及其 CS 市"十三五"发展规划，分析绿色发展从国家到省、市县的推进与实现路径。

二、绿色发展理念的演进——基于"十一五"至"十三五"国家发展规划纲要的分析

梳理"十一五""十二五""十三五"国家发展规划，从指导思想、发展目标、主要内容三方面，解析绿色发展理念及其政策内涵的演变，认为绿色发展融入了不同时期的发展规划，绿色发展逐步从"单纯关注资源利用"到"资源环境"再到"生态环境质量总体改善"不断丰富和提升。

实现绿色发展须显著提高资源利用效率、控制资源利用总量。"十一五"规划首次将资源环境作为其约束性指标。在 22 个经济社会发展主要指标中有 7 项

资源环境指标（占总数的 31.8%），涵盖了水资源（包括工业用水、农业用水）、能源、土地资源（主要是耕地）、林木资源等方面，并对主要污染物提出了减排要求，鼓励固体废弃物的再利用；从指标性质来看，主要是"单位工业增加值用水量降低""农业灌溉用水有效利用系数"等效率指标；在规划内容上，突出以发展循环经济、保护修复自然生态、加大环境保护力度、强化资源管理、合理利用海洋和气候资源等方式建设资源节约型、环境友好型社会。"十一五"规划虽未明确提出"绿色发展"，但已经深刻认识到通过资源节约和环境保护推动发展方式转变、产业结构调整优化、提高发展质量的重要性。到 2010 年 7 项指标如期完成，且有 6 项指标超额完成。资源环境类指标发挥了约束效力，控制了主要污染物的排放，遏制了生态环境恶化趋势，促进了产业结构优化升级和发展方式转型。"十二五"发展规划首次出现并专篇论述"绿色发展"——第六篇"绿色发展 建设资源节约型、环境友好型社会"，明确将"资源节约环境保护成效显著"作为主要目标，进一步健全节能减排激励约束机制，并设立了 8 项资源环境类指标；在重点领域和实现路径上，提出了积极应对全球气候变化、加强资源节约和管理、大力发展循环经济、加大环境保护力度、促进生态保护和修复、加强水利和防灾减灾体系建设等 6 个方面。到 2015 年，8 项资源环境类指标均完成，尤其是主要污染物排放总量大幅度下降，清洁能源发电装机容量大幅度增长，煤炭消费、二氧化碳排放出现了负增长，初步实现了经济增长与主要污染物排放量脱钩，为进一步改善生态环境质量创造了条件。"十三五"规划则完全按照"五位一体"的总体布局和新发展理念谋划、编制与实施，与"十一五""十二五"聚焦于"建设资源节约型、环境友好型社会"不同，"十三五"规划明确提出"生态环境质量总体改善"的目标，包括加快建设主体功能区，推进资源节约集约利用，加大环境综合治理力度，加强生态保护修复，积极应对全球气候变化，健全生态安全保障机制，发展绿色环保产业等 7 大发展任务。资源环境类指标提升到 10 项，首次将空气质量和地表水质量指标写入规划，标志着我国生态环境保护重点与方向的战略调整。

从资源环境类指标来看，"十一五"规划有 7 项（7 个），"十二五"规划有 8 项（12 个），"十三五"规划有 10 项（16 个）。从资源环境类指标所占比重来看，

"十一五"规划中占 31.8%（实有指标占 31.8%），"十二五"规划提高到 33.3%（实有指标占 42.9%），"十三五"提高到 40%（实有指标占 48.5%）。绿色发展及相关资源环境目标的地位日益增强。根据指标内容，可以将环境资源类指标分为资源能源、环境污染、生态安全 3 类，资源能源类指标主要关注生产过程中的资源能源消耗情况，环境污染类指标主要关注污染物的排放情况和环境质量状况，生态安全类指标则聚焦于耕地和森林。

通过对细分领域指标数量、内容的比对，可以发现从"十一五"至"十三五"，绿色发展指标也不断被赋予着新的内涵：

一是从强度（或效率）控制向"总量强度双控"转变。"十一五"规划首次把"单位国内生产总值能源消耗强度"作为约束性指标，提出 2010 年单位 GDP 能耗比 2005 年降低 20%。"十二五"规划则进一步提出 2015 年单位 GDP 能耗比 2010 年降低 16%，并提出"合理控制能源消费总量"，表明在控制能源消耗强度的基础上还要关注对总量的合理控制，逐步建立起能源消费强度和能源消费总量双控机制。以"十一五""十二五"期间的实现情况来看，能源节约成效较为明显：国内生产总值由 2005 年的 18.2 万亿元增加到 2015 年的 67.7 万亿元，年均增长 14.04%；能源消费总量由 2005 年的 22.2 亿吨标准煤增长到 2015 年的 43 亿吨，年均增长 6.83%，远低于 GDP 的增速。"十三五"规划则提出 2020 年单位 GDP 能耗累计降低 15%，并明确提出了"实施能源和水资源消耗、建设用地等总量和强度双控行动"，预示着将把这一在能源节约方面的有效做法应用到水资源、建设用地等其他资源上。可以看出，总量和强度双控是我国资源节约和高效利用政策不断深化的自然结果，对于破解我国面临的资源环境瓶颈具有重要意义。这既体现了国家持续强化污染治理、加快实现生态环境质量改善的坚定决心，同时也将为节能环保行业发展带来广阔的市场空间。

二是在总量控制的基础上关注环境质量的改善。"十三五"规划首次将空气质量、地表水质量两类环境质量指标纳入指标体系，具体表现为"地级及以上城市空气质量优良天数比率""细颗粒物（$PM_{2.5}$）未达标地级及以上城市浓度下降""达到或好于Ⅲ类水体比例""劣Ⅴ类水体比例"四项指标，对空气和地表水提出了明确的环境质量要求。这一变化标识着我国环境保护工作从总量控制到质量改

善的推进。正确处理总量与质量的关系，已成为当前环境形势下做好环保工作的迫切要求。一方面，总量控制是改善环境质量的主要手段之一。各类污染源排放出的各类污染物直接或间接影响着环境质量，尽管污染物减排难以支撑环境质量全面改善，但对此有非常重要的推动作用。"十三五"规划中对二氧化硫、氮氧化物、化学需氧量、氨氮都有总量要求，主要由重点行业的污染源实行工程减排和淘汰落后产能来完成。另一方面，总量减排考核必须服从质量改善考核。环境质量改善是刚性要求的红线，绝对不能触碰；总量减排是硬性要求的底线，是最基本的要求①。

三是绿色发展指标约束性不断增强。从指标性质来看，"十一五"的 7 项资源环境类指标中 5 项为约束性指标，"十二五"的 8 项资源环境类指标中 7 项为约束性指标，而"十三五"中 10 项环境资源类指标则全为约束性指标。约束性指标被视作"政府对社会的承诺"，约束的对象不是企业，而是各级政府，特别是政府在提供公共服务、保护环境和土地使用等方面的行为。可以看出，国民经济和社会发展规划对环境资源领域的约束力不断加强，这将极大地强化各级政府履行环境保护职责的约束机制，保障如期完成绿色发展指标，甚至可以超额完成绿色发展指标。

三、绿色发展理念从中央到地方的实施路径

通过网络收集了全国 29 个省级行政区"十三五"发展规划纲要，其中 19 个省区资源环境类指标的占比 30% 以上，而且大部分省区都明确了环境质量改善的要求，其中"地级及以上城市优良天数比例""细颗粒物（PM2.5）未达标地级及以上城市浓度下降""地表水达到或好于Ⅲ类水体比例""地表水劣Ⅴ类水体比例"等指标都与国家要求基本相当甚至要求更高。

但是，各省在推进绿色发展方面仍存在如下问题：一是绿色发展指标刚性约束力仍有待加强。尽管各地区都将大部分资源环境类指标列为约束性指标（北京、吉林各有 1 个环境资源类指标为预期性指标），但具体目标定性多、定量少。对

---

① http://politics.people.com.cn/n1/2016/0122/c1001-28075425.html。

于"单位地区生产总值能源消耗降低""单位地区生产总值二氧化碳排放降低""主要污染物排放减少"等指标，仅湖南省、重庆市制定了量化减排目标，其余地区都表示"完成国家下达指标"，说明各地区普遍存在保守和观望的心态；二是绿色发展目标与国家要求衔接不够。比如，有 12 个省区规划目标中明确提出了非化石燃料占一次能源消费比重，只有 7 个省区优于或高于全国要求；三是绿色发展的省区之间的协调与协作不够。大部分省份均根据其各自情况制定了发展战略，提出了具体的生态环保措施，不同省区间的协作与联动措施不足。

这里，以 JS 省及其 CS 市为例，进一步分析绿色发展从理念到实践的省市传递与传导机制。

JS 省绿色发展意识较强，从其指导思想看，要求全面贯彻落实新发展理念，实施可持续发展战略，坚持绿色发展、绿色惠民，保证了绿色发展的战略地位；从指标看，环境资源类指标和全国指标数量相同，内容一致，只是在个别指标的表述上略有差别，但是其目标值上，有 5 项指标提出了"完成国家下达指标"，3 项指标比全国指标更加严格，2 项指标低于全国要求；从任务安排来看，突出了环境质量改善的要求，系统推进以大气、水、土壤为重点的污染综合治理；从推进路径来看，区域统筹、协同控制等系统性较强，提出推进多污染物综合防治和区域联防联控的举措；从制度保障来看，生态文明体制改革的内容有所强化，提出健全生态文明绩效评价和问责机制。JS 省作为我国经济强省，GDP 总量大、增速高，"十一五"和"十二五"期间每年 GDP 都为全国 GDP 贡献了 10% 左右。但从三产比重来看，近十年间，JS 省第二产业比重一直高于全国平均水平，但其第三产业比重则一直低于全国平均水平。工业拉动经济的增长模式，也是导致目前 JS 省化石能源比重大大高于全国水平的重要原因。在工业高速发展的经济环境下践行绿色发展，需要优化能源结构、加快非化石能源的发展，需要持续推动产业升级、优化工业结构，任重而道远。

CS 市"十三五"发展规划高举绿色发展大旗，要求全面落实新发展理念，统筹推进"五位一体"建设，以绿色增长为基本原则，落实绿色发展战略。但从指标体系来看，指标中的绿色发展内涵体现不足。CS 提出了 6 个资源环境类指标，占指标总数的 18.2%，均低于 JS 和全国水平。指标关注了工业用水量、生

产能耗的总量控制，关注了空气质量、地表水质量的改善，关注了污染物排放的削减，并设立了具有地方特色的湿地指标，但指标涵盖内容不够全面和细致：一方面耕地、林木、能源结构等环境要素并未被纳入指标体系；另一方面对于空气、地表水质量、主要污染物减排等的指标设立过于笼统。从实现路径来看，CS 市作为 JS 省经济强市，强调以绿色发展为驱动力，推进经济结构的转型升级，包括重组高能耗、高污染的传统工业、加快清理过剩产能、加速主导产业的高端化发展、推动整体技术水平的提高和培育环境友好的新兴产业、打造经济的新增长点。可以看出，CS 市在绿色发展的思想战略层面和执行落实层面存在着一定的脱节。CS 市"十三五"规划的指导思想、基本原则、发展战略、发展目标都把绿色发展放在了较为突出的地位，但指标体系中，资源环境类指标占比小、内容少、约束力弱。

四、结论和建议

绿色发展是基于中国新时代资源环境和发展的现状与问题所提出的，是在生态环境容量和资源承载能力的制约下，创新出的有利于资源节约、环境保护、生态改善的新型发展模式。在实现我国绿色发展的进程中，发展规划将发挥主导性作用，但实现绿色发展目标则需要将国家层面的顶层设计真正落实到地方层面的实践当中，需要多种政策措施的配合，需要层级之间的协同与衔接。因此，中国绿色发展"十四五"期间应注重以下方面。

（1）进一步加强国家对地方政府绿色发展的宏观调控与指导。为保证国家资源环境生态等约束性指标的完成，应依据全国的总体要求，加强对各省发展规划编制的宏观调控和差异化约束。

（2）强化地方各级政府在绿色发展方面的责任感、激励地方绿色发展的主动性和创造力。强化地方各级人民政府对本地区环境质量的责任感。为保证国家绿色发展目标、任务和措施落地，激励地方主动对接、提前对接上级行政区要求，做好目标任务分解工作；地区规划先征求上级环保部门意见，保证国家、省级、市县级目标任务的衔接性。地方各级政府要将所面临的资源环境与生态问题（或压力）内化为主体实现绿色发展、改善环境质量的动力，充分发挥自身主观能动性。

（3）推动绿色发展在不同行政区域之间的联动协作。在各地区因地制宜推进绿色发展的基础上，要加强跨地区的联动与协作，建立区域流域联防联控的长效机制，联合开展生态修复、环境治理等区域合作。

（4）发挥经济发达地区绿色发展排头兵的引领作用。经济发达地区应作为全国绿色发展排头兵，引领绿色发展并为其他地区的绿色发展创造经验、提供示范。

（5）实现绿色发展，不仅需要着眼于绿色发展从理念到行动，通过发展规划从国家到地方的逐级有效落实，还需要进一步激发地方特别是基层绿色发展的主动性、积极性，尤其是充分挖掘人民群众的智慧和创造力、形成市场机制推动绿色发展的长效机制。

参考文献

[1] 胡鞍钢，门洪华. 绿色发展与绿色崛起——关于中国发展道路的探讨[J]. 中共天津市委党校学报，2005（1）：19-30.

[2] 刘思华. 科学发展观视域中的绿色发展[J]. 当代经济研究，2011（5）：65-70.

[3] Monks F. China Human Development Report 2002：making green development a choice[J]. China Quarterly，2003，19（100）：539-541.

[4] 牛文元. 中国可持续发展的理论与实践[J]. 中国科学院院刊，2012，27（3）：280-290.

[5] 胡鞍钢，周绍杰. 绿色发展：功能界定、机制分析与发展战略[J]. 中国人口·资源与环境，2014，24（1）：14-20.

[6] 杨伟民. 我国规划体制改革的任务及方向[J]. 宏观经济管理，2003（4）：4-8.

[7] 杨伟民. 发展规划的理论和实践[M]. 北京：清华大学出版社，2010.

[8] 杨永恒. 发展规划[M]. 北京：清华大学出版社，2012：24-25.

[9] 韩博天，奥利佛·麦尔敦，石磊. 规划：中国政策过程的核心机制[J]. 开放时代，2013（6）：8-31.

[10] 胡鞍钢. 中国绿色发展的重要途径[N]. 中国环境报，2012-05-11（02）.

[11] 胡鞍钢. 中国绿色发展与"十二五"规划[J]. 农场经济管理，2011（4）：10-21.

[12] 姜文锦，秦昌波，王倩，等. 精细化管理为什么要总量质量联动？——环境质量管理的国际经验借鉴[J]. 环境经济，2015（8）：16-17.

[13] 中国共产党第十九次全国代表大会报告（2017 年 10 月 18 日）[EB/OL]. http://www.gov.cn/zhuanti/2017-10/27/content_5234876. htm.

[14] 中共中央　国务院关于统一规划体系更好发挥国家发展规划战略导向作用的意见（中发[2018]44 号）.

在生态文明导向下开展"无废城市"建设

⊙ 程会强

（国务院发展研究中心资源与环境政策研究所研究员）

"无废城市"是指以生态文明建设和创新、协调、绿色等新发展理念为引领，通过推动形成绿色发展方式和生活方式，持续推进固体废物源头减量和资源利用，资源能源效率进一步提升，建立废弃物充分利用的城市可持续发展模式。我国开展"无废城市"建设试点，标志着我国循环经济发展在生态文明导向下进入了高级阶段。

一、"无废城市"的渊源与国际经验借鉴

"无废城市"理念源于"零废弃"战略。"零废弃"（Zero Waste）一词首次出现是美国保罗·帕尔默博士（Paul Palmer）在 1972 年创办的"零废弃系统公司"（Zero Waste Systems Inc.），其主要从事化学品的回收和再利用。20 世纪 90 年代后期，这一理念受到社会各界的广泛关注。"零废弃"理念逐渐成为城市废物管理和垃圾减量的目标，指在生产和生活中产生的各种废弃物，可以成为其他产业的原料加以利用，从而实现废物循环利用的最大化。国际零废弃联盟在 2004 年首次给出了"零废弃"的工作定义，并在 2009 年修订为"零废弃是一个符合伦理的、经济、高效、有远见的目标，引导人们改变日常生活方式和做法，以效仿自然界可持续的循环，所有废弃材料都可设计成可供其他过程使用的资

源。零废弃要求系统地设计和管理产品和过程,减少原材料使用量、废物产生量,减少原材料和废物中的有毒物质,保存或回收所有资源,而不是以焚烧或填埋的方式处理废物。"

在实践层面,1995 年澳大利亚堪培拉市通过了到 2010 年实现"无废"的法案,成为世界上首个官方设立"无废"目标的城市。随着经济社会的发展和废弃物管理体系的完善,建立"无废城市"成为越来越多国家的城市规划目标。国际社会成立了"无废国际联盟"、欧洲国家成立了"无废欧洲网络"、日本成立了"无废研究院"等组织。美国旧金山市、加拿大温哥华市、日本上胜町、阿联酋马斯达尔城、意大利卡潘诺里市、澳大利亚悉尼市、斯洛文尼亚卢布尔雅那市、新西兰奥克兰市等 8 个城市已明确提出建设"无废城市"。2015 年美国市长会议发布了"支持城市无废原则"的决议,2017 年联合国环境大会主题设为"迈向零污染地球",2018 年全球 23 个城市联合发布了"建立无废城市"的宣言等。

全球不同区域国家的经验,可为我国"无废城市"建设提供借鉴。主要经验可概括为:

(1)把废弃物管理作为建立"无废城市"的基础。在制定"无废城市"目标前,绝大多数城市已有数十年甚至上百年的废弃物管理基础,形成了相对完整的废弃物管理体系——政府主导、生产企业负责、家庭分类投放、废弃物处理商负责收集运输及处理。由于废弃物管理体系较为完善,大多数案例城市征收的垃圾费已经能够完全覆盖相关支出,废弃物管理进入了良性运转轨道。

(2)遵循废弃物避免产生、减少产生、重复使用、循环利用、无害化处理的优先级顺序。案例城市积极鼓励废弃物产生者(企业、家庭等)担当责任,以避免和减少废弃物的产生。同时,配有循环中心或回收利用中心以处理各类废弃物,使其后续可被重复或循环使用。在生活废弃物方面,案例城市有较完备的废弃物捐赠或交易渠道,如二手市场、交易网站等;在建筑及工业废弃物方面,案例城市通过设定重复利用率和循环利用率确保这两种处理方式执行。此外,案例城市通过建设堆肥厂、焚烧厂、填埋厂等实现废弃物的最终处理;为节省成本,部分城市还会选择与邻近城市共同处理废弃物。

(3)注重引入市场参与及专业化管理。由于废弃物的收集、运输、处理链条复杂，案例城市政府注重充分调动市场资本及专业技术，有助于更有效的管理。如旧金山市将垃圾箱放置、生活废弃物收集、处理（包括回收循环利用、焚烧、填埋）均外包给一家运营上百年的废弃物处理公司——Recology（绿源再生公司），并与这家公司一同制定城市的废弃物管理方案。温哥华市则是政府负责家庭不可回收利用废弃物的收集处理，将可回收利用生活废弃物的收集处理外包给一家废弃物处理商——Recycle BC（循环不列颠哥伦比亚公司），同时允许众多的私营企业及非营利机构广泛参与到废弃物收集、运输、处理的各个环节。

（4）将禁令和法律等强制措施作为实现"无废城市"的重要手段之一。案例城市针对不同废弃物制定不同禁令。如对建筑废弃物，禁止随意填埋，强制运输至专门的处理厂，强制重复及循环利用并规定比例；对生活废弃物，禁止一次性物品（特别是一次性水杯、吸管、餐具等）使用、禁止塑料袋使用、禁止填埋厨余等有机废弃物，强制使用可降解堆肥的塑料袋、强制对生活废弃物分类投放等。在制定上述强制措施时，案例城市多采取逐步渐进的方式，给市场和居民一定的缓冲期，但均在不断扩大禁止和强制的范围。

（5）普遍实施了广泛的生产者责任制。大多数案例城市采用生产者责任制，并不断扩大范围，要求生产企业从产品设计、材料挑选，到产品生命周期结束回收处理均要承担责任。如奥克兰市根据新西兰环境部的政策要求轮胎、电子设备、包装等行业企业对其产品进行回收处理。生产者责任制的实行，不仅可以极大促进废弃物回收处理，还促进生产企业在源头便选择或生产对环境影响小的产品。

（6）探索、研究与应用废弃物处理相关的新技术。新技术的发展给废弃物处理带来了便利，为实现"无废"提供了更多可能。如马斯达尔城作为阿联酋政府规划建立的新城，在设计废弃物运输体系时直接修建低能耗的地下平板货运系统，既提升了运输效率，也降低了人工成本。还有的案例城市积极研究并采用可降解材料，采用提升废弃物堆肥效率、焚烧效率的技术等。

（7）注重通过信息传播、培训等，提升公众的循环意识。充分的信息和公众意识培养是城市废弃物管理最基础但又最重要的部分。如悉尼市开发的网页提供全面的废弃物管理、社区活动等信息；从小学起开设环境保护课程，提供废弃物分类回收的知识。旧金山市开发专门的废弃物网页和App，展示废弃物分类及处

理信息，并启动数据库提供废弃物投放站点位置、预约上门收集服务信息等查询；为家庭和商业企业提供广泛的、多语言的、门到门的生活废弃物管理培训。广泛的社会宣传和培训极大地提高了公众的循环与环境保护意识，为"无废城市"建设奠定了深厚的社会基础。

二、"无废城市"建设是我国循环经济发展的高级阶段

"无废城市"在我国现阶段启动建设，既是顺应发展大势的主动之为，也是我国循环经济发展到一定阶段的必然产物。纵览我国循环经济发展历程，大体可分成三个阶段：

第一阶段，循环经济发展的初级阶段（1949—2004 年）。此阶段以资源综合利用为突出特征，再生资源产业以收旧利废为导向，主要目的是对短缺经济的补充。严格来说，该阶段还不是真正意义上的循环经济，再生资源回收和资源综合利用主要集中在"再利用"和"资源化"方面，还没有体现出"减量化"的本质特征。

第二阶段，循环经济发展的中级阶段（2004—2013 年）。此阶段我国明确提出循环经济发展战略并成为国家转型发展战略。在此期间，国家于 2004 年召开了全国循环工作经济会议，出台了《国务院关于加快发展循环经济的若干意见》《循环经济发展战略及近期行动计划》等一系列里程碑式的文件，制定颁发了《循环经济促进法》；开展了两批国家循环经济试点和若干专项试点，启动了 100 个国家循环经济示范城市建设，形成了从理论到实践、从试点到示范，战略引领、规划指导、政策支持、法律规范、项目支撑、技术进步、宣传推广的工作格局。

第三阶段，循环经济发展进入中高级阶段（2013 年至今）。此阶段我国循环经济发展以生态文明为导向，成为生态文明建设的重要支撑。党的十九大明确提出"建设生态文明是中华民族永续发展的千年大计"。从再生资源到循环经济，再到生态文明与绿色发展，我国循环经济发展进入以生态文明为导向的新时代。特别是"无废城市"试点建设的提出，是从理念和实践层面对循环经济的新发展，标志着我国循环经济发展即将进入高级阶段。

"无废城市"是一种先进的城市管理与发展理念，体现出鲜明的公共池塘资源属性。从资源流动的路径看，"无废城市"要求统筹"生产—产品—废物—利用"的物质流管理，旨在使资源在生产和消费的各个环节得到充分利用。从城市治理的参与主体看，"无废城市"将政府、企业、市场组织和社会个体皆纳入"微治理"体系，宏观管理和微观治理的结合使城市管理上升到精细化管理水准。

三、"无废城市"建设将从循环经济角度助推城市生态文明

推进"无废城市"建设，是党中央、国务院打好污染防治攻坚战、决胜全面建成小康社会作出的一项重大改革部署。对推动城市固体废物源头减量、资源化利用和无害化处理，提升城市废物管理水平具有直接意义；同时，将助推全面形成绿色生产、生活和消费方式，推动城市生态文明建设。

（1）"无废城市"建设体现相关政策集成创新，形成系统协同发展。以前我国城市废弃物管理单项试点为多，如国家发展改革委牵头实施资源综合利用"双百工程"、农业农村部开展农作物秸秆综合利用试点等；现在越来越多的部委进行合作，进入政策集成、协同发展阶段，如国家发展改革委与工业和信息化部联合开展大宗固体废弃物综合利用产业基地建设等。"无废城市"试点是从城市整体发展角度考虑固体废物管理，旨在形成统筹固体废物管理与城市转型发展、优化产业结构与培育新兴产业相结合的新型发展格局。"无废城市"建设为深化我国固体废物管理制度改革，打通部门管理长期分割壁垒，探索建立适合我国国情的固体废物综合管理制度和技术体系提供了实践平台。

（2）"无废城市"建设将系统解决城市固体废物问题，提高生态环境质量。我国是产生固体废物量最大的国家，每年新增固体废物约 100 亿吨，历史堆存总量高达 600 亿～700 亿吨。全国 600 多个大中城市有 2/3 存在"垃圾围城"问题。据 202 个大中城市调查合计，一般工业固体废物综合利用量只占利用处置总量 42.5%；工业危险废弃物综合利用量只占利用处置总量的 48.6%。"无废城市"建设，将从生产、消费、管理、处理等各个方面全周期、全系统、全方位地解决城市固体废物顽疾，全面改善提升城市生态环境质量。

（3）"无废城市"建设有利于培育形成固废产业新的增长点。"无废城市"建设将推动形成规模化固体废物处理产业。预计我国固体废物市场规模将从占环境保护投资总额不到 10%增至"十三五"的 25%左右，"十三五"期间固体废物处理行业投资规模有望超过 3.5 万亿元。以建筑垃圾为例，根据市场测算，2017年我国建筑垃圾处理市场的体量已超过 800 亿元，相较于 2010 年的 400 亿元翻了一番，8 年内的平均增长率超过 10%。如果维持现有的增长率，到 2020 年，我国建筑垃圾处理市场规模可突破 1000 亿元大关。

四、深入推进我国"无废城市"建设的思考与建议

"无废城市"建设是一个复杂的系统工程，不可能一蹴而就，需要试点引领、整体布局、社会协同、整体推进。

（1）将"无废城市"建设纳入城市生态文明建设体系。"无废城市"是城市生态文明在循环经济领域的全方位绿色变革，既是从生产端由线性生产模式向循环经济模式转型，也是在消费端由过度消费向绿色消费转型。因而，需要将"无废城市"建设指标体系与生态文明建设考核指标体系衔接融合，将"无废城市"建设作为城市生态文明发展的重要载体和支撑，使提升固体废物综合管理水平与推进城市供给侧改革相衔接、与城市建设和管理有机融合，推动城市加快形成节约资源和保护环境的空间格局、产业结构、工业和农业生产方式、消费模式，提高城市绿色发展水平。

（2）推行工农业绿色生产，减少固废产生，促进废弃物全量利用。在源头上，实施绿色开采，减少矿业固体废物产生和贮存处置量；在生产环节，通过完善通用标准和产品生态设计减少资源投入和原料中有害物质含量，通过开展绿色设计和绿色供应链建设，促进固体废物减量和循环利用。在利用环节，推动大宗固体废物资源化利用，逐步实现畜禽粪污就近就地综合利用。在处置环节，通过资源化减少废物最终处置量，对不能资源化的废弃物，实现最终无害化处置。

（3）采用多种灵活的市场手段激发市场主体活力，培育产业发展新模式。灵活多样的市场手段有助于促进废弃物产生者的行为改变。如对废弃物处理企业提

供税收减免、低息贷款、规划场地等，以鼓励企业参与废弃物处理；对垃圾填埋厂按垃圾填埋量收费，以增加垃圾填埋成本促进减少填埋量；推动固体废物领域环境信用评价、绿色金融和环境污染责任保险等政策措施的协同。鼓励发展"互联网+"固体废物处理产业，实现线上交废与线下回收有机结合。鼓励专业化第三方机构从事固体废物资源化利用、环境污染治理与咨询服务，培育固废与环境服务新型业态等。

（4）弘扬绿色发展理念，推动形成全社会形成绿色发展方式和生活方式。"无废城市"建设是发展观的一场深刻革命，建设"无废城市"不仅需要生产方式的变革，还需要引导公众在生活方式等方面践行简约适度、绿色低碳如探索垃圾超量收费制度，以促进家庭减少产生废弃物；对塑料瓶等采用押金制度，以鼓励消费者合理投放，促进后续回收利用；鼓励发展共享经济，减少资源浪费；加快推进快递业绿色包装应用；创建绿色餐厅、绿色餐饮企业等，通过各种方式推动全社会形成绿色循环低碳的生活方式和消费模式。

综上所述，"无废城市"将城市建设和废物管理有机融合，可从生产方式、生活方式、消费模式深层次变革的层面，形成与绿色发展相适应的城市规划、产业结构、空间布局和发展方式，推动整体上提高城市生态文明建设水平。

积极构建粤港澳大湾区生态文明战略体系

⊙ 张修玉

（生态环境部华南环境科学研究所生态文明研究中心研究员）

习近平总书记强调，共建"一带一路"，打造粤港澳大湾区，开创我国全方位对外开放新格局。《粤港澳大湾区发展规划纲要》（以下简称《规划》）明确遵循"绿色发展，保护生态"的基本原则，要求"大力推进生态文明建设，树立绿色发展理念，坚持节约资源和保护环境的基本国策，实行最严格的生态环境保护制度，坚持最严格的耕地保护制度和最严格的节约用地制度，推动形成绿色低碳的生产生活方式和城市建设运营模式，为居民提供良好生态环境，促进大湾区可持续发展。"

习近平总书记提出，人类是命运共同体，建设绿色家园是人类的共同梦想。生态危机、环境危机成为全球挑战，国际社会应该携手同行，构筑尊崇自然、绿色发展的生态体系，共谋全球生态文明建设之路。毋庸置疑，积极构建粤港澳大湾区生态文明战略体系不但有利于推进"一带一路"建设与粤港澳大湾区的永续发展，而且进一步丰富了习近平生态文明思想的实践内涵，对坚持人与自然和谐共生，积极践行社会主义生态文明观，探索"中国方案、全球治理"新模式都具有重要的现实意义。

一、什么是湾区？

从地理空间上讲，湾区是河流、海洋与陆地三大生态系统交汇的区域，有着丰富的海洋、生物与环境资源以及独特的地理景观与生态价值；从社会经济学角度讲，湾区是由面临同一海域、由若干港口和城镇连绵分布组成的具有较强协同关系的社会经济聚集区域。总的来说，湾区城市以其独特的自然禀赋，具备生态优良、文化开放、产业发达、人才聚集等特征，在区域、国家乃至世界经济发展中具有重要地位，是当今国际经济版图的突出亮点。国际上比较著名的湾区大都是全球经济发展的重要增长极和技术变革的创新区，如旧金山湾区育有美国硅谷，是世界科技创新中心；纽约湾区打造出华尔街，是世界金融中心；东京湾区则是日本经济核心，贡献了日本三分之一的经济总量。

二、粤港澳大湾区理念提出背景

建设粤港澳大湾区，是习近平总书记亲自谋划、亲自部署、亲自推动的国家战略，是新时代推动形成全面开放新格局的新举措，也是推动"一国两制"事业发展的新实践。粤港澳大湾区建设已经写入十九大报告和政府工作报告，提升到国家发展战略层面。推进建设粤港澳大湾区，有利于深化内地和港澳交流合作，对港澳参与国家发展战略，提升竞争力，保持长期繁荣稳定具有重要意义。

2015 年 9 月，国家发改委发布《关于在部分区域系统推进全面创新改革试验的总体方案》，其中广东被列入省级行政区之中，着眼于深化粤港澳创新合作。广东省 2016 年政府工作报告，包括了"开展珠三角城市升级行动，联手港澳打造粤港澳大湾区"等内容。

2017 年 3 月召开的十二届全国人大五次会议上，国务院总理李克强在政府工作报告中提出，要推动内地与港澳深化合作，研究制定粤港澳大湾区城市群发展规划，发挥港澳独特优势，提升在国家经济发展和对外开放中的地位与功能。

2017 年 7 月，《深化粤港澳合作 推进大湾区建设框架协议》在香港签署，国家主席习近平出席签署仪式。在习近平见证下，香港特别行政区行政长官林郑

月娥、澳门特别行政区行政长官崔世安、国家发展和改革委员会主任何立峰、广东省省长马兴瑞共同签署了《深化粤港澳合作 推进大湾区建设框架协议》。

2018 年 4 月，广东省省长马兴瑞在博鳌论坛表示，粤港澳大湾区的规划很快就要出台，完全有条件有信心把它打造成世界级的湾区，要把香港、澳门、广州、深圳打造成一个综合的、世界级的科技创新中心。

2019 年 2 月，中共中央、国务院正式发布《粤港澳大湾区发展规划纲要》。建设粤港澳大湾区，既是新时代推动形成全面开放新格局的新尝试，也是推动"一国两制"事业发展的新实践。《规划》要求全面贯彻党的十九大精神，全面准确贯彻"一国两制"方针，充分发挥粤港澳综合优势，深化内地与港澳合作，进一步提升粤港澳大湾区在国家经济发展和对外开放中的支撑引领作用。

三、粤港澳大湾区自然经济概况

我国大陆岸线漫长，拥有众多入海河流和海湾。改革开放以来，现代工业不断落地沿海，海洋开发向广度、深度持续推进，湾区经济发展令人瞩目。其中，由广州、佛山、肇庆、深圳、东莞、惠州、珠海、中山、江门 9 市和香港、澳门两个特别行政区形成的粤港澳大湾区发展尤为快速，其面积达 5.6 万平方公里，湾区人口达 7000 万，2017 年 GDP 生产总值突破 10 万亿元，成为全国经济最活跃的地区。已成为继美国纽约湾区、美国旧金山湾区、日本东京湾区之后，世界第四大湾区。目前，粤港澳大湾区社会经济高度发达，生态系统类型多样，文化氛围包容开放，科技教育资源丰富，已经成为我国经济发展的重要引领极，也是国家建设世界级城市群和参与全球竞争的重要空间载体。

四、粤港澳大湾区生态环境问题

粤港澳大湾区城市经济社会迅速发展的同时，资源环境压力日益加重。一是空间布局上，部分地区陆海统筹意识不强，空间规划和城市功能定位缺乏特色，海洋开发活动多集中在近岸海域，可利用岸线、滩涂空间和浅海生物资源减少。

二是产业发展上，以资源开发和初级产品生产为主，产品附加值较低，布局趋同化问题突出。三是生态环境上，近岸海域水质恶化，生态功能有所退化，海洋生态灾害频发。回顾一些国际著名湾区的发展路径，我们不难发现，这些地区在历史上都曾出现过不少生态环境问题，发展也走过一些弯路。实践证明，科学设计具有前瞻性的"生态文明建设框架体系"，是粤港澳湾区创新、协调、绿色、开放、共享发展的必然选择。

五、粤港澳大湾区生态文明建设框架体系

（一）规划引领，建设绿色大湾区

《规划》实现了粤港澳湾区绿色发展与"一带一路"等国家重大战略之间的有效衔接。粤港澳湾区从要素驱动、投资驱动转向创新驱动，大幅提高产业绿色化程度，全面推进城市经济绿色化进程。《规划》准确把握粤港澳湾区不同城市的功能定位，建立面向人才、研发、产品、市场的全方位绿色创新支撑体系，开展资源生态环境领域关键技术和前沿技术攻关，把大众创业、万众创新融入发展各领域各环节，成为绿色转型的持久推动力。供给侧结构改革与生态文明建设的本质要求是一致的，《规划》以粤港澳湾区优质产业为抓手，推进生产方式绿色化，提高全要素生态化，明确提出大力发展现代生态农业、海洋生物产业、生态旅游等绿色产业，建立绿色金融体系，推动生态环境保护产业成为粤港澳湾区新的经济增长点。

《规划》要求大湾区要主动适应气候变化，加强低碳发展及节能环境保护技术的交流合作。因此，粤港澳湾区需要推进低碳试点示范，推动大湾区开展绿色低碳发展评价，建设绿色发展示范区，加快构建绿色产业体系。推进能源生产和消费革命，构建清洁低碳、安全高效的能源体系。推进资源全面节约和循环利用。同时，粤港澳大湾区需要广泛开展绿色生活行动，加强城市绿道、森林湿地步道等公共慢行系统建设。此外，粤港澳大湾区需要加强推广碳普惠制试点经验，推动粤港澳碳标签互认机制研究与应用示范。毋庸置疑，《规划》的实施，对于粤

美丽中国
新中国 70 年 70 人论生态文明建设

港澳大湾区而言，必须抓住千载难逢的发展机遇，建设新时代绿色湾区。

（二）格局优化，建设生态大湾区

《规划》顺应湾区发展的基本规律，要求构建突出生态文明理念的粤港澳湾区空间格局。因此，粤港澳大湾区要以国家"十三五"规划和主体功能区规划为指导，按照统筹各类专项性规划、推进"多规合一"的要求，有度有序地开发利用粤港澳湾区，保障大湾区的生态完整性与稳定性。要把握开发的生态秩序，严格控制近岸海域开发强度和规模，推动深远海适度开发，防止人为割裂陆海联系和不计代价盲目开发海洋。在经济社会发展、资源优化配置、人居环境改善等方面，要全面统筹、周密谋划，促进海陆两大系统的优势互补、良性互动和协调发展，构建粤港澳湾区陆地文明与海洋文明相容并济的发展格局。

粤港澳大湾区要积极营造舒适空间，打造优美生态景观。建立"绿网＋绿块"的生态网络，构筑以生态廊道为骨架，块状绿地为基质的生态格局。注重有机融合自然生态系统和城市绿化景观，完善区域"林、水、山、城"的生态系统，构建多层次、多功能、立体化、网络式的生态景观结构，彰显城市特色和自然灵气。同时，要推进生态社区建设，营造宜居家园，把有利于生态的理念应用到居住区规划建设管理之中，建设生态型居住区，逐步普及生态住宅。统筹城乡市政设施的分布，按照服务半径和人口规模等级配置市政设施，增加市政设施覆盖的广度和密度，提高市政设施质量，满足广大居民日常生活需求。促进资源节约和循环利用，美化居住区环境，建设节能、高效、美观的生态湾区。

（三）创新驱动，建设科技大湾区

《规划》提出构建"广州－东莞/惠州-深圳－香港-澳门/珠海-中山-江门-佛山"科技创新环。加快广州南沙、深圳前海和落马洲河套地区、珠海横琴等创新合作区建设。打造东莞松山湖、佛山中德服务区、惠州潼湖生态智慧区等重大创新平台。依托深圳国家自主创新示范区、珠三角国家自主创新示范区建设，构建重大装备制造、通信信息、智能制造、生物医药等产业创新集群。所以，粤港澳大湾区要统筹利用全球科技创新资源，优化跨区域合作创新发展模式，构建国际化、

352

开放型区域创新体系，打造粤港澳大湾区创新合作共同体，加快推进珠三角国家自主创新示范区建设，努力建设全球科技产业创新中心。

新时代背景下，湾区各城市要完善分工合作的区域创新体系，发挥香港、广州、深圳和澳门-珠海 4 个科技创新极的创新引领和辐射带动功能，拓展国际创新合作，积极融入国际创新网络，建设全球科技产业创新中心。支持香港建设世界级服务业创新中心，湾区与世界顶尖创新资源和网络对接，引入更多世界一流机构和内地科研机构进驻。支持国家工程和创新平台在湾区落地，加快创新资源集聚融合发展，完善湾区集成化创新合作网络。支持粤港澳有关机构积极对接国家科技重大专项和科技计划，共同建设国际科学创新平台。推进粤港澳大湾区实验室及工程中心体系建设，提升原始创新能力。推进粤港澳高等院校、科研院所、企业科技共建合作平台。加快香港科学园、应用科技研究院、高等院校等机构的先进技术成果转化，建设科技湾区。

（四）保护环境，建设健康大湾区

《规划》要求牢固树立和践行绿水青山就是金山银山的理念，实行最严格的生态环境保护制度。这就需要粤港澳大湾区尽快实施重要生态系统保护和修复重大工程，构建生物多样性保护网络，提升生态系统质量和稳定性。严守生态保护红线，强化自然生态空间用途管制。加强珠三角周边山地、丘陵及森林生态系统保护，建设北部连绵山体森林生态屏障。加强海岸线保护与管控，强化岸线资源保护和自然属性维护，建立健全海岸线动态监测机制。强化近岸海域生态系统保护与修复，推进"蓝色海湾"整治行动、保护沿海红树林，建设沿海生态带。同时，要加强粤港澳生态环境保护合作，全面保护区域内国际和国家重要湿地，开展滨海湿地跨境联合保护。

《规划》提出开展珠江河口区域水资源、水环境及涉水项目管理合作，重点整治珠江东西两岸污染，强化陆源污染排放项目、涉水项目和岸线、滩涂管理。这就需要粤港澳大湾区加快建立入海污染物总量控制制度和海洋环境实时在线监控系统，实施东江、西江及珠三角河网区污染物排放总量控制，保障水功能，区水质达标。加强东江、西江、北江等重要江河水环境保护和水生生物资源养护，

强化深圳河等重污染河流系统治理，推进城市黑臭水体环境综合整治，贯通珠江三角洲水网，构建全区域绿色生态水网。另外，大湾区还需要强化区域大气污染联防联控，实施更严格的清洁航运政策，实施多污染物协同减排，统筹防治臭氧和细颗粒物（PM$_{2.5}$）污染。加强危险废物区域协同处理处置能力建设，强化跨境转移监管，提升固体废物无害化、减量化、资源化水平。开展粤港澳土壤治理修复技术交流与合作，积极推进受污染土壤的治理与修复示范，强化受污染耕地和污染地块安全利用，防控农业面源污染，保障农产品质量和人居环境安全。建立环境污染"黑名单"制度，健全环境保护信用评价、信息强制性披露、严惩重罚等制度。总之，粤港澳大湾区必须尽快解决人民群众关心的环境保护历史遗留问题，建设健康大湾区。

（五）陆海统筹，建设宜居大湾区

《规划》的实施，需要完善粤港澳共建优质生活圈规划，努力建设国家绿色发展示范区，统筹推进陆海一体化的生态空间、生态经济、生态环境、生态文化及生态制度体系建设，把粤港澳大湾区建成经济发达、生态文明，绿色、宜居、宜业、宜游的世界级城市群和"海上丝绸之路"生态文明样板。同时，依托粤港澳大湾区特色和优势，深化旅游合作，以推动全域旅游发展为主线，构建文化历史、休闲度假、养生保健、邮轮游艇等多元旅游产品体系，共同开拓海内外旅游市场，打造世界级旅游休闲目的地。

粤港澳大湾区要立足于自身优质的生态旅游资源，编制湾区生态旅游规划，丰富粤港澳"一程多站"旅游精品路线。优化"便利免签证"政策。支持香港建设多元旅游平台，澳门建设世界旅游休闲中心。推动香港、广州、深圳国际邮轮母港建设，进一步增加国际班轮航线，促进邮轮旅游健康有序发展。加快推动粤港澳游艇自由行。支持深圳、珠海、中山、惠州等创建国家级全域旅游示范区。将广东自贸试验区广州南沙、深圳前海蛇口、珠海横琴片区建设成为粤港澳旅游服务业合作的示范区，推动横琴国际旅游岛建设。打造一批滨海特色风情小镇，建设宜居湾区。

（六）以文化人，建设人文大湾区

《规划》支持粤港澳优质教育资源合作共享，深化高校合作办学机制，支持粤港澳高校联盟发展，鼓励粤港澳高校联合共建优势学科、实验室和研究中心。支持开展包括学分互认、学位互授、科研成果分享转化等方面的合作交流。研究推动高校图书馆、实验室和大型仪器设施跨境共享。支持在深圳建设国际教育示范区，持续引进世界知名大学和特色学院，推进世界一流大学和一流学科建设。加强职业教育和人才培训合作，支持各类职业教育实训基地互相开放。共建一批产教融合型技能人才培养培训基地和特色职业教育园区。支持澳门建设亚太地区葡语人才培训基地、横琴建设国家旅游人才教育培训基地。

《规划》的实施还需要粤港澳大湾区加强文化遗产保护传承合作，鼓励合作举办各类文化遗产展览、展演活动，共建岭南文化生态保护区，支持广东水下文化遗产保护中心等项目建设。研究联合建立文化资源信息共享体系，探索大湾区公共文化信息共享，推动联合制作文化精品。携手共建国际休闲文化旅游中心。推进粤港澳青年文化交流，支持香港"青年内地交流资助计划"和澳门"千人计划"实施，发展青少年修学旅游合作，共建一批游学示范基地。鼓励举办粤港澳青年高峰论坛，打造文化合作交流平台，建设人文湾区。

（七）依法行政，建设法治大湾区

《规划》深化社会治理合作。深入推进依法行政，加强大湾区廉政机制协同，打造优质高效廉洁政府，提升政府服务效率和群众获得感。在珠三角九市港澳居民比较集中的城乡社区，有针对性地拓展社区综合服务功能，为港澳居民提供及时、高效、便捷的社会服务。严格依照宪法和基本法办事，在尊重各自管辖权的基础上，加强粤港澳司法协助。建立社会治安治理联动机制，强化矛盾纠纷排查预警和案件应急处置合作，联合打击偷渡行为，更大力度打击跨境犯罪活动，统筹应对传统和非传统安全威胁。完善突发事件应急处置机制，建立粤港澳大湾区应急协调平台，联合制定事故灾难、自然灾害、公共卫生事件、公共安全事件等重大突发事件应急预案，不定期开展应急演练，提高应急合作能力。

做好防范化解重大风险工作，重点防控金融风险。强化属地金融风险管理责任机制，做好重点领域风险防范和处置工作，坚决打击违法违规金融活动，加强薄弱环节监管制度建设，守住不发生系统性金融风险的底线。广东省要严格落实预算法有关规定，强化地方政府债务限额管理，有效规范政府举债融资行为；加大财政约束力度，有效抑制不具有还款能力的项目建设；加大督促问责力度，坚决制止违法违规融资担保行为，建设法治大湾区。

（八）机制融合，建设共享大湾区

粤港澳湾区与世界其他湾区最大的区别就是体制的不同，因此，必须建立健全统筹协调和落实机制，加强粤港澳政府部门之间、中央和地方之间、政府与企业及公众之间多层次、多渠道的沟通交流与良性互动，分工负责，统筹推进，细化工作方案，确保有关部署和举措落实到位。同时，要鼓励形成中央投入、地方配套和社会资金集成使用的多渠道投入体系和长效机制。此外，要构建粤港澳湾区"一带一路"智力支撑体系，建设"绿色丝绸之路"新型智库；打造生态环境共建、共育、共享的新体制机制。创新、完善人才培养机制，重点培养具有国际视野、掌握国际规则、熟悉环境保护业务的复合型人才，提高对"一带一路"建设的人才支持力度。

新征程，粤港澳大湾区乘风破浪扬帆起航。建设粤港澳大湾区，是助推中国实现从经济大国向经济强国转变、提高全球竞争力和影响力的客观要求，也是粤港澳地区自身加快经济社会深度调整与转型、实现可持续发展的内在需要。建设粤港澳大湾区，不但有利于探索"一国两制"框架下区域合作新机制，而且可以充分发挥港澳的独特优势，促进内地与港澳经济深度合作，拓展港澳地区的发展新空间，保持港澳的长期繁荣稳定，促进珠三角地区创新发展，建设共享湾区。

新时代生态文明建设中国需引领解决的难题方向

⊙ 孟东军

（浙江大学西部院生态文明研究中心主任）

习近平总书记在党的十九大报告中指出，"像对待生命一样对待生态环境"，中国要"引导应对气候变化国际合作，成为全球生态文明建设的重要参与者、贡献者、引领者"；在全国生态环境保护大会上强调，"必须从全球视野加快推进生态文明建设"，形成世界环境保护和可持续发展的解决方案，引导应对气候变化国际合作，共谋全球生态文明建设；在"一带一路"国际合作高峰论提出，"设立生态环境保护大数据服务平台，倡议建立"一带一路"绿色发展国际联盟，并为相关国家应对气候变化提供援助。"因此，新时代生态文明建设需要更加深入加强理论创新与科学实践，明确发展方向、研究破解难题，形成世界环境保护和可持续发展的解决方案，引导应对气候变化国际合作，要引导大国参与，引领全球环境治理，共建绿色发展之路。

一、习近平生态文明思想是全球生态文明建设的理论贡献和思想引领

生态文明是涉及生产方式和生活方式根本性变革的战略任务，是中华民族永续发展的根本大计。经历了"两山论"形象描述，党的十七大概念提出，党的十八大写入党章、科学定义，十八届三中全会明确路径，《关于加快推进生态文明

建设的意见》明确实现任务，将生态文明建设融入"五位一体"的各方面和全过程，协同推进"五化"，《生态文明体制改革总体方案》做了顶层设计和具体部署，增强了生态文明体制改革的系统性、整体性、协同性，党的十九大指出，加快生态文明体制改革，建设美丽中国，并将"增强绿水青山就是金山银山的意识"写入党章。生态文明思想经历了概念、定义、路径、实践等过程，形成了日益成熟、相对完整的体系。

迈入新时代，习近平总书记作出了我国生态文明建设正处于压力叠加、负重前行的关键期，已进入提供更多优质生态产品以满足人民日益增长的优美生态环境需要的攻坚期，也到了有条件、有能力解决生态环境突出问题的窗口期的新判断；正在推动生态环境保护发生历史性、转折性、全局性的变化的新分析；指出生态环境问题的新定位；形成了新时代推进生态文明建设的新原则、新体系、新目标、新任务、新要求。是习近平总书记关于生态文明思想的最新、最集中的体现，是对生态文明思想全面、系统、深刻、科学的阐释，是新时代中国特色社会主义生态文明建设的根本纲领。可以说，党的十九大初步确立了习近平生态文明思想，在生态环境保护大会的讲话，标志着习近平生态文明思想进一步升华充实与自我完善。习近平生态文明思想的确立已经成为全球生态文明建设的理论贡献和思想引领。

二、制度改革探索与体制机制创新依然是全球生态文明建设亟待解决的核心难题

制度改革探索与体制机制创新是我国成为生态文明建设引领者的标志之一。因此我们要加强"多规合一"试点、自然资源资产负债表编制、自然资源统一确权登记、生态保护红线划定、领导干部自然资源资产离任审计、生态保护补偿、生态文明建设目标评价考核（开展 GEP 核算）、国家公园机制建设、国际生态环境法规和环境质量标准衔接、环境资源司法保护（生态环境争端解决和裁决机制）、生态文明教育（公民教育、高校课程设置等）等方面的制度建设。要积极构建以政府为主体的引导机制、以企业为主体的市场机制、以公众为主体的社会

机制。并要做到具有国际性和前瞻性,可操作、可推广,不仅能指导和落实具体任务开展,更要能衔接国际通行法则,可在全球推广复制。我们要有敢于担当、舍我其谁的勇气和信心,建立健全完备的制度体系和实践路径,引领共谋全球生态文明建设。

三、生态绿色科技研发和成果转化是全球生态文明建设亟待解决的重大难题

科技创新与应用改进了生产方式,为生态文明建设提供了重要支撑,几乎深入到生态文明建设的每个环节。没有科技支撑,生态文明建设将是空中楼阁。我们应该充分融合第四次工业革命发展趋势,应用大数据、人工智能、新材料、新能源等技术,运用跨界和平台理念,构建市场导向的绿色技术创新体系,壮大节能环境保护、清洁生产、清洁能源等产业,引导产业生态化发展。中国组建的"绿色技术银行"是个很好示范案例,它是汇聚资源节约、环境友好、安全高效、生命健康等可持续发展重点领域中的先进实用绿色技术,强化科技与金融结合并实现科技成果的资本化、加快科技成果转移转化和产业化,同步服务于国内可持续发展和绿色技术领域南南合作的综合性服务平台。承接绿色技术的原始创新,担负绿色技术的产业创新、落地转化和国际转移的使命,是构建全球影响力的科技创新中心重大举措,是中国参与全球话语体系的重大战略。

四、绿色金融创新发展是全球生态文明建设亟待解决的重点难题

绿色金融为生态文明建设注入了新动力。近年来,我们围绕绿色金融标准认定、组织构架、产品服务、支撑体系、风险防范等做了很多探索。发布了绿色金融指导意见,提出了中国对外投资环境管理倡议,开展了绿色金融试点,打造了生态文明建设金融服务体系。未来将会着力推动绿色资产证券化,打通绿色信贷和绿色交易的绿色市场渠道;推动绿色 PE 和 VR 发展,利用技术降低绿色产品成本;以运用金融科技降低金融资产认证和评估的成本等为攻克方向,推进绿色

金融创新发展。

五、企业为主体市场化的生态产业发展是全球生态文明建设亟待破解的难题

构建以产业生态化和生态产业化为主体的生态经济体系,应充分发挥企业为主体的市场配置资源的决定性作用。产业生态化已成为产业发展的潮流,吸引了众多企业积极投入。通过开发生态产品、生态服务等,与扶贫脱困、乡村振兴、共享经济等相结合,探索生态产业化的实践路径。自然资源资产负债核算,目前还是世界难题,但是我国政府和企业已经领先一步,开展了《自然资源资产负债表》试点编制。颁布了《关于统筹推进自然资源资产产权制度改革的指导意见》,要求到 2020 年,归属清晰、权责明确、保护严格、流转顺畅、监管有效的自然资源资产产权制度基本建立。建设了"资源环境综合管理大数据平台",利用大数据、云计算开展自然资源分类和数据统计,通过会计核算准则及经济量化分析方法对生态环境及自然资源进行价值化、精确化、系统化的管理;实现存量优化、流量提升、变量可控的"三量协调"的绿色发展路径,找出发展和生态相互促进的平衡点;对生态建设项目开展大数据预测和评估。该平台已在海口市、观山湖区开展试点,获得当地政府、各国学者和联合国官员的肯定,未来值得在全球生态文明建设中推广应用。

习近平总书记决心"充分利用改革开放 40 年来积累的坚实物质基础,加大力度推进生态文明建设、解决生态环境问题,坚决打好污染防治攻坚战,推动我国生态文明建设迈上新台阶。"新时代生态文明建设,中国将在制度创新、体制机制、绿色科技、绿色金融、生态产业等方面实现突破、实现引领,在落实 2030 年可持续发展议程、"一带一路"生态环境合作机制构建等方向探索经验。在共谋全球生态文明建设中,中国将不忘初心、砥砺前行,积极参与、作出贡献、实现引领,为全球生态文明建设提供中国智慧和中国方案。